普通高等教育"十四五"规划教材
普通高等院校数学精品教材

新编微积分

（上）

刘斌　李楚进　编

华中科技大学出版社
中国·武汉

内 容 提 要

本书是大学数学系列创新教材之一，内容主要包括：实数集与函数及其应用、极限及其应用、连续性及其应用、一元微分学及其应用、一元积分学及其应用、常微分方程与常差分方程及其应用．本书特点鲜明、内容丰富、例题典型、习题代表性强、应用事例和探究课题值得关注．本书主要是基于"强基计划"、"本硕博贯通"和"新工科"各专业创新人才培养理念，加强厚实的数学基础，加强数学思想方法和应用数学能力，强化逻辑思维能力的培养而编写的．

本书可作为研究型大学理工科学生一年级第一学期的数学课程教材或者教学参考书，同时也可作为研究生入学考试中高等数学科目的复习资料和教师的教学参考书．

图书在版编目(CIP)数据

新编微积分. 上 /刘斌，李楚进编. – 武汉: 华中科技大学出版社，2020. 8
ISBN 978-7-5680-6461-3

Ⅰ. ①新… Ⅱ. ①刘… ②李… Ⅲ. ①微积分-高等学校-教材 Ⅳ. ①O172

中国版本图书馆CIP数据核字(2020)第 145227 号

新编微积分（上）   刘斌　李楚进 编
Xinbian Weijifen (Shang)

策划编辑：周芬娜
责任编辑：周芬娜
封面设计：原色设计
责任校对：曾　婷
责任监印：徐　露
出版发行：华中科技大学出版社(中国·武汉)　　电话：(027)81321913
　　　　　武汉市东湖新技术开发区华工科技园　　邮编：430223
录　　排：武汉市洪山区佳年华文印部
印　　刷：武汉科源印刷设计有限公司
开　　本：787mm×1092mm　1/16
印　　张：14.5
字　　数：357千字
版　　次：2020年8月第1版第1次印刷
定　　价：45.00元

线上作业及资源网的使用说明

建议学员在PC端完成注册、登录、完善个人信息及学习码验证的操作.

PC端学员学习码验证操作步骤:

1. 登录

（1）登录网址http://dzdq.hustp.com，完成注册后点击登录. 输入账号密码（学员自设）后，提示登录成功.

（2）完善个人信息（姓名、学号、班级、学院、任课老师等信息请如实填写，因线上作业计入平时成绩），将个人信息补充完整后，点击保存即可完成注册登录.

2. 学习码验证

（1）刮开封面上的学习码的防伪涂层，可以看到一串学习码.

（2）在个人中心页点击"学习码验证"，输入封面上刮开的学习码，点击提交，即可验证成功. 点击学习码验证已激活学习码，即可查看刚才激活的课程学习码.

3. 查看课程

点击我的资源–我的课程，即可看到新激活的课程，点击课程，进入课程详情页，下拉即可看到该课程的一些课程资源.

4. 做题测试

进入课程详情页后，点开习题，选择具体章节习题，进入习题页，开始做题. 做完之后点击我要交卷，该章节习题就完成答题. 随后学员即可看到本次答题的分数统计.

手机端学员扫码操作步骤:

1. 手机扫二维码，提示登录；新用户先注册，然后再登录.

2. 登录之后，按页面要求完善个人信息.

3. 按要求输入封面上刮开的一串学习码.

4. 学习码验证成功后，即可看到该二维码对应的章节习题，开始做题.

5. 答题完毕后提交即可看到本次答题的分数统计.

线上作业为学生自己自由检测知识的掌握程度，而线下作业为任课教师根据学生情况布置的教材中相应习题.

若在操作上遇到问题，可咨询：陈老师，QQ，514009164；周老师，QQ，1811682975.

前　　言

　　微积分既是人类智慧最伟大的成就之一，又是人们阐明和解决来自自然界各领域问题的强大智力工具之一. 微积分作为整个数理知识体系的基石，不仅有着科学而优美的语言，而且自诞生以来的三百多年里，一直成为培养人才的重要且必须掌握的内容. 另一方面，微积分是理工科学生学习的最重要的一门基础课程，它不仅是学生进校后面临的第一门数学课程，而且后续许多数学课程是它在本质上的延伸和深化. 随着我国一流大学、一流学科建设任务的提出，特别是2020年1月，教育部为培养有志于服务国家重大战略需求且综合素质优秀或基础学科拔尖的学生，开始实施"强基计划"，且不少高校还在理工科专业中设置了"本硕博贯通培养实验班"，"强基计划"与"本硕博贯通"都要求学生有很强的逻辑思维能力和厚实的数学理论基础；同时，2017年2月以来，教育部积极推进"新工科"专业建设，这些"新工科"专业以培养创新型和复合型人才为主，需要培养学生的逻辑思维能力、计算能力、实际应用能力、团结协作能力和创新能力，这些能力的培养对微积分课程的内容和形式提出了新的要求，其根本目标是着力帮助学生为进入新工科领域做好准备. 因此，为配合"强基计划"、"本硕博贯通"和"新工科"这种创新人才培养模式的课程改革，真正体现特色、符合改革精神，我们结合自身的教学经验，加大了改革的力度与深度，提高了"高阶性、创新性、挑战性"，希望推动课堂教学革命，打造"金课"，对微积分这门课程教材进行了改革与创新，形成了本教材的编写指导思想：

　　1. 将有限的时间与精力花在最基本的内容、最核心的概念和最关键的方法上，对微积分学基本理论体系与阐述方式进行了再处理： 学习这门课的目的，是为创新型人才培养进行知识储备和打下良好的基础，使学生将主要精力集中在最基本的内容、核心的概念和关键的方法上，掌握本课程精髓，做到学深懂透，内容尽量精简.

　　2. 精选有一定难度的例题与习题，强调严格思维训练与分析问题能力： 改革的目的是使学生达到理解与应用，精选富于启迪的例题并进行简洁和完美的证明，不仅有助于学生的理解，而且使学生从中学到分析问题的方法；一定难度的习题选取，保证了学生训练的质量与挑战，做到了少而精.

　　3. 基于以学生为中心和问题驱动学习，编选了扩展性的应用事例和探究课题： 为体现以学生为中心和问题驱动，提高解决问题能力，编制了高起点典范性的应用事例和探究课题，使学生在课后可以独立或者小组研讨进行深究和拓广，达到初步进入科学研究的思维训练研习目标.

4. 采取学术著作的写作风格，强调学习基本概念和结论后进行思考与补证： 在本教材的编写中，几乎所有的定义和定理后面，有大量的"注"，这些"注"有相当多的是很好的结论或者命题，学生为了弄清楚，必须思考并证明，从而提高学生的数学素养.

5. 部分内容以数字化形式存在于教材中，引入了二维码： 编写了一些数学家的介绍和历史资料、部分定理和"注"的证明提示，以及部分习题的解答思路，这些资料以数字化形式存在于教材中，通过扫二维码能再现内容.

围于学识，本书错误和不妥之处在所难免，敬请广大读者批评指正.

作 者

2020年6月于华中科技大学

目 录

第 1 章 实数集、函数及其应用

函数是用数学术语描述现实世界的主要工具, 是现代数学的基本概念之一, 高等数学研究的基本对象是定义在实数集上的函数. 因此, 本章将介绍实数集和函数的基本概念, 重点介绍一元函数的一些特殊性质及其应用.

1.1 实 数 集

1.1.1 实数集及其性质

众所周知, 实数是由有理数和无理数两部分组成的. 有理数可用分数形式 $\frac{p}{q}$ (p, q 为整数, $q \neq 0$), 也可用有限十进制小数或无限十进制循环小数表示; 而无限十进制不循环小数称为无理数. 有理数和无理数统称实数.

通常我们将全体实数构成的集合称为实数集, 用 $\mathbf{R}$ 表示, 即
$$\mathbf{R} = \{x : x \text{为实数}\}.$$

实数集具有下列主要性质:

(1) 实数集对四则运算是封闭的, 即任意两个实数的和、差、积、商(除数不为零)仍是实数.

(2) 实数集是有序的, 即任何两个实数 a, b 必须满足三个关系之一: $a < b, a = b, a > b$.

(3) 实数的大小关系有传递性, 即如果 $a > b, b > c$, 那么 $a > c$.

(4) 实数有阿基米德(Archimedes)性, 即对任意 $a, b \in \mathbf{R}$, 若 $b > a > 0$, 则存在正整数 n, 使得 $na > b$.

(5) 实数集有稠密性, 即任何两个不相等的实数之间仍有实数, 且既有有理数, 也有无理数.

阿基米德

(6) 实数集有完备性(或连续性), 即任何一个实数都对应数轴上唯一的一个点; 反之, 数轴上的任何一个点都有唯一一个实数与之对应. 因此, 今后我们将对实数与数轴上的点不加区别.

1.1.2 绝对值与不等式

设 α 是实数, 称
$$|\alpha| = \begin{cases} \alpha, & \alpha \geqslant 0, \\ -\alpha, & \alpha < 0 \end{cases}$$

为实数α的绝对值. 从数轴上看，数α的绝对值$|\alpha|$就是点α到原点的距离.

绝对值具有下列常用性质：

(1) $|\alpha| = -|\alpha| \geqslant 0$, 且$|\alpha| = 0$, 当且仅当$\alpha = 0$.

(2) $-|\alpha| \leqslant \alpha \leqslant |\alpha|$.

(3) 对任何实数α和β,成立如下三角不等式

$$|\alpha| - |\beta| \leqslant |\alpha \pm \beta| \leqslant |\alpha| + |\beta|.$$

最后列出两个常用的不等式：

贝努利(Bernoulli)不等式: 设$\alpha > -1$, n为自然数，则

$$(1 + \alpha)^n \geqslant 1 + n\alpha.$$

平均值不等式: 设$\beta_1, \beta_2, \ldots, \beta_n$为$n$个正实数，则

$$\frac{n}{\sum_{i=1}^{n} \frac{1}{\beta_i}} \leqslant \left(\prod_{i=1}^{n} \beta_i \right)^{\frac{1}{n}} \leqslant \frac{1}{n} \sum_{i=1}^{n} \beta_i.$$

1.1.3 区间与邻域

设a, b是两实数, 且$a < b$, 称数集

$$\{x \in \mathbf{R} : a < x < b\}$$

为开区间, 记作(a, b).

称数集

$$\{x \in \mathbf{R} : a \leqslant x \leqslant b\}$$

为闭区间, 记作$[a, b]$.

称数集

$$\{x \in \mathbf{R} : a \leqslant x < b\} \quad \text{和} \quad \{x \in \mathbf{R} : a < x \leqslant b\}$$

为半开半闭区间, 分别记作$[a, b)$和$(a, b]$.

以上这几类区间称为有限区间.类似地, 我们也可以定义如下一些无限区间：

$$[a, +\infty) = \{x \in \mathbf{R} : x \geqslant a\}, \quad (-\infty, a] = \{x \in \mathbf{R} : x \leqslant a\},$$

$$(a, +\infty) = \{x \in \mathbf{R} : x > a\}, \quad (-\infty, a) = \{x \in \mathbf{R} : x < a\},$$

$$(-\infty, +\infty) = \{x \in \mathbf{R} : -\infty < x < +\infty\} = \mathbf{R}.$$

有限区间和无限区间统称区间.

设$x_0 \in \mathbf{R}$, $\delta > 0$,称数集

$$\{x \in \mathbf{R} : |x - x_0| < \delta\} = (x_0 - \delta, x_0 + \delta)$$

为点x_0的δ邻域, 记作$U(x_0, \delta)$, 有时简单记作$U(x_0)$.称数集

$$\{x \in \mathbf{R} : 0 < |x - x_0| < \delta\} = (x_0 - \delta, x_0) \cup (x_0, x_0 + \delta)$$

为点x_0的δ空心邻域, 记作$U^0(x_0, \delta)$, 有时简单记作$U^0(x_0)$.

同时, 我们还经常用到以下几种邻域:

x_0的δ右邻域: $U_+(x_0, \delta) = (x_0, x_0 + \delta)$;

x_0的δ左邻域: $U_-(x_0, \delta) = (x_0 - \delta, x_0)$;

x_0的δ右空心邻域: $U_+^0(x_0, \delta) = (x_0, x_0 + \delta)$;

x_0的δ左空心邻域: $U_-^0(x_0, \delta) = (x_0 - \delta, x_0)$;

∞邻域: $U(\infty) = \{x \in \mathbf{R} : |x| > M, 其中M为充分大的正数\}$;

$+\infty$邻域: $U(+\infty) = \{x \in \mathbf{R} : x > M, 其中M为充分大的正数\}$;

$-\infty$邻域: $U(-\infty) = \{x \in \mathbf{R} : x < -M, 其中M为充分大的正数\}$.

1.1.4　确界原理

定义1.1.1　设E为一非空实数集, 若存在数$M(L)$, 使得对任意$x \in E$, 都有$x \leqslant M(x \geqslant L)$, 则称$E$为有上界(下界)的数集, 数$M(L)$称为$E$的一个上界(下界). 如果数集$E$既有上界又有下界, 则称$E$为有界集.如果数集$E$不是有界集, 则称$E$为无界集.

注1.1.1　由定义1.1.1容易证明下面一些结论:

(1) 实数集E有界的必要充分条件是: 若存在数$M > 0$, 使得对任意$x \in E$, 都有$|x| \leqslant M$;

(2) 实数集E如果有上(下)界, 那么它有无穷多个上(下)界;

(3) 任何有限区间都是有界集, 无限区间都是无界集; 由有限个数组成的实数集是有界集.

注1.1.2　由注1.1.1知, 一个实数集如果有上(下)界, 那么它有无穷多个上(下)界, 这样我们自然要问: 这无穷多个上(下)界中是否存在一个最小上界(最大下界)? 如果存在是否唯一?

定义1.1.2　设E是$\mathbf{R}$中的一个数集, 若数η满足下列条件:

(1) η 是E 的上界: $\forall x \in E$, 有$x \leqslant \eta$;

(2) 任何小于η的数不是E 的上界: $\forall \varepsilon > 0, \exists x_0 \in E$, 使得$x_0 > \eta - \varepsilon$,
则称数η为数集E的上确界, 记作

$$\eta = \sup E, \quad 或 \quad \eta = \sup_{x \in E}\{x\}.$$

定义1.1.3　设E是$\mathbf{R}$中的一个数集, 若数ξ满足下列条件:

(1) ξ 是E 的下界: $\forall x \in E$, 有$x \geqslant \xi$;

(2) 任何大于ξ的数不是E 的下界: $\forall \varepsilon > 0, \exists x_0 \in E$, 使得$x_0 < \xi + \varepsilon$,
则称数ξ为数集E的下确界, 记作

$$\xi = \inf E, \quad 或 \quad \xi = \inf_{x \in E}\{x\}.$$

注1.1.3 数集E的上(下)确界可能属于E, 也可能不属于E; 数集E的上(下)确界属于E的必要充分条件是: 它是E的最大值(最小值); 若数集E存在上(下)确界, 则上(下)确界是唯一的.

关于数集确界的存在性, 我们不加证明地叙述如下, 它的严格证明可参考有关的参考书, 它是本书极限理论的基础.

定理1.1.1 (确界原理) 非空有上(下)界的数集必存在上(下)确界.

例1.1.1 证明: 所有负数构成的数集E的上确界是0, 即$\sup E = 0$.

证 (1) 由于对$\forall x \in E$, 有$x < 0$, 于是0 是E 的上界;

(2) $\forall \varepsilon > 0, \exists x_0 \in E$, 使得$0 - \varepsilon < x_0$, 这样任何小于0的数不是$E$ 的上界.

因此, $\sup E = 0$.

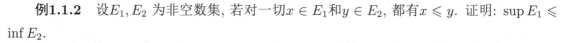

定理1.1.1

例1.1.2 设E_1, E_2 为非空数集, 若对一切$x \in E_1$和$y \in E_2$, 都有$x \leqslant y$. 证明: $\sup E_1 \leqslant \inf E_2$.

证 依假设, E_2中任一数y都是E_1的上界, E_1中任一数x都是E_2的下界, 而E_1, E_2 非空, 所以由确界原理知, $\sup E_1, \inf E_2$存在.

现证$\sup E_1 \leqslant \inf E_2$. 如果$\sup E_1 > \inf E_2$, 则令

$$\varepsilon = \frac{1}{2}(\sup E_1 - \inf E_2) > 0,$$

于是由上确界和下确界的定义知, $\exists\, x_0 \in E_1, y_0 \in E_2$, 使得

$$x_0 > \sup E_1 - \varepsilon = \frac{1}{2}(\sup E_1 + \inf E_2),$$

和

$$y_0 < \inf E_2 + \varepsilon = \frac{1}{2}(\sup E_1 + \inf E_2),$$

所以$x_0 > y_0$, 这与已知假设矛盾. 故$\sup E_1 \leqslant \inf E_2$.

习 题 1.1

习题1.1

1. 用区间表示下列不等式的解:

(1) $1 < |x - 1| < 2$; 　　(2) $\sin x \geqslant \dfrac{\sqrt{2}}{2}$;

(3) $\left|\dfrac{x}{1+x}\right| > \dfrac{x}{1+x}$; 　　(4) $(x-a)(x-b)(x-c) > 0$ (a, b, c为常数, 且 $a < b < c$).

2. 求下列数集的上、下确界, 并根据定义加以证明:

(1) $E = \{x : x$ 为 $(0,1)$ 内的无理数 $\}$；

(2) $E = \{x : x = 1 - \dfrac{1}{2^n}, n = 1, 2, \cdots\}$；

(3) $E = \{x : x = \dfrac{n}{n+1}, n = 1, 2, \cdots\}$．

3. 设 E 为非空有下界的数集. 证明：$\inf E = \xi \in E \Leftrightarrow \min E = \xi$．

4. 设 E_1, E_2 为非空有界数集，定义数集 $E_1 + E_2 = \{z : z = x + y, x \in E_1, y \in E_2\}$. 证明：

(1) $\sup(E_1 + E_2) = \sup E_1 + \sup E_2$；　　　(2) $\inf(E_1 + E_2) = \inf E_1 + \inf E_2$．

1.2　函　　数

1.2.1　函数的概念

定义1.2.1　　设 E_1, E_2 是两个给定的实数集，若有对应法则 f，使得对 E_1 内每个数 x，都有唯一的一个数 $y \in E_2$ 与它对应，则称 f 是定义在数集 E_1 上的函数，记作

$$f : E_1 \to E_2, \quad \text{或} \quad y = f(x).$$

其中 x 称为自变量，y 称为因变量，数集 E_1 称为函数 f 的定义域，y 称为 f 在点 x 的函数值. 全体函数值的集合

$$f(E_1) = \{y : y = f(x), \ x \in E_1\}(\subset E_2)$$

称为函数 f 的值域.

注1.2.1　　定义 1.2.1 中的实数集 E_2 常用 $\mathbf{R}$ 代替；在函数概念中，对应关系 f 是抽象的，只有在具体的函数中，对应关系 f 才是具体的.

注1.2.2　　根据函数的定义，给定一个函数一定要指出它的定义域. 但有时为了方便并不指出函数 $y = f(x)$ 的定义域，这时认为函数的定义域是自明的，即定义域是使函数 $y = f(x)$ 有意义的实数 x 的集合 $E_1 = \{x : f(x) \in \mathbf{R}\}$. 例如：给定函数 $f(x) = \sqrt{1 - x^2}$，没有指出它的定义域，但我们知道它的定义域是 $[-1, 1] = \{x : \sqrt{1 - x^2} \in \mathbf{R}\}$.

注1.2.3　　从函数的定义，我们可以看出：两个函数相同是指它们有相同的定义域和对应法则. 比如：函数 $f(x) = 1, x \in \mathbf{R}$ 和 $g(x) = 1, x \in \mathbf{R} \setminus \{0\}$ 是两个不同的函数；而函数 $f(x) = 1, x \in \mathbf{R}$ 和函数 $h(x) = \sin^2 x + \cos^2 x, \ x \in \mathbf{R}$ 是两个相同的函数.

注1.2.4　　函数 f 给出了 x 轴上的点集 E_1 到 y 轴上点集 E_2 之间的单值对应，也称为映射. 对于 $a \in E_1$，$f(a)$ 称为映射 f 下 a 的象，点 a 称为 $f(a)$ 的原象. 在函数定义中，对每一个 $x \in E_1$，有且仅有一个 y 值与它对应，这样定义的函数称为单值函数. 如果同一个 x 值可以对应多于一个 y 的值，那么称此函数为多值函数. 在本书中我们只讨论单值函数.

注1.2.5 函数$y = f(x)$在实数集D上的图像是平面点集

$$\{(x,y) : x \in D, y = f(x)\}.$$

坐标平面上一个点集G是某个函数的图像的必要充分条件是: 平行于y轴的任一条直线与点集G至多有一个交点.

注1.2.6 函数的其他表示方法:

(1) 函数的分段表示: 设E_1, E_2是数集, 且$E_1 \cap E_2 = \varnothing$, $f_1(x), f_2(x)$是分别定义在E_1与E_2的函数, 则

$$f(x) = \begin{cases} f_1(x), & x \in E_1, \\ f_2(x), & x \in E_2 \end{cases}$$

是定义在数集$E = E_1 \cup E_2$上的函数. 这种表示方法称为函数的分段表示.

(2) 函数的隐式表示: 是指通过方程$F(x, y) = 0$来确定变量y与x之间的函数关系.

(3) 函数的参数表示: 是指通过建立参数t与x、参数t与y之间的函数关系, 间接地确定x与y之间的函数关系, 即

$$\begin{cases} x = x(t), \\ y = y(t), \end{cases} \quad t \in E.$$

注1.2.7 某些常用的特殊函数:

符号函数(图1.2.1)

$$\mathrm{sgn}x = \begin{cases} 1, & x > 0, \\ 0, & x = 0, \\ -1, & x < 0. \end{cases}$$

取整函数(图1.2.2)

$$y = [x] = \{y : y\text{是不超过}x\text{的最大整数}\}.$$

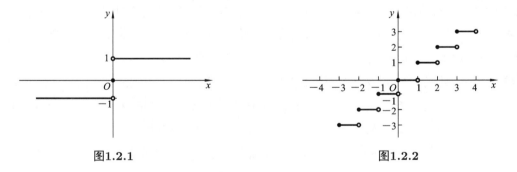

图1.2.1   图1.2.2

狄利克雷(Dirichlet)函数(图1.2.3)

$$D(x) = \begin{cases} 1, & x\text{为有理数}, \\ 0, & x\text{为无理数}. \end{cases}$$

狄利克雷

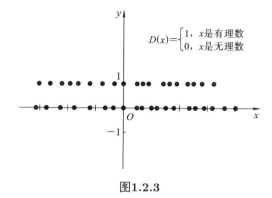

图1.2.3

定义在$[0,1]$上的黎曼(Riemann)函数

$$R(x) = \begin{cases} \dfrac{1}{q}, & x = \dfrac{p}{q} \ \left(p, q \text{为正整数}, \ \dfrac{p}{q} \text{ 为既约真分数}\right), \\ 0, & x = 0, 1 \text{ 和 } (0,1) \text{ 内的无理数}. \end{cases}$$

黎 曼

注1.2.8 函数的四则运算: 如果函数$f(x), g(x)$分别定义在数集E_1, E_2上, 且$E_1 \cap E_2 \neq \varnothing$, 则函数$f(x)$与$g(x)$的和、差、积、商分别定义为

$$F(x) = f(x) + g(x), \quad x \in E_1 \cap E_2,$$
$$G(x) = f(x) - g(x), \quad x \in E_1 \cap E_2,$$
$$H(x) = f(x) \cdot g(x), \quad x \in E_1 \cap E_2,$$
$$G(x) = \frac{f(x)}{g(x)}, \quad x \in (E_1 \cap E_2) \setminus \{x \in E_2 : g(x) = 0\}.$$

注1.2.9 复合函数: 设函数

$$y = f(u), \ u \in G, \quad u = g(x), \ x \in E.$$

若$D = \{x \in E : g(x) \in G\} \neq \varnothing$, 称函数

$$f(g(x)), \quad x \in D$$

为函数f与g的复合函数, 记作

$$y = f(g(x)), \quad x \in D, \quad \text{或} \quad y = (f \circ g)(x), \quad x \in D.$$

注1.2.10 反函数: 设函数$y = f(x), x \in E$, 如果对于任意$y \in f(E)$, 存在唯一的$x \in E$, 使得

$$f(x) = y,$$

则按此对应法则定义一个在$f(E)$上的函数, 称这个函数为f的反函数, 记作

$$f^{-1} : f(E) \to E, \quad \text{或} \quad x = f^{-1}(y), \ y \in f(E).$$

从反函数的定义, 我们能看出: $y = f(x), x \in E$ 存在反函数的必要充分条件是E与$f(E)$是一一对应, 即

$$\forall x_1, x_2 \in E, \quad x_1 \neq x_2 \Leftrightarrow f(x_1) \neq f(x_2).$$

同时我们还有f与f^{-1}互为反函数, 即

$$f^{-1}(f(x)) \equiv x, \ x \in E, \quad f(f^{-1}(y)) \equiv y, \ y \in f(E).$$

另外习惯上我们将函数$y = f(x)$的反函数记作$y = f^{-1}(x)$, 但应该注意到: $y = f(x)$与$x = f^{-1}(y)$的图像是同一个, 而$y = f(x)$与$y = f^{-1}(x)$ 的图像关于直线$y = x$对称.

注1.2.11　初等函数: 将常量函数、幂函数、指数函数、对数函数、三角函数、反三角函数统称为基本初等函数. 由基本初等函数经过有限次四则运算和复合运算所得到的函数统称为初等函数.

例1.2.1　已知$f(2x - 1) = x^2, x \in \mathbf{R}$, 求$f(f(x))$的值域.

解　令$2x - 1 = y$, 那么$x = \dfrac{1}{2}(y + 1)$. 这样

$$f(y) = \frac{1}{4}(y + 1)^2,$$

所以

$$f(f(y)) = \frac{1}{4}\left[\frac{1}{4}(y + 1)^2 + 1\right]^2 = \frac{1}{64}[(y + 1)^2 + 4]^2.$$

因此, $f(f(x))$的值域是$[\dfrac{1}{4}, +\infty)$.

例1.2.2　证明: 不存在这样的函数f与g, 对任意$x, y \in \mathbf{R}$, 使得

$$f(x) + g(y) = xy. \tag{1.2.1}$$

证　假设存在这样的函数f与g, 使得(1.2.1)式成立. 现在(1.2.1)式中, 对$\forall x \in \mathbf{R}$, 令$y = 0$, 有

$$f(x) + g(0) = 0.$$

即

$$f(x) = -g(0), \ \forall x \in \mathbf{R}. \tag{1.2.2}$$

这样, 将上式代入(1.2.1)式有

$$-g(0) + g(y) = xy, \ \forall x, y \in \mathbf{R}.$$

于是, 在上式中, 令$x = 0$, 得

$$-g(0) + g(y) = 0, \ \forall y \in \mathbf{R}.$$

或者

$$g(y) = g(0), \ \forall y \in \mathbf{R}. \tag{1.2.3}$$

因此, 由(1.2.2),(1.2.3)式, 对$\forall x,y \in \mathbf{R}$, 有

$$f(x) + g(y) = -g(0) + g(0) = 0,$$

这与(1.2.1)式矛盾, 故不存在这样的函数f与g, 使得(1.2.1)式成立.

例1.2.3　证明: 若对$\forall x,y \in \mathbf{R}$, 有

$$2f(x)f(y) = f(x+y) + f(x-y), \tag{1.2.4}$$

且$f(x) \neq 0$. 则对$\forall x,y \in \mathbf{R}$, 成立

(1) $f^2(x) = \dfrac{f(2x)+1}{2}$;

(2) $f^2(x) + f^2(y) = f(x+y)f(x-y) + 1$.

证　(1) 在(1.2.4)式中令$y = x$, 得

$$2f^2(x) = f(2x) + f(0). \tag{1.2.5}$$

又在(1.2.4)式中对$\forall x \in \mathbf{R}$, 令$y = 0$, 有

$$2f(x)f(0) = 2f(x).$$

由于$f(x) \neq 0$, 所以

$$f(0) = 1.$$

这样由(1.2.5)式知结论(1)成立.

(2) 在(1.2.4)式中, 分别用$x+y$与$x-y$代替x与y, 并由结论(1)有

$$f(x+y)f(x-y) = \frac{1}{2}(f(2x) + f(2y)) = f^2(x) + f^2(y) - 1.$$

故结论(2)成立.

1.2.2　函数的某些特性

1. 有界性

定义1.2.2　设函数$f(x)$在数集E上有定义. 若存在实常数$M(m)$, 使得对任意$x \in E$有

$$f(x) \leqslant M \ (f(x) \geqslant m),$$

则称$f(x)$在数集E上是有上(下)界函数. 数$M(m)$称为函数$f(x)$在数集E上的一个上(下)界. 如果$f(x)$在数集E上既是有上界函数又是有下界函数, 则称$f(x)$在数集E上是有界函数. 如果对$\forall M > 0, \exists x_M \in E$, 使得

$$f(x_M) > M \ (f(x_M) < -M),$$

则称$f(x)$在数集E上是无上(下)界函数. 无上界函数或无下界函数统称无界函数.

注1.2.12　函数$f(x)$在数集E上有上(下)界, 则有无穷多个上(下)界. 函数$f(x)$是数集E上有界函数的必要充分条件是: 存在实常数C, 使得对任意$x \in E$有

$$|f(x)| \leqslant C.$$

函数$f(x)$是数集E上有界函数的几何意义是: 函数$f(x)$在数集E上的图像完全落在平行于x轴的两条直线$y = C$与$y = -C$之间. 如果函数$f(x)$在数集E上有上(下)界, 那么值域$f(E)$是有上(下)界的数集, 这样由确界原理, 数集$f(E)$有上(下)确界$\sup\limits_{x \in E} f(x)$ $\left(\inf\limits_{x \in E} f(x)\right)$.

例1.2.4　证明: $f(x) = \tan x$在$\left(-\dfrac{\pi}{2}, \dfrac{\pi}{2}\right)$内是无界的.

证　若有界, 则$\exists C > 0, \forall x \in \left(-\dfrac{\pi}{2}, \dfrac{\pi}{2}\right)$, 有$|f(x)| \leqslant C$, 即

$$-C \leqslant f(x) \leqslant C. \tag{1.2.6}$$

现令$\arctan C = x_0$, 即$\tan x_0 = C$, 且$x_0 \in \left(-\dfrac{\pi}{2}, \dfrac{\pi}{2}\right)$. 又取$x_1 \in \left(-\dfrac{\pi}{2}, \dfrac{\pi}{2}\right), x_1 > x_0$, 那么

$$\tan x_1 > \tan x_0 = C.$$

这与(1.2.6)式矛盾. 因此, $f(x) = \tan x$在$\left(-\dfrac{\pi}{2}, \dfrac{\pi}{2}\right)$内是无界的.

2. 单调性

定义1.2.3　设函数$f(x)$在数集E上有定义. 若对于任意$x_1, x_2 \in E$, 且$x_1 < x_2$, 总有

(1) $f(x_1) \leqslant f(x_2)$, 则称$f(x)$在数集E上是单调增加函数, 特别当成立$f(x_1) < f(x_2)$时, 称$f(x)$在数集E上是严格单调增加函数;

(2) $f(x_1) \geqslant f(x_2)$, 则称$f(x)$在数集E上是单调减少函数, 特别当成立$f(x_1) > f(x_2)$时, 称$f(x)$在数集E上是严格单调减少函数.

单调增加函数与单调减少函数统称单调函数. 严格单调增加函数与严格单调减少函数统称严格单调函数.

注1.2.13　函数的单调性与其定义域数集有关. 存在这样的函数, 它在定义域(a, b)内任何子区间上都不可能是单调函数. 严格单调函数必有反函数, 且反函数也是严格单调的.

3. 奇偶性

定义1.2.4　设数集E对称于原点, 函数$f(x)$定义在E上. 如果对任意$x \in E$有

$$f(-x) = -f(x) \ (f(-x) = f(x)),$$

则称$f(x)$为数集E上的奇(偶)函数.

注1.2.14　奇函数的图像关于原点对称, 偶函数图像关于y轴对称. 定义在关于原点对称数集上的函数都能表示为一个奇函数与一个偶函数的和.

4. 周期性

定义1.2.5　设函数$f(x)$定义在数集E上, 若存在常数$T > 0$, 使得对任意$x \in E$有$x \pm T \in E$, 且

$$f(x \pm T) = f(x),$$

则称$f(x)$为周期函数, 且称T为$f(x)$的一个周期.

注1.2.15　如果T是$f(x)$的周期, 则$nT(n \in \mathbf{N})$也是$f(x)$的周期. 如果函数$f(x)$有最小正周期, 通常将这个最小正周期称为$f(x)$的周期. 存在没有最小正周期的非常值周期函数.

例1.2.5　证明: $f(x) = x\cos x$不是周期函数.

证　假设$f(x)$的周期为$T > 0$. 根据$f(x+T) = f(x)$有

$$(x + T)\cos(x + T) = x\cos x, \ \forall x \in \mathbf{R}. \tag{1.2.7}$$

现在(1.2.7)式中, 令$x = 0$, 得

$$T\cos T = 0 \Longrightarrow \cos T = 0.$$

又在(1.2.7)式中, 令$x = \dfrac{\pi}{2}$, 得

$$\left(\frac{\pi}{2} + T\right)\cos\left(\frac{\pi}{2} + T\right) = 0 \Longrightarrow \sin T = 0.$$

于是

$$\cos^2 T + \sin^2 T = 0,$$

这与$\cos^2 T + \sin^2 T = 1$矛盾. 故$f(x) = x\cos x$不是周期函数.

习　题　1.2

习题1.2

1. 求下列函数的定义域:

(1) $y = \sqrt{\cos 2x} + \sqrt{16 - x^2}$;　　　(2) $y = \ln\left(\sin\dfrac{\pi}{x}\right)$;

(3) $y = \begin{cases} \sin\dfrac{1}{x}, & x \neq 0, \\ 0, & x = 0. \end{cases}$

2. 一大学生在暑假期间, 每天上午到学习中心A培训英语, 下午到培训基地B学习日语, 晚上再到超市C工作, 早餐、晚餐在宿舍吃, 中餐在学习的地方吃. A,B,C位于同一条平直马路一侧, 且超市在学习中心与培训基地之间, 学习中心与超市相距3 km, 超市与培训基地相距5 km, 问该大学生在这条马路的学习中心与培训基地之间何处找一宿舍(假设可以找到), 才能使每天往返的路程最短?

3. 设

$$f(x) = \begin{cases} \mathrm{e}^x, \ x < 1, \\ x, \ x \geqslant 1 \end{cases} \qquad 和 \qquad g(x) = \begin{cases} x + 2, \ x < 0, \\ x^2 - 1, \ x \geqslant 0, \end{cases}$$

求$f(g(x))$.

4. 设对任意实数x, y, 均满足

$$f(x + y^2) = f(x) + 2[f(y)]^2,$$

且$f(1) \neq 0$. 求$f(2010)$.

5. 设$f(x) = \dfrac{x}{x + 1}$, 证明$f(f(f(f(x)))) = x$, 并求$f\left(\dfrac{1}{f(x)}\right)$ $(x \neq 0, 1)$.

6. 求函数

$$y = f(x) = \frac{ax + b}{cx + d} \quad (ad - bc \neq 0)$$

的反函数$x = f^{-1}(y)$, 并讨论$x = f^{-1}(y)$与$y = f(x)$相同的条件.

7. 设$f(x)$是定义在$\mathbf{R}$上的偶函数, 其图像关于直线$x = 1$对称, 对$\forall x_1, x_2 \in \left[0, \dfrac{1}{2}\right)$都有

$$f(x_1 + x_2) = f(x_1)f(x_2),$$

则: (1) 设$f(1) = 2$, 求$f\left(\dfrac{1}{2}\right), f\left(\dfrac{1}{4}\right)$; (2) 证明$f(x)$是周期函数.

8. 设$f(x) = \dfrac{x + |x|}{2}$, 作出函数$y = f(1 - x)f(1 + x)$的图像.

9. 证明: 若对$\forall x, y \in \mathbf{R}$, 有$|f(x) - f(y)| = |x - y|$, 且$f(0) = 0$. 则

(1) $f(x)f(y) = xy$; (2) $f(x + y) = f(x) + f(y)$.

10. 设$f(x)$的定义域与值域都是$\mathbf{R}$, 令

$$A = \{x : f(x) = x\} \quad 与 \quad B = \{x : f(f(x)) = x\},$$

证明: 若$f(x)$是单调增加函数, 则$A = B$.

11. 证明: 若对$\forall x, y \in \mathbf{R}$, 有$|f(y) - f(x)| \leqslant |y - x|^2$, 则对$\forall n \in \mathbf{N}, \forall a, b \in \mathbf{R}$, 有

$$|f(b) - f(a)| \leqslant \frac{1}{n}|b - a|^2.$$

12. 证明: 设a, b, c是正数, 且有

$$a^x b^y = b^x c^y = c^x a^y = abc \neq 1,$$

则$x + y = 3$, 且$a = b = c$.

13. 证明: $g(x) = 2x + \sin x$在$\mathbf{R}$上是严格单调增加函数.

14. 证明: 设$f(x)$在$\mathbf{R}$上有定义, 存在正常数k, T, 使得对$\forall x \in \mathbf{R}$, 有

$$f(x + T) = kf(x),$$

则$f(x) = a^x\varphi(x)$, 其中a是正常数, $\varphi(x)$是以T为周期的周期函数.

15. 已知函数$f(x)$与$g(x)$的图像, 试作出下列函数的图像:

(1) $F_1(x) = \max\{f(x), g(x)\}, F_2(x) = \dfrac{1}{2}\{|f(x) + g(x)| + |f(x) - g(x)|\}$;

(2) $G_1(x) = \min\{f(x), g(x)\}, G_2(x) = \dfrac{1}{2}\{|f(x) + g(x)| - |f(x) - g(x)|\}$.

16. 设定义在 $[a,+\infty)$ 上的函数 $f(x)$ 在任何闭区间 $[a,b]$ 有界. 现定义 $[a,+\infty)$ 上的函数:

$$m(x) = \inf_{s\in[a,x]} f(s), \qquad M(x) = \sup_{s\in[a,x]} f(s).$$

试讨论 $m(x)$ 与 $M(x)$ 的图像, 其中

(1) $f(x) = \cos x,\ x \in [0,+\infty);$ 　　　　　　(2) $f(x) = x^2,\ x \in [-1,+\infty).$

1.2.3　应用事例与探究课题

1. 应用事例

例1.2.6　设任意实数 $x \neq 0, 1$ 满足

$$f(x) + f\left(\frac{x-1}{x}\right) = 1 + x,$$

求 $f(x)$.

解　首先,在原式中用变量 $\dfrac{s-1}{s}$ 代替 x,可得

$$f\left(\frac{s-1}{s}\right) + f\left(-\frac{1}{s-1}\right) = \frac{2s-1}{s}. \qquad (1.2.8)$$

其次,在原式中用变量 $-\dfrac{1}{s-1}$ 代替 x,可得

$$f\left(-\frac{1}{s-1}\right) + f(s) = \frac{s-2}{s-1}. \qquad (1.2.9)$$

最后, 从原式和(1.2.9)、(1.2.8)式, 得

$$f(x) = \frac{x^3 - x^2 - 1}{2x(x-1)}.$$

例1.2.7　设函数 $f(x)$ 定义在 $(-\infty,+\infty)$ 上, 且满足

$$f(x + 2020) = f\left(\frac{1}{2}\right) + \sqrt{f(x) - f^2(x)},\ x \in (-\infty,+\infty),$$

问 $f(x)$ 是周期函数吗?

解　$f(x)$ 是以4040为周期的周期函数. 事实上, 首先, 由题设知

$$f(x) = f((x-2020) + 2020) = f\left(\frac{1}{2}\right) + \sqrt{f(x-2020) - f^2(x-2020)} \geqslant \frac{1}{2}.$$

其次, 我们有

$$
\begin{aligned}
f(x + 4040) &= f((x + 2020) + 2020) \\
&= \frac{1}{2} + \sqrt{f(x+2020) - f^2(x+2020)} \\
&= \frac{1}{2} + \left\{\frac{1}{2} + \sqrt{f(x) - f^2(x)} - \left[\frac{1}{4} + \sqrt{f(x)-f^2(x)} + f(x) - f^2(x)\right]\right\}^{\frac{1}{2}} \\
&= \frac{1}{2} + \left[\frac{1}{4} - f(x) + f^2(x)\right]^{\frac{1}{2}} \\
&= \frac{1}{2} + \left|f(x) - \frac{1}{2}\right| = f(x).
\end{aligned}
$$

因此, $f(x)$是以4040为周期的周期函数.

例1.2.8 一架红十字会的飞机正在向一个受灾地区空投应急救援食品和药物. 如果飞机在一长为700 m的开放区域的边上立即投下货物, 且货物沿

$$\begin{cases} x = 120t, \\ y = -16t^2 + 500, \end{cases} \quad t \geqslant 0$$

运动, 货物能在该区域着陆吗（x和y分别表示开放区域的长和飞机的高度, 参数t从投下算起的时间以s计）?

解 当$y = 0$时货物着地, 它在时刻t发生, 这时

$$-16t^2 + 500 = 0,$$

得

$$t = \frac{5\sqrt{5}}{2} \text{ s.}$$

投下时刻的x坐标为$x = 0$, 货物着地时刻的x坐标为

$$x = 120t = 120\left(\frac{5\sqrt{5}}{2}\right) = 300\sqrt{5} \text{ m.}$$

由于$300\sqrt{5} < 700$, 所以货物确实落在该开放区域内.

例1.2.9 某电器厂生产一种新产品, 在定价时不单是根据生产成本而定, 还要请各消费单位来出价, 即他们愿意以什么价格来购买. 根据调查得出需求函数(产量)为

$$x = -900P + 45000,$$

其中P为价格. 该厂生产该产品的固定成本是270000元, 而单位产品的变动成本为10元. 为获得最大利润, 出厂价格应为多少?

解 以C表示成本, 则有

$$C(x) = 10x + 270000.$$

而需求函数为

$$x = -900P + 45000,$$

于是, 我们有

$$C(P) = -9000P + 720000,$$

这样, 收入函数

$$R(P) = P \cdot (-900P + 45000) = -900P^2 + 45000P,$$

从而, 利润函数为

$$L(P) = R(P) - C(P) = -900(P^2 - 60P + 800) = -900(P - 30)^2 + 90000.$$

故当价格$P = 30$元时, 利润$L = 90000$元为最大利润. 在此价格下, 可望销售量为

$$x = -900 \times 30 + 45000 = 18000 \text{ (单位).}$$

2. 探究课题

探究1.2.1　设函数$f(x)$为定义在$(-\infty, +\infty)$上的有界实函数，且满足

$$f\left(x+\frac{1}{6}\right)+f\left(x+\frac{1}{7}\right)=f(x)+f\left(x+\frac{13}{42}\right),$$

你能找出$f(x)$有多少个正周期？能找到最小的正周期吗？

探究1.2.2　探究下列问题：

(1) 设$f(x)$定义在$(-\infty, +\infty)$上, 且满足

$$f[xf(y)]f(y)=f(x+y)(x,y>0),\quad f(2)=0,\ f(x)\neq 0(0<x<2),$$

求$f(x)$;

(2) 设$f(x)$定义在$(-\infty, +\infty)$上, 且满足

$$f[x^2+f(y)]=y+[f(x)]^2,\ x,y\in(-\infty, +\infty),$$

求$f(x)$;

(3) 设$f(x)$定义在$(-\infty, +\infty)$上, 且满足

$$f(x+1)+f(x-1)=\sqrt{2}f(x),\ x\in(-\infty, +\infty),$$

证明: $f(x)$是周期函数.

探究1.2.3　假设汽车正以72 km/h的时速行进. 在一条三车道的高速公路上每辆汽车平均搭载1.5人，而且所有的汽车都小心地保持2 s跟随距离（不能低于汽车2 s行进的距离）.

(1) 汽车之间的距离有多远？

(2) 每千米有多少辆汽车？

(3) 一小时里有多少人通过给定点？

(4) 在24 h的循环里, 通勤者的人数在（上午8点）高峰和（晚上8点）底峰$\left(\text{为高峰人数}\right.$ 的$\frac{1}{3}\Big)$之间振荡, 给出通过给定点的人数作为以天计的时间函数公式.

探究1.2.4　某产品每台售价为90元, 成本为60元. 厂方为鼓励销售商大量采购, 决定凡是订购量超过100台以上的, 每多订购1台, 售价就降低1分, 但最低价为每台75元.

(1) 将每台的实际售价p表示为订购量x的函数;

(2) 将厂方所获得的利润L表示成订购量x的函数;

(3) 某一商行订购了1000台, 厂方可获利润多少？

探究1.2.5　探究钟表的分针与时针重合问题：从中午12:00开始到午夜00:00这12个小时中，手表的分针和时针要相遇多少次?相遇的时间应各在何时?进一步探究这12个小时中，手表的秒针分别与分针和时针要相遇多少次?相遇的时间应各在何时?

第 2 章　极限及其应用

极限概念是大学数学的重要概念, 它是区别于初等数学的显著标志, 极限理论是高等数学的基础理论, 它在现实世界中有大量的应用.

2.1　数列极限及其应用

2.1.1　数列极限的概念

定义2.1.1　若函数$f(x)$的定义域是自然数集$\mathbf{N}$, 则称

$$f : \mathbf{N} \to \mathbf{R} \quad \text{或} \quad f(n), \; n \in \mathbf{N}$$

为数列.

对任意自然数$n \in \mathbf{N}$, 设$f(n) = a_n$. 因自然数能按由小到大的顺序排列, 所以数列的值域$\{a_n : n \in \mathbf{N}\}$中的数也能相应地按自然数$n$的顺序排列起来, 即

$$a_1, a_2, \ldots, a_n, \cdots$$

或简记为$\{a_n\}$, 其中a_n称为该数列的通项.

下面先看一个数列:

$$\left\{ \frac{(-1)^n}{n} \right\} : \; -1, \; \frac{1}{2}, \; -\frac{1}{3}, \; \frac{1}{4}, \; \cdots, \; \frac{(-1)^n}{n}, \; \cdots.$$

由上面可以看出: "当n无限增大时, 数列$\left\{ \dfrac{(-1)^n}{n} \right\}$无限趋近于0", 数 "0" 就是所谓数列$\left\{ \dfrac{(-1)^n}{n} \right\}$的 "极限". 这里 "无限增大" 与 "无限趋近" 只是定性的描述, 并不是定量的定义. 下面用分析的方法给出 "当n无限增大时, 数列$\left\{ \dfrac{(-1)^n}{n} \right\}$无限趋近于0" 的定量定义.

所谓 "数列$\left\{ \dfrac{(-1)^n}{n} \right\}$无限趋近于0" 就是: 当$n$充分大时, 数列的通项$\dfrac{(-1)^n}{n}$与0之差的绝对值, 即$\left| \dfrac{(-1)^n}{n} - 0 \right|$能任意小, 并保持任意小. 那么什么是能任意小, 并保持任意小? 比如:

对$\dfrac{1}{10}$, 要使$\left| \dfrac{(-1)^n}{n} - 0 \right| < \dfrac{1}{10}$, 只要$n > 10$即可. 即数列$\left\{ \dfrac{(-1)^n}{n} \right\}$的第10项以后的所有项都满足这个不等式, 亦即

对$\dfrac{1}{10}$, $\exists 10 \in \mathbf{N}$, $\forall n > 10 \Rightarrow \left| \dfrac{(-1)^n}{n} - 0 \right| < \dfrac{1}{10}$.

同样地

对 $\dfrac{1}{100}$, $\exists 100 \in \mathbf{N}$, $\forall n > 100 \Rightarrow \left| \dfrac{(-1)^n}{n} - 0 \right| < \dfrac{1}{100}$.

对 $\dfrac{1}{1000}$, $\exists 1000 \in \mathbf{N}$, $\forall n > 1000 \Rightarrow \left| \dfrac{(-1)^n}{n} - 0 \right| < \dfrac{1}{1000}$.

尽管 $\dfrac{1}{10}, \dfrac{1}{100}, \dfrac{1}{1000}$ 都很小, 但它毕竟是确定的数, 要描述 $\left| \dfrac{(-1)^n}{n} - 0 \right|$ 能任意小, 并保持任意小, 必须对任意的无论怎样小的正数 ε, 都能做到

$$\left| \frac{(-1)^n}{n} - 0 \right| < \varepsilon,$$

即

$$\forall \varepsilon > 0, \ \exists N = \left[\frac{1}{\varepsilon} \right], \ \forall n > N \Rightarrow \left| \frac{(-1)^n}{n} - 0 \right| < \varepsilon.$$

定义2.1.2 (ε-N定义) 设 $\{a_n\}$ 是一数列, a 是一个确定数. 若对任给的正数 ε, 总存在正整数 N, 使得当 $n > N$ 时有

$$|a_n - a| < \varepsilon,$$

则称数列 $\{a_n\}$ 收敛于 a, a 称为数列 $\{a_n\}$ 的极限, 记作

$$\lim_{n \to \infty} a_n = a, \quad \text{或} \quad a_n \to a \ (n \to \infty).$$

若数列 $\{a_n\}$ 没有极限, 则称 $\{a_n\}$ 不收敛, 或称 $\{a_n\}$ 为发散数列, 即任何数都不是它的极限, 或者说

数列 $\{a_n\}$ 发散 $\Leftrightarrow \ \forall a \in \mathbf{R}, \ \exists \varepsilon_0, \ \forall N, \ \exists n_0 > N \Rightarrow |a_{n_0} - a| \geqslant \varepsilon_0.$

注2.1.1 $\lim\limits_{n \to \infty} a_n = a$ 的几何意义(图2.1.1): 对任意 $\varepsilon > 0$, 即对任意一个以 a 为中心, 以 ε 为半径的开区间 $(a - \varepsilon, a + \varepsilon)$, $\{a_n\}$ 中总存在一项 a_N, 在此项后面的所有项 $a_{N+1}, a_{N+2}, \cdots$, (除前 N 项外)它们在数轴上对应的点都落在 $(a - \varepsilon, a + \varepsilon)$ 之中, 至多只有 N 个点 $a_1, a_2, \cdots, a_N$ 在此区间之外.

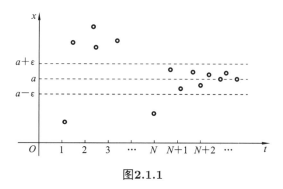

图2.1.1

注2.1.2 ε 的任意性与 N 的相应性. ε 的作用是衡量 a_n 与 a 的接近程度, $2\varepsilon, \varepsilon^2, \dfrac{\varepsilon}{3}$ 本质上与 ε 起同样的作用. N 的相应性是指 N 与 ε 有关即 $N(\varepsilon)$, 且 N 并不唯一.

注2.1.3 设$\{\alpha_n\}$为给定的数列, $\{\beta_n\}$为对$\{\alpha_n\}$增加、减少或改变有限项之后得到的数列, 则数列$\{\beta_n\}$与$\{\alpha_n\}$同时收敛、同时发散, 且在收敛时有相同的极限.

例2.1.1 证明: $\lim\limits_{n\to\infty}\dfrac{2n}{3n+1}=\dfrac{2}{3}$.

证 对任意$\varepsilon>0$, 解不等式
$$\left|\frac{2n}{3n+1}-\frac{2}{3}\right|=\frac{2}{3(3n+1)}<\frac{2}{9n}<\varepsilon,$$

得$n>\dfrac{2}{9\varepsilon}$. 取$N=\left[\dfrac{2}{9\varepsilon}\right]$, 当$n>N$时, 有
$$\left|\frac{2n}{3n+1}-\frac{2}{3}\right|<\varepsilon,$$

即$\forall\varepsilon>0$, $\exists N=\left[\dfrac{2}{9\varepsilon}\right]$, $\forall n>N$, 有$\left|\dfrac{2n}{3n+1}-\dfrac{2}{3}\right|<\varepsilon$. 于是
$$\lim\limits_{n\to\infty}\frac{2n}{3n+1}=\frac{2}{3}.$$

例2.1.2 证明: $\lim\limits_{n\to\infty}\dfrac{5n^3+n-4}{2n^3-3}=\dfrac{5}{2}$.

证 对任意$\varepsilon>0$, 解不等式(不妨设$n>7$)
$$\left|\frac{5n^3+n-4}{2n^3-3}-\frac{5}{2}\right|=\frac{2n+7}{2(2n^3-3)}<\frac{2n+n}{2(n^3+n^3-3)}<\frac{3n}{2n^3}=\frac{3}{2n^2}<\varepsilon,$$

得$n>\sqrt{\dfrac{3}{2\varepsilon}}$. 取$N=\max\left\{\left[\sqrt{\dfrac{3}{2\varepsilon}}\right],7\right\}$, 当$n>N$时, 有
$$\left|\frac{5n^3+n-4}{2n^3-3}-\frac{5}{2}\right|<\varepsilon,$$

即$\forall\varepsilon>0$, $\exists N=\max\left\{\left[\sqrt{\dfrac{3}{2\varepsilon}}\right],7\right\}$, $\forall n>N$, 有$\left|\dfrac{5n^3+n-4}{2n^3-3}-\dfrac{5}{2}\right|<\varepsilon$. 于是
$$\lim\limits_{n\to\infty}\frac{5n^3+n-4}{2n^3-3}=\frac{5}{2}.$$

例2.1.3 证明: $\lim\limits_{n\to\infty}q^n=0$, 其中$|q|<1$.

证 不妨设$q\neq0$, 令$|q|=\dfrac{1}{1+a}(a>0)$. 对任意$\varepsilon>0$, 解不等式
$$|q^n-0|=\frac{1}{(1+a)^n}\leqslant\frac{1}{1+na}\leqslant\frac{1}{na}<\varepsilon,$$

得$n>\dfrac{1}{a\varepsilon}$. 取$N=\left[\dfrac{1}{a\varepsilon}\right]$, 当$n>N$时, 有
$$|q^n-0|<\varepsilon,$$

即$\forall \varepsilon > 0$, $\exists N = \left[\dfrac{1}{a\varepsilon}\right]$, $\forall n > N$, 有$|q^n - 0| < \varepsilon$. 于是

$$\lim_{n\to\infty} q^n = 0.$$

例2.1.4 证明: $\lim\limits_{n\to\infty} \sqrt[n]{a} = 1\ (a > 0)$.

证 当$a = 1$时, 结论显然成立. 不妨设$a > 1$(否则令$b = \dfrac{1}{a}$), 令$\sqrt[n]{a} = 1 + \alpha_n\ (\alpha_n > 0)$. 由于

$$a = (1 + \alpha_n)^n \geqslant 1 + n\alpha_n = 1 + n(\sqrt[n]{a} - 1),$$

所以

$$\sqrt[n]{a} - 1 \leqslant \frac{a-1}{n}.$$

这样, 对任意$\varepsilon > 0$, 解不等式

$$|\sqrt[n]{a} - 1| \leqslant \frac{a-1}{n} < \varepsilon,$$

得$n > \dfrac{a-1}{\varepsilon}$. 取$N = \left[\dfrac{a-1}{\varepsilon}\right]$, 当$n > N$时, 有

$$|\sqrt[n]{a} - 1| < \varepsilon,$$

即$\forall \varepsilon > 0$, $\exists N = \left[\dfrac{a-1}{\varepsilon}\right]$, $\forall n > N$, 有$|\sqrt[n]{a} - 1| < \varepsilon$. 于是

$$\lim_{n\to\infty} \sqrt[n]{a} = 1.$$

例2.1.5 证明: 数列$\{(-1)^n\}$发散.

证 只要证明任何数a都不是数列$\{(-1)^n\}$的极限即可.

(1) 对$\forall a \geqslant 0$, 取$\varepsilon_0 \in (0, 1)$, $\forall N$,$\exists$奇数$n_0 > N$, 使得

$$|(-1)^{n_0} - a| = 1 + a > 1 > \varepsilon_0.$$

(2) 对$\forall a < 0$, 取$\varepsilon_0 \in (0, 1)$, $\forall N$,$\exists$偶数$n_0 > N$, 使得

$$|(-1)^{n_0} - a| = 1 - a > 1 > \varepsilon_0.$$

故数列$\{(-1)^n\}$发散.

2.1.2 收敛数列的性质

定理2.1.1 (唯一性) 如果数列$\{a_n\}$收敛, 则极限是唯一的.

证 设$\lim\limits_{n\to\infty} a_n = a$, $\lim\limits_{n\to\infty} a_n = b$. 由数列极限的定义, 对$\forall \varepsilon > 0$, $\exists N$, $\forall n > N$, 有

$$|a_n - a| < \frac{\varepsilon}{2}, \quad |a_n - b| < \frac{\varepsilon}{2}.$$

于是, 对$\forall n > N$, 有

$$|a - b| = |a - a_n + a_n - b| \leqslant |a_n - a| + |a_n - b| < \frac{\varepsilon}{2} + \frac{\varepsilon}{2} = \varepsilon.$$

这样由ε的任意性知, $a = b$. 故极限是唯一的.

定理2.1.2　(有界性)如果数列$\{a_n\}$收敛, 则$\{a_n\}$是有界数列, 即存在正数M, 对任意自然数n,有$|a_n| \leqslant M$.

证　设$\lim\limits_{n \to \infty} a_n = a$. 由数列极限的定义, 对于$\varepsilon = 1$, $\exists N$, $\forall n > N$, 有$|a_n - a| < 1$,即

$$a - 1 < a_n < a + 1.$$

令

$$M = \max\{|a_1|, |a_2|, \cdots, |a_N|, |a - 1|, |a + 1|\},$$

则对任意自然数n, 有$|a_n| \leqslant M$.

注2.1.4　有界是数列收敛的必要条件, 而非充分条件. 比如: 数列$\{(-1)^n\}$有界, 但它不收敛(见例2.1.5).

定理2.1.3　若$\lim\limits_{n \to \infty} a_n = a$, $\lim\limits_{n \to \infty} b_n = b$, 且$a < b$, 则存在自然数$N$, 当$n > N$时, 有$a_n < b_n$.

证　已知$\lim\limits_{n \to \infty} a_n = a$, $\lim\limits_{n \to \infty} b_n = b$, 根据数列极限的定义, 对于$\varepsilon = \dfrac{b - a}{2}$, $\exists N$, $\forall n > N$, 有

$$a_n < a + \varepsilon = a + \frac{b - a}{2} = \frac{b + a}{2} = b - \frac{b - a}{2} = b - \varepsilon < b_n,$$

即$a_n < b_n$.

推论2.1.1　若$\lim\limits_{n \to \infty} a_n = a$, $\lim\limits_{n \to \infty} b_n = b$, 且$a < b$ $(a > b)$,则存在自然数N, 当$n > N$时, 有$a_n < b$ $(a_n > b)$.

推论2.1.2　(保号性)若$\lim\limits_{n \to \infty} a_n = a$, 且$a < 0$ $(a > 0)$,则存在自然数N, 当$n > N$时, 有$a_n < 0$ $(a_n > 0)$.

推论2.1.3　(保不等式性) $\lim\limits_{n \to \infty} a_n = a$, $\lim\limits_{n \to \infty} b_n = b$, 且存在自然数$N$, 当$n > N$时, 有$a_n \leqslant b_n$, 则$a \leqslant b$.

证　假设$a > b$, 由定理2.1.3, 存在自然数N_0, 当$n > N_0$时, 有$a_n > b_n$, 与已知条件矛盾. 于是, $a \leqslant b$.

注2.1.5　即使将推论2.1.3中的$a_n \leqslant b_n$换成$a_n < b_n$, 也不能得出$a < b$.

定理2.1.4　(四则运算)如果数列$\{a_n\}$, $\{b_n\}$收敛, 则数列$\{a_n \pm b_n\}$, $\{a_n \cdot b_n\}$收敛, 且

$$\lim\limits_{n \to \infty} (a_n \pm b_n) = \lim\limits_{n \to \infty} a_n \pm \lim\limits_{n \to \infty} b_n,$$

$$\lim\limits_{n \to \infty} (a_n \cdot b_n) = \lim\limits_{n \to \infty} a_n \cdot \lim\limits_{n \to \infty} b_n.$$

若再假设$b_n \neq 0$, $\lim\limits_{n \to \infty} b_n \neq 0$,则数列$\left\{\dfrac{a_n}{b_n}\right\}$收敛, 且有

$$\lim\limits_{n \to \infty} \frac{a_n}{b_n} = \frac{\lim\limits_{n \to \infty} a_n}{\lim\limits_{n \to \infty} b_n}.$$

证　由于 $a_n - b_n = a_n + (-1)b_n, \dfrac{a_n}{b_n} = a_n \cdot \dfrac{1}{b_n}$, 因此只需证明关于和、积与倒数运算的结论即可.

设 $\lim\limits_{n\to\infty} a_n = a$, $\lim\limits_{n\to\infty} b_n = b$, 根据数列极限的定义, 对于 $\varepsilon > 0$, $\exists N_1$, $\forall n > N_1$, 有

$$|a_n - a| < \frac{\varepsilon}{2}, \quad |b_n - b| < \frac{\varepsilon}{2}. \tag{2.1.1}$$

又根据收敛数列的有界性, 存在常数 M, 对一切 n 有

$$|b_n| \leqslant M. \tag{2.1.2}$$

于是对 $\forall n > N_1$, 由 $(2.1.1), (2.1.2)$ 式, 有

$$|(a_n + b_n) - (a + b)| \leqslant |a_n - a| + |b_n - b| < \varepsilon,$$

$$|a_n b_n - ab| = |(a_n - a)b_n + a(b_n - b)| \leqslant |a_n - a||b_n| + |a||b_n - b| < (M + |a|)\varepsilon,$$

这样 $\lim\limits_{n\to\infty}(a_n + b_n) = a + b$, $\lim\limits_{n\to\infty}(a_n \cdot b_n) = a \cdot b$.

最后又由于 $\lim\limits_{n\to\infty} b_n = b \neq 0$, 根据推论 2.1.1, $\exists N_2 > N_1$, $\forall n > N_2$, 有

$$|b_n| > \frac{1}{2}|b|. \tag{2.1.3}$$

从而对 $\forall n > N_2$, 由 $(2.1.1), (2.1.3)$ 式, 有

$$\left|\frac{1}{b_n} - \frac{1}{b}\right| = \frac{|b_n - b|}{|b_n b|} < \frac{2|b_n - b|}{b^2} < \frac{2}{b^2}\varepsilon.$$

故 $\lim\limits_{n\to\infty} \dfrac{1}{b_n} = \dfrac{1}{b}$.

例2.1.6　证明: 若 $a_n \geqslant 0 (n = 1, 2, \cdots)$, $\lim\limits_{n\to\infty} a_n = a$, 则
$$\lim_{n\to\infty} \sqrt{a_n} = \sqrt{a}.$$

证　由保不等式性知 $a \geqslant 0$. 若 $a = 0$, 结论显然成立. 下面假设 $a > 0$. 由于 $\lim\limits_{n\to\infty} a_n = a$, 对 $\forall \varepsilon > 0$, $\exists N$, $\forall n > N$, 有

$$|a_n - a| < \sqrt{a}\varepsilon,$$

这样 $\forall n > N$, 得到

$$|\sqrt{a_n} - \sqrt{a}| = \frac{|a_n - a|}{\sqrt{a_n} - \sqrt{a}} < \frac{|a_n - a|}{\sqrt{a}} < \varepsilon.$$

因此 $\lim\limits_{n\to\infty} \sqrt{a_n} = \sqrt{a}$.

例2.1.7　求极限

$$\lim_{n\to\infty} \frac{a_m n^m + a_{m-1} n^{m-1} + \cdots + a_1 n + a_0}{b_k n^k + b_{k-1} n^{k-1} + \cdots + b_1 n + b_0},$$

其中 $m \leqslant k, a_m \cdot b_k \neq 0$.

解　由于

$$\frac{a_m n^m + a_{m-1} n^{m-1} + \cdots + a_1 n + a_0}{b_k n^k + b_{k-1} n^{k-1} + \cdots + b_1 n + b_0} = n^{m-k} \frac{a_m + \dfrac{a_{m-1}}{n} + \cdots + \dfrac{a_0}{n^m}}{b_k + \dfrac{b_{k-1}}{n} + \cdots + \dfrac{b_0}{n^k}}. \tag{2.1.4}$$

又容易得到

$$\lim_{n\to\infty} n^{m-k} = \begin{cases} 0, & m < k, \\ 1, & m = k \end{cases} \tag{2.1.5}$$

和

$$\lim_{n\to\infty} \dfrac{a_m + \dfrac{a_{m-1}}{n} + \cdots + \dfrac{a_0}{n^m}}{b_k + \dfrac{b_{k-1}}{n} + \cdots + \dfrac{b_0}{n^k}} = \dfrac{a_m}{b_k}. \tag{2.1.6}$$

于是由 $(2.1.4),(2.1.5)$ 和 $(2.1.6)$ 式, 得

$$\lim_{n\to\infty} \frac{a_m n^m + a_{m-1} n^{m-1} + \cdots + a_1 n + a_0}{b_k n^k + b_{k-1} n^{k-1} + \cdots + b_1 n + b_0} = \begin{cases} 0, & m < k, \\ \dfrac{a_m}{b_k}, & m = k. \end{cases}$$

例2.1.8　求极限 $\lim\limits_{n\to\infty} \dfrac{\alpha^n}{\alpha^n + 1}$, 其中 $\alpha \neq -1$.

解　若 $\alpha = 1$, 那么显然

$$\lim_{n\to\infty} \frac{\alpha^n}{\alpha^n + 1} = \frac{1}{2}.$$

若 $|\alpha| < 1$, 由于 $\lim\limits_{n\to\infty} \alpha^n = 0$, 那么

$$\lim_{n\to\infty} \frac{\alpha^n}{\alpha^n + 1} = \frac{\lim\limits_{n\to\infty} \alpha^n}{\lim\limits_{n\to\infty} (\alpha^n + 1)} = 0.$$

若 $|\alpha| > 1$, 则

$$\lim_{n\to\infty} \frac{\alpha^n}{\alpha^n + 1} = \lim_{n\to\infty} \frac{1}{1 + \dfrac{1}{\alpha_n}} = \frac{1}{1 + 0} = 1.$$

例2.1.9　求极限 $\lim\limits_{n\to\infty} \sqrt{n}(\sqrt{n+1} - \sqrt{n})$.

解　由于

$$\sqrt{n}(\sqrt{n+1} - \sqrt{n}) = \frac{\sqrt{n}}{\sqrt{n+1} + \sqrt{n}} = \frac{1}{\sqrt{1 + \dfrac{1}{n}} + 1},$$

所以

$$\lim_{n\to\infty} \sqrt{n}(\sqrt{n+1} - \sqrt{n}) = \lim_{n\to\infty} \frac{1}{\sqrt{1 + \dfrac{1}{n}} + 1} = \frac{1}{2}.$$

2.1.3　数列收敛性的判别

定理2.1.5　(迫敛性)设 $\lim\limits_{n\to\infty} \alpha_n = \lim\limits_{n\to\infty} \beta_n = \sigma$, 且存在自然数 N, 对任意 $n > N$ 时, 总有

$$\alpha_n \leqslant \gamma_n \leqslant \beta_n, \tag{2.1.7}$$

则 $\lim\limits_{n\to\infty} \gamma_n = \sigma$.

证　根据 $\lim\limits_{n\to\infty} \alpha_n = \lim\limits_{n\to\infty} \beta_n = \sigma$ 和 $(2.1.7)$ 式, 对 $\forall \varepsilon > 0$, $\exists N_1 > N$, $\forall n > N_1$, 有

$$\sigma - \varepsilon < \alpha_n \leqslant \gamma_n \leqslant \beta_n < \sigma + \varepsilon.$$

从而$\forall n > N_1$, 得到$|\gamma_n - \sigma| < \varepsilon$, 这样$\lim\limits_{n \to \infty} \gamma_n = \sigma$.

例2.1.10 证明: $\lim\limits_{n \to \infty} \dfrac{\alpha^n}{n!} = 0(\alpha > 0)$.

证 因为α是正常数, 所以存在自然数k, 使得$\alpha \leqslant k$, 于是

$$1 > \frac{\alpha}{k+1} > \frac{\alpha}{k+2} > \frac{\alpha}{k+3} > \cdots.$$

这样$\forall n > k$, 有

$$\frac{\alpha^n}{n!} = \frac{\alpha^k}{k!} \times \frac{\alpha}{k+1} \times \frac{\alpha}{k+2} \cdots \frac{\alpha}{n-1} \times \frac{\alpha}{n} < \frac{\alpha^k}{k!} \times \frac{\alpha}{n} = \frac{\alpha^{k+1}}{k!} \times \frac{1}{n}.$$

即$\forall n > k$, 有

$$0 < \frac{\alpha^n}{n!} < \frac{\alpha^{k+1}}{k!} \times \frac{1}{n}.$$

已知$\dfrac{\alpha^{k+1}}{k!}$是常数, $\lim\limits_{n \to \infty} \dfrac{1}{n} = 0$. 根据迫敛性知

$$\lim_{n \to \infty} \frac{\alpha^n}{n!} = 0.$$

定义2.1.3 设$\{a_n\}$为数列, $\{n_k\}$为自然数集$\mathbf{N}$的无限子集, 且$n_1 < n_2 < \cdots < n_k < \cdots$, 则称数列

$$a_{n_1}, \ a_{n_2}, \ \cdots, \ a_{n_k}, \ \cdots$$

为数列$\{a_n\}$的一个子列, 简记为$\{a_{n_k}\}$.

注2.1.6 由于$\{a_{n_k}\}$中第k项是$\{a_n\}$中第n_k项, 所以$n_k \geqslant k$.

定理2.1.6 数列$\{a_n\}$收敛的必要充分条件是: $\{a_n\}$的任一子列都收敛, 且有相同的极限.

证 充分性. 由于$\{a_n\}$本身也是它的一个子列, 所以充分性是显然的.

必要性. 设$\lim\limits_{n \to \infty} a_n = a$, $\{a_{n_k}\}$是$\{a_n\}$的任一子列. 对$\forall \varepsilon > 0$, $\exists N$, $\forall k > N$, 有

$$|a_k - a| < \varepsilon.$$

由于$n_k \geqslant k$, 故当$k > N$时, 就有$n_k > N$, 于是依上式有

$$|a_{n_k} - a| < \varepsilon.$$

这就证明了$\{a_{n_k}\}$收敛且与$\{a_n\}$有相同的极限.

推论2.1.4 如果数列$\{a_n\}$有一个子列不收敛或有两个子列收敛但极限不相等, 则数列$\{a_n\}$一定发散.

注2.1.7 致密性定理: 有界数列必含有收敛子列. 同时, 我们应注意到, 若$\{a_n\}$是无界数列, 则存在$\{a_n\}$的一个子列$\{a_{n_k}\}$, 使得

$$\lim_{k \to \infty} a_{n_k} = \infty.$$

例2.1.11 证明: 数列$\left\{\sin \dfrac{n\pi}{4}\right\}$发散.

注2.1.7

证 令$x_n = \sin \dfrac{n\pi}{4}$. 取$n_k^{(1)} = 4k, n_k^{(2)} = 8k + 2$, 则子列$\{x_{n_k^{(1)}}\}$收敛于0, 子列$\{x_{n_k^{(2)}}\}$收敛于1, 由推论2.1.4知$\{x_n\}$发散.

定义2.1.4　如果数列$\{a_n\}$满足

$$a_n \leqslant a_{n+1} \ (a_n \geqslant a_{n+1}), \quad n = 1, 2, \cdots,$$

则称$\{a_n\}$为单调增加数列(单调减少数列). 单调增加数列或单调减少数列统称单调数列.

注2.1.8　由于数列前面有限项的变化不影响它的收敛性, 所以我们可以将"从某一项开始为单调的数列"看成单调数列.

定理2.1.7　(单调有界定理)单调有界数列必收敛.

证　不妨设$\{\alpha_n\}$是有上界的单调增加数列. 依确界原理, 数列$\{\alpha_n\}$有上确界α, 即$\alpha = \sup\{\alpha_n\}$. 这样根据上确界的定义, 对$\forall \varepsilon > 0$, $\exists \alpha_N \in \{\alpha_n\}$, 使得

$$\alpha - \varepsilon < \alpha_N.$$

又由于$\{\alpha_n\}$是单调增加数列, 所以当$n > N$时, 有

$$\alpha - \varepsilon < \alpha_N \leqslant \alpha_n. \tag{2.1.8}$$

另一方面, 由于α是$\{\alpha_n\}$的上界, 故对任意α_n都有

$$\alpha_n \leqslant \alpha < \alpha + \varepsilon. \tag{2.1.9}$$

从而对$\forall n > N$, 由$(2.1.8), (2.1.9)$式, 有

$$\alpha - \varepsilon < \alpha_n < \alpha + \varepsilon,$$

即$\lim\limits_{n\to\infty} \alpha_n = \alpha$. 故结论成立.

注2.1.9　单调有界定理只是数列收敛的充分条件.

例2.1.12　证明: $\lim\limits_{n\to\infty} \left(1 + \dfrac{1}{n}\right)^n$存在.

证　设$b > a > 0$, 对任一正整数n, 有

$$\frac{b^{n+1} - a^{n+1}}{b - a} = b^n + b^{n-1}a + \cdots + a^{n-1}b + a^n < (n+1)b^n,$$

整理后得

$$a^{n+1} > b^n[(n+1)a - nb]. \tag{2.1.10}$$

首先, 取$a = 1 + \dfrac{1}{n+1}, b = 1 + \dfrac{1}{n}$, 由于此时

$$(n+1)a - nb = (n+1)\left(1 + \frac{1}{n+1}\right) - n\left(1 + \frac{1}{n}\right) = 1.$$

所以由$(2.1.10)$式, 有

$$\left(1 + \frac{1}{n+1}\right)^{n+1} > \left(1 + \frac{1}{n}\right)^n.$$

即数列$\left\{\left(1 + \dfrac{1}{n}\right)^n\right\}$是单调增加数列.

其次, 再取$a = 1, b = 1 + \dfrac{1}{2n}$, 由于此时

$$(n+1)a - nb = (n+1) - n\left(1 + \frac{1}{2n}\right) = \frac{1}{2}.$$

故由(2.1.10)式, 有

$$1 > (1 + \frac{1}{2n})^n \times \frac{1}{2} \quad \Rightarrow \quad (1 + \frac{1}{2n})^{2n} < 4.$$

又由已经证明该数列是单调增加数列, 所以

$$\left(1 + \frac{1}{2n-1}\right)^{2n-1} < \left(1 + \frac{1}{2n}\right)^{2n} < 4.$$

这样对任意正整数n都有$\left(1 + \frac{1}{n}\right)^n < 4$, 即数列$\left\{\left(1 + \frac{1}{n}\right)^n\right\}$有上界.

因此, 依单调有界定理知数列$\left\{\left(1 + \frac{1}{n}\right)^n\right\}$收敛.

注2.1.10　通常记

$$\lim_{n \to \infty} \left(1 + \frac{1}{n}\right)^n = \mathrm{e}.$$

它是一个超越数, 且$\mathrm{e} \approx 2.718281828459$.

例2.1.13　证明数列

$$\sqrt{a}, \sqrt{a + \sqrt{a}}, \cdots, \underbrace{\sqrt{a + \sqrt{a + \sqrt{a + \cdots + \sqrt{a}}}}}_{n \text{个根号}}, \cdots \quad (a > 0)$$

收敛, 并求它的极限.

证　令

$$x_n = \underbrace{\sqrt{a + \sqrt{a + \sqrt{a + \cdots + \sqrt{a}}}}}_{n \text{个根号}},$$

于是

$$x_{n+1} = \sqrt{a + x_n}.$$

下面用数学归纳法证明数列$\{x_n\}$是单调增加且有上界. 首先, 显然$x_1 < x_2$. 设$x_k < x_{k+1}$, 那么

$$a + x_k < a + x_{k+1} \quad \Rightarrow \quad \sqrt{a + x_k} < \sqrt{a + x_{k+1}},$$

即$x_{k+1} < x_{k+2}$. 因此数列$\{x_n\}$是单调增加的.

其次, 当$n = 1$时, 有$x_1 = \sqrt{a} < \sqrt{a} + 1$. 设$n = k$时, 有$x_k < \sqrt{a} + 1$. 那么当$n = k+1$时,

$$x_{k+1} = \sqrt{a + x_k} < \sqrt{a + \sqrt{a} + 1} < \sqrt{a + 2\sqrt{a} + 1} = \sqrt{a} + 1.$$

于是数列$\{x_n\}$有上界.

根据单调有界定理, 数列$\{x_n\}$收敛. 设$\lim_{n \to \infty} x_n = \alpha$. 由于$x_{n+1}^2 = a + x_n$, 所以

$$\lim_{n \to \infty} x_{n+1}^2 = a + \lim_{n \to \infty} x_n \quad \Rightarrow \quad \alpha^2 = a + \alpha.$$

得$\alpha = \frac{1}{2}(1 \pm \sqrt{1 + 4a})$. 根据极限的保不等式性知, $\alpha \geqslant 0$, 则数列$\{x_n\}$的极限为$\alpha =$

$\frac{1}{2}(1+\sqrt{1+4a})$.

定义2.1.5　如果数列$\{a_n\}$满足：对任意$\varepsilon > 0$，存在正整数N，使得当$n, m > N$时，成立

$$|a_n - a_m| < \varepsilon.$$

则称数列$\{a_n\}$为柯西(Cauchy)数列(基本数列).

注2.1.11　数列$\{a_n\}$为Cauchy数列的必要充分条件是：对任意$\varepsilon > 0$，存在正整数N，使得当$n > N$时，对任意自然数p，成立

$$|a_{n+p} - a_n| < \varepsilon.$$

柯　西

定理2.1.8　(Cauchy收敛准则)数列$\{a_n\}$收敛的必要充分条件是：$\{a_n\}$是Cauchy 数列.

证　必要性. 设$\lim\limits_{n\to\infty} a_n = a$. 对$\forall \varepsilon > 0$, $\exists N$, $\forall n, m > N$, 有

$$|a_n - a| < \frac{\varepsilon}{2}, \quad |a_m - a| < \frac{\varepsilon}{2}.$$

于是

$$|a_n - a_m| \leqslant |a_n - a| + |a_m - a| < \varepsilon.$$

注2.1.11

充分性. 设$\{a_n\}$是Cauchy数列. 首先证明Cauchy数列是有界数列. 由Cauchy数列的定义, 对$\varepsilon_0 = 1$, $\exists N_0$, $\forall n > N_0$, 有

$$|a_n - a_{N_0+1}| < 1.$$

令$M = \max\{|a_1|, |a_2|, \cdots, |a_{N_0}|, |a_{N_0+1} - 1|, |a_{N_0+1} + 1|\}$, 则$\forall n$,成立

$$|a_n| \leqslant M,$$

即Cauchy数列$\{a_n\}$是有界数列.

这样, 根据致密性定理, Cauchy数列$\{a_n\}$有收敛子列$\{a_{n_k}\}$. 设

$$\lim_{k\to\infty} a_{n_k} = \beta. \tag{2.1.11}$$

因为$\{a_n\}$是Cauchy数列, 所以对$\forall \varepsilon > 0$, $\exists N$, $\forall n, m > N$, 有

$$|a_n - a_m| < \frac{\varepsilon}{2}. \tag{2.1.12}$$

现在(2.1.12)式中取$a_m = a_{n_k}$, 其中k充分大, 满足$n_k > N$, 且令$k \to \infty$, 于是由(2.1.11)式得到

$$|a_n - \beta| < \frac{\varepsilon}{2} < \varepsilon,$$

即数列$\{a_n\}$收敛.

注2.1.12　数列$\{a_n\}$发散$\Leftrightarrow \exists \varepsilon_0$, $\forall N$, $\exists n_0, m_0 > N \Rightarrow |a_{n_0} - a_{m_0}| \geqslant \varepsilon_0$. 或$\exists \varepsilon_0, \forall N$, $\exists n_0 > N$, $\exists$某个自然数$p_0 \Rightarrow |a_{n_0+p_0} - a_{n_0}| \geqslant \varepsilon_0$.

注2.1.13　Cauchy收敛准则表明：由实数构成的Cauchy数列$\{a_n\}$必存在实数极限, 这一性质称为实数系的完备性. 然而有理数集不具备完备性. 比如：数列$\left\{\left(1 + \frac{1}{n}\right)^n\right\}$是由有理数

构成的Cauchy数列, 但我们知道 $\lim\limits_{n\to\infty}\left(1+\dfrac{1}{n}\right)^n = \mathrm{e}$ 不是有理数.

例2.1.14　证明: 若对任意自然数n, 有

$$|\alpha_{n+1} - \alpha_n| \leqslant c\rho^n, \quad c > 0, \quad 0 < \rho < 1,$$

则数列$\{\alpha_n\}$收敛.

证　由于对任意自然数n, p, 有

$$
\begin{aligned}
|\alpha_{n+p} - \alpha_n| &= |(\alpha_{n+p} - \alpha_{n+p-1}) + (\alpha_{n+p-1} - \alpha_{n+p-2}) + \cdots + (\alpha_{n+1} - \alpha_n)| \\
&\leqslant |\alpha_{n+p} - \alpha_{n+p-1}| + |\alpha_{n+p-1} - \alpha_{n+p-2}| + \cdots + |\alpha_{n+1} - \alpha_n| \\
&\leqslant c\rho^{n+p-1} + c\rho^{n+p-2} + \cdots + c\rho^n \\
&= c\rho^n(1 + \rho + \rho^2 + \cdots + \rho^{p-1}) \\
&= c\rho^n \cdot \frac{1 - \rho^p}{1 - \rho} \\
&\leqslant \frac{c}{1-\rho} \cdot \rho^n.
\end{aligned}
$$

由于 $\lim\limits_{n\to\infty} \rho^n = 0$, 所以对$\forall \varepsilon > 0$, $\exists N$, $\forall n > N$, 有$\rho^n < \dfrac{1-\rho}{c}\varepsilon$. 于是, 对$\forall \varepsilon > 0$, $\exists N$, $\forall n > N$, $\forall$自然数p, 有

$$|\alpha_{n+p} - \alpha_n| \leqslant \frac{c}{1-\rho} \cdot \rho^n < \varepsilon.$$

所以数列$\{\alpha_n\}$是Cauchy数列, 从而由Cauchy收敛准则知, 数列$\{\alpha_n\}$收敛.

例2.1.15　证明: 数列$\beta_n = 1 + \dfrac{1}{2} + \cdots + \dfrac{1}{n}$发散.

证　由于取$\varepsilon_0 = \dfrac{1}{2}$, 对$\forall$自然数$N$, $\exists m > N$(当然$2m > N$), 有

$$|\beta_{2m} - \beta_m| = \left|\frac{1}{m+1} + \frac{1}{m+2} + \cdots + \frac{1}{2m}\right| > \underbrace{\frac{1}{2m} + \frac{1}{2m} + \cdots + \frac{1}{2m}}_{m\text{项}} = \frac{1}{2} = \varepsilon_0.$$

即数列$\{\beta_n\}$不是Cauchy数列, 从而由Cauchy收敛准则知, 数列$\{\beta_n\}$发散.

<h2 style="text-align:center">习　题　2.1</h2>

习题2.1

1. 按ε定义证明下列极限:

(1) $\lim\limits_{n\to\infty} \dfrac{\cos n}{n} = 0$;　　　　(2) $\lim\limits_{n\to\infty} \sqrt[n]{n} = 1$;　　　　(3) $\lim\limits_{n\to\infty} (\sqrt{n+1} - \sqrt{n}) = 0$;

(4) $\lim\limits_{n\to\infty} \dfrac{5n^2}{7n - n^2} = -5$;　　(5) $\lim\limits_{n\to\infty} \dfrac{n^{2010}}{2^n} = 0$;　　(6) $\lim\limits_{n\to\infty} \dfrac{n!}{n^n} = 0$;

(7) $\lim\limits_{n\to\infty} a_n = 1$, 其中 $a_n = \begin{cases} \dfrac{n+\sqrt{n}}{n}, & n\text{是偶数}, \\ 1 - 10^{-n}, & n\text{是奇数}; \end{cases}$

(8) $\lim\limits_{n\to\infty} \dfrac{a_1 + a_2 + \cdots + a_n}{n} = a$, 其中 $\lim\limits_{n\to\infty} a_n = a$.

2. 求下列数列的极限:

(1) $\lim\limits_{n\to\infty} \dfrac{3n^2 + 4n - 1}{n^2 + 1}$;

(2) $\lim\limits_{n\to\infty} \sqrt[n]{n \lg n}$;

(3) $\lim\limits_{n\to\infty} \dfrac{n^{2010}}{e^n}$;

(4) $\lim\limits_{n\to\infty} \left(\dfrac{1}{2} + \dfrac{3}{2^2} + \cdots + \dfrac{2n-1}{2^n} \right)$;

(5) $\lim\limits_{n\to\infty} \sqrt[n]{\dfrac{1}{n!}}$;

(6) $\lim\limits_{n\to\infty} \left(1 - \dfrac{1}{2^2} \right)\left(1 - \dfrac{1}{3^2} \right) \cdots \left(1 - \dfrac{1}{n^2} \right)$;

(7) $\lim\limits_{n\to\infty} \dfrac{\sum\limits_{k=1}^{n} k!}{n!}$;

(8) $\lim\limits_{n\to\infty} (\sqrt[n]{n^2 + 1} - 1) \sin \dfrac{n\pi}{2}$;

(9) $\lim\limits_{n\to\infty} \sqrt[n]{n^3 + 3^n}$;

(10) $\lim\limits_{n\to\infty} (\sqrt{2} \sqrt[4]{2} \sqrt[8]{2} \cdots \sqrt[2^n]{2})$;

(11) $\lim\limits_{n\to\infty} \left(1 + \dfrac{1}{4n} \right)^{8n}$;

(12) $\lim\limits_{n\to\infty} [(n+1)^\alpha - n^\alpha]$, $0 < \alpha < 1$;

(13) $\lim\limits_{n\to\infty} \left(\dfrac{n+1}{n-1} \right)^n$;

(14) $\lim\limits_{n\to\infty} \dfrac{[na_n]}{n}$, 其中 $\lim\limits_{n\to\infty} a_n = a$;

(15) $\lim\limits_{n\to\infty} \left(\dfrac{1}{\sqrt{n^2 + 1}} + \dfrac{1}{\sqrt{n^2 + 2}} + \cdots + \dfrac{1}{\sqrt{n^2 + n}} \right)$;

(16) $\lim\limits_{n\to\infty} \sqrt[n]{a_1 a_2 \cdots a_n}$, 其中 $a_n > 0 (n = 1, 2, \cdots)$, $\lim\limits_{n\to\infty} a_n = a$;

(17) $\lim\limits_{n\to\infty} \left(\dfrac{1}{n+1} + \dfrac{1}{n+2} + \cdots + \dfrac{1}{2n} \right)$;

(18) $\lim\limits_{n\to\infty} \left[1 - \dfrac{1}{2} + \dfrac{1}{3} - \cdots + (-1)^{n+1} \dfrac{1}{n} \right]$.

3. 证明下列数列收敛:

(1) $a_1 = \sqrt{2}, a_{n+1} = \sqrt{2a_n}, n = 1, 2, \cdots$;

(2) $0 < b_1 < 1, b_{n+1} = b_n(2 - b_n), n = 1, 2, \cdots$;

(3) $c_n = \dfrac{\sin 1}{2} + \dfrac{\sin 2}{2^2} + \cdots + \dfrac{\sin n}{2^n}, n = 1, 2, \cdots$;

(4) $d_1 = 1, d_2 = 2, d_{n+1} = \beta d_n + (1 - \beta) d_{n-1}, n = 2, 3, \cdots (0 < \beta < 1)$;

(5) $e_1 = \dfrac{1}{2} \left(\beta + \dfrac{\sigma}{\beta} \right), e_{n+1} = \dfrac{1}{2} \left(e_n + \dfrac{\sigma}{e_n} \right), n = 1, 2, \cdots (\beta > 0, \sigma > 0)$;

(6) $f_n = 1 + \dfrac{1}{2} + \dfrac{1}{3} + \cdots + \dfrac{1}{n} - \ln n, n = 1, 2, \cdots$.

4. 证明:数列 $\{\sin n\}$ 不存在极限.

5. 设 $0 < a < b, x_1 = a, y_1 = b$, 证明:

(1) 若 $x_{n+1} = \sqrt{x_n y_n}$, $y_{n+1} = \dfrac{x_n + y_n}{2}$ $(n = 1, 2, \cdots)$, 则数列 $\{x_n\}$ 与 $\{y_n\}$ 都收敛, 且 $\lim\limits_{n \to \infty} x_n = \lim\limits_{n \to \infty} y_n$;

(2) 若 $x_{n+1} = \dfrac{x_n + y_n}{2}$, $y_{n+1} = \dfrac{2x_n y_n}{x_n + y_n}$ $(n = 1, 2, \cdots)$, 则数列 $\{x_n\}$ 与 $\{y_n\}$ 都收敛, 且 $\lim\limits_{n \to \infty} x_n = \lim\limits_{n \to \infty} y_n$.

6. 设数列 $\{a_n\}$ 满足: 存在正数 M, 对一切 n 有

$$A_n = |a_2 - a_1| + |a_3 - a_2| + \cdots + |a_n - a_{n-1}| \leqslant M.$$

证明: 数列 $\{a_n\}$ 与 $\{A_n\}$ 都收敛.

7. 设 $0 \leqslant x \leqslant 1, y_1 = \dfrac{x}{2}, y_n = \dfrac{x}{2} - \dfrac{y_{n-1}^2}{2}$ $(n = 2, 3, \cdots)$, 求 $\lim\limits_{n \to \infty} y_n$.

2.1.4　应用事例与探究课题

1. 应用事例

例2.1.16　设非零实数列 $\{\beta_n\}$ 满足

$$\beta_n^2 - \beta_{n-1}\beta_{n+1} = 1, \ n = 1, 2, \ldots,$$

证明: 存在一个实数 Λ, 使得对所有 $n \geqslant 1$, 有

$$\beta_{n+1} = \Lambda\beta_n - \beta_{n-1}.$$

证　显然, 如果能够证明

$$\frac{\beta_{n+1} + \beta_{n-1}}{\beta_n}$$

与 n 无关, 那么结论成立. 事实上, 由题设有

$$
\begin{aligned}
\frac{\beta_{n+2} + \beta_n}{\beta_{n+1}} - \frac{\beta_{n+1} + \beta_{n-1}}{\beta_n} &= \frac{(\beta_n\beta_{n+2} + \beta_n^2) - (\beta_{n+1}^2 + \beta_{n-1}\beta_{n+1})}{\beta_n\beta_{n+1}} \\
&= \frac{-(\beta_{n+1}^2 - \beta_n\beta_{n+2}) + (\beta_n^2 - \beta_{n-1}\beta_{n+1})}{\beta_n\beta_{n+1}} \\
&= \frac{-1 + 1}{\beta_n\beta_{n+1}} \\
&= 0.
\end{aligned}
$$

因此, 存在一个实数 Λ, 使得对所有 $n \geqslant 1$, 有

$$\beta_{n+1} = \Lambda\beta_n - \beta_{n-1}.$$

例2.1.17　设数列 $\{x_n\}$ 满足

$$\lim_{n \to \infty}(x_n - x_{n-2}) = 0,$$

求 $\lim\limits_{n \to \infty} \dfrac{x_n}{n}$.

解　由于

$$x_{2n} = \sum_{i=1}^{n}(x_{2i} - x_{2i-2} + x_0)$$

$$= x_{2N} + \sum_{i=N+1}^{n}(x_{2i} - x_{2i-2}).$$

其中N为任意正整数. 因此有

$$\frac{|x_{2n}|}{2n} \leqslant \frac{|x_{2N}|}{2n} + \frac{1}{2n}\sum_{i=N+1}^{n}(x_{2i} - x_{2i-2}). \tag{2.1.13}$$

又已知 $\lim\limits_{n\to\infty}(x_n - x_{n-2}) = 0$, 故由(2.1.13)式知

$$\lim_{n\to\infty}\frac{x_{2n}}{2n} = 0.$$

同理可得

$$\lim_{n\to\infty}\frac{x_{2n+1}}{2n+1} = 0.$$

这样, 我们得到

$$\lim_{n\to\infty}\frac{x_n}{n} = 0.$$

例2.1.18　设$a_n > 0, b_n > 0$, 且

$$\lim_{n\to\infty}\left(\frac{a_n}{a_{n+1}b_n} - \frac{1}{b_{n+1}}\right) > 0.$$

证明极限 $\lim\limits_{n\to\infty}\sum\limits_{k=1}^{n}a_k$ 存在.

证　由于

$$\lim_{n\to\infty}\left(\frac{a_n}{a_{n+1}b_n} - \frac{1}{b_{n+1}}\right) = 2\beta > \beta > 0,$$

所以存在N, 对任意$n \geqslant N$, 有

$$\frac{a_n}{a_{n+1}b_n} - \frac{1}{b_{n+1}} > \beta,$$

即

$$\frac{a_n}{b_n} - \frac{a_{n+1}}{b_{n+1}} > \beta a_{n+1}.$$

于是

$$a_{n+1} < \frac{1}{\beta}\left(\frac{a_n}{b_n} - \frac{a_{n+1}}{b_{n+1}}\right).$$

从而

$$\lim_{n\to\infty}\sum_{k=N+1}^{n}a_k < \frac{1}{\beta}\sum_{k=N+1}^{n}\left(\frac{a_{k-1}}{b_{k-1}} - \frac{a_k}{b_k}\right) = \frac{1}{\beta}\left(\frac{a_N}{b_N} - \frac{a_n}{b_n}\right) < \frac{1}{\beta}\frac{a_N}{b_N}.$$

所以, 数列 $\sum\limits_{k=1}^{n}a_k$ 单调增加且有上界, 故极限存在.

2. 探究课题

探究2.1.1　假定$x_{n+1} = x_n^2 + 1(n = 1, 2, \ldots)$, 探究数列$\{x_n\}$的通项公式.

探究2.1.2 设 $0 < x_1 < 1$, $x_{n+1} = x_n(1 - x^n)(n = 1, 2, \ldots)$, 探究极限 $\lim\limits_{n \to \infty} n x_n$.

探究2.1.3 设 $\alpha_0 = 0$, $\alpha_1 = 1$, $\alpha_{n+1} = \dfrac{\alpha_n + n\alpha_{n-1}}{n+1}(n = 1, 2, \ldots)$, 探究极限 $\lim\limits_{n \to \infty} \alpha_n$.

探究2.1.4 设 $\beta > 1$, 探究极限 $\lim\limits_{n \to \infty}(2\sqrt[n]{\beta} - 1)^n$.

探究2.1.5 设 $\beta_0 > 0, \beta_{n+1} = \dfrac{3}{2\beta_n^2 + 1}(n = 0, 1, 2, \ldots)$, 探究数列 $\{\beta_n\}$ 的敛散性.

探究2.1.6 设 β 为某一实数, $x_1 = \dfrac{\beta}{2}$, $x_{n+1} = \dfrac{\beta}{2} + \dfrac{x_n^2}{2}(n = 1, 2, \ldots)$, 试根据 β 的不同假设来探究数列 $\{x_n\}$ 的极限问题（比如：$0 < \beta \leqslant 1, -3 \leqslant \beta < 0$ 等）.

探究2.1.7 考虑斐波那契数列 $\{F_n\}$, 满足

$$F_{n+1} = F_n + F_{n-1}, \quad F_0 = F_1 = 1.$$

(1) 探究 $\{F_n\}$ 的通项公式;

(2) 探究数列 $\left\{\dfrac{F_n}{F_{n+1}}\right\}$ 的极限.

探究2.1.8 探究数列 $\left\{\sum\limits_{k=n+1}^{2n} \dfrac{1}{k}\right\}$ 和数列 $\left\{\sum\limits_{k=1}^{n}(-1)^{k+1}\dfrac{1}{k}\right\}$ 的极限, 这两个数列有联系吗?

探究2.1.9 探究**闭区间上的压缩映照原理**. 设映照

$$A: [a, b] \rightarrow [a, b],$$

且满足压缩性, 即有常数 $L \in [0, 1)$, 满足

$$|A(x) - A(y)| \leqslant L|x - y|, \quad \forall \ x, y \in [a, b],$$

则存在 $x_0 \in [a, b]$, 使得

$$f(x_0) = x_0.$$

探究2.1.10 探究科赫(Koch)雪花曲线的长度和围成图形的面积. 1904年, 瑞典科学家科赫描述了这样一段奇特而又有趣的事件：一个边长为L的正三角形, 将每个边三等分, 以中间的一段为边, 向正三角形外再突出一个正三角形, 小正三角形在三个边上的出现使得原三角形变成了一个六角形, 六角形共有12个边. 再在六角形的12个边上以与上述同样的方法, 构造出一个新的48边形. 如此无穷次做下去, 其边缘的构造越来越精细, 看上去好像是一片理想的雪花. 上述方法构造的曲线称为科赫曲线, 由于酷似雪花, 所以也称科赫雪花.

(1)探究科赫雪花曲线的长度和围成图形面积的递推表达式;

(2)探究科赫雪花曲线是一条围成的面积有限, 但曲线可以是无限长的闭曲线;

(3)探究科赫雪花曲线在海岸线研究、人肺的构造研究、人的视网膜(大脑)血管的构造研究等方面的应用(特别是在分形几何中的应用).

2.2　函数极限及其应用

2.2.1　函数极限的概念

根据自变量不同的变化过程, 函数的极限分为自变量趋于无限大时函数的极限和自变量趋于有限值时函数的极限.

1. 自变量趋于无限大时函数的极限

定义2.2.1　设函数$f(x)$定义在$[a, +\infty)$上, A为定数. 如果对任意的$\varepsilon > 0$, 存在$M > 0$, 使得当$x > M$时, 成立

$$|f(x) - A| < \varepsilon,$$

则称函数$f(x)$当x趋于$+\infty$时极限存在, 且以A为极限, 记为

$$\lim_{x \to +\infty} f(x) = A \quad 或 \quad f(x) \to A \ (x \to +\infty).$$

注2.2.1　$\lim\limits_{x \to +\infty} f(x) = A \Leftrightarrow \forall \varepsilon > 0, \exists M > 0, \forall x > M \Rightarrow |f(x) - A| < \varepsilon.$

注2.2.2　$\lim\limits_{x \to +\infty} f(x) = A$的几何意义: 对任意以二直线$y = A \pm \varepsilon$为边界的带形区域, 在$x$轴上总存在一点$M$, 当$x$位于点$M$的右边时, 函数$f(x)$的图像全部位于这个带形区域内(图2.2.1).

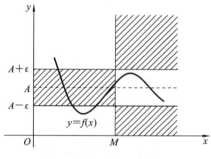

图2.2.1

定义2.2.2　设函数$f(x)$定义在$(-\infty, a]$上, A为定数. 如果对任意的$\varepsilon > 0$, 存在正数$M > 0$, 使得当$x < -M$时, 成立

$$|f(x) - A| < \varepsilon,$$

则称函数$f(x)$当x趋于$-\infty$时极限存在, 且以A为极限, 记为

$$\lim_{x \to -\infty} f(x) = A \quad 或 \quad f(x) \to A \ (x \to -\infty).$$

定义2.2.3　设函数$f(x)$定义在$\{x : |x| \geqslant a\}$上, A为定数. 如果对任意的$\varepsilon > 0$, 存在正数$M > 0$, 使得当$|x| > M$时, 成立

$$|f(x) - A| < \varepsilon,$$

则称函数 $f(x)$ 当 x 趋于 ∞ 时极限存在, 且以 A 为极限, 记为

$$\lim_{x\to\infty} f(x) = A \quad \text{或} \quad f(x) \to A \ (x \to \infty).$$

注2.2.3　$\lim\limits_{x\to\infty} f(x) = A \Leftrightarrow \lim\limits_{x\to+\infty} f(x) = \lim\limits_{x\to-\infty} f(x) = A.$

例2.2.1　证明: $\lim\limits_{x\to+\infty} \dfrac{x-1}{x+1} = 1.$

证　对 $\forall \varepsilon > 0$, 解不等式(不妨设 $x > -1$)

$$\left| \frac{x-1}{x+1} - 1 \right| = \frac{2}{x+1} < \varepsilon,$$

得 $x > \dfrac{1}{\varepsilon} - 1$, 取 $M \geqslant \dfrac{1}{\varepsilon} - 1$. 于是 $\forall \varepsilon > 0$, $\exists M \geqslant \dfrac{1}{\varepsilon} - 1, \forall x > M \Rightarrow \left| \dfrac{x-1}{x+1} - 1 \right| < \varepsilon$,
即 $\lim\limits_{x\to+\infty} \dfrac{x-1}{x+1} = 1.$

例2.2.2　证明: $\lim\limits_{x\to-\infty} \arctan x = -\dfrac{\pi}{2}.$

证　对 $\forall 0 < \varepsilon < \dfrac{\pi}{2}$, 解不等式

$$\left| \arctan x - \left(-\frac{\pi}{2} \right) \right| = \frac{\pi}{2} + \arctan x < \varepsilon,$$

得 $x < -\tan\left(\dfrac{\pi}{2} - \varepsilon \right)$, 取 $M \geqslant \tan\left(\dfrac{\pi}{2} - \varepsilon \right) > 0$. 于是 $\forall \varepsilon > 0$, $\exists M \geqslant \tan\left(\dfrac{\pi}{2} - \varepsilon \right), \forall x < -M \Rightarrow \left| \arctan x - \left(-\dfrac{\pi}{2} \right) \right| < \varepsilon$, 即 $\lim\limits_{x\to-\infty} \arctan x = -\dfrac{\pi}{2}.$

例2.2.3　证明: $\lim\limits_{x\to\infty} \dfrac{1}{x} = 0.$

证　对 $\forall \varepsilon > 0$, 解不等式

$$\left| \frac{1}{x} - 0 \right| = \frac{1}{|x|} < \varepsilon,$$

得 $|x| > \dfrac{1}{\varepsilon}$, 取 $M \geqslant \dfrac{1}{\varepsilon} > 0$. 于是 $\forall \varepsilon > 0$, $\exists M \geqslant \dfrac{1}{\varepsilon}, \forall |x| > M \Rightarrow \left| \dfrac{1}{x} - 0 \right| < \varepsilon$, 即 $\lim\limits_{x\to\infty} \dfrac{1}{x} = 0.$

2. 自变量趋于有限值时函数的极限

定义2.2.4　(ε-δ定义)设函数 $f(x)$ 定义在点 x_0 的某个空心邻域 $U^0(x_0, \delta_1)$ 内, A 为定数. 如果对任意的 $\varepsilon > 0$, 存在 $\delta > 0 (\delta < \delta_1)$, 使得当 $0 < |x - x_0| < \delta$ 时, 成立

$$|f(x) - A| < \varepsilon,$$

则称函数 $f(x)$ 当 x 趋于 x_0 时极限存在, 且以 A 为极限, 记为

$$\lim_{x\to x_0} f(x) = A \quad \text{或} \quad f(x) \to A \ (x \to x_0).$$

注2.2.4　$\lim\limits_{x\to x_0} f(x) = A \Leftrightarrow \forall \varepsilon > 0, \exists \delta > 0, \forall x : 0 < |x - x_0| < \delta \Rightarrow |f(x) - A| < \varepsilon.$

注2.2.5   定义中"$0 < |x - x_0| < \delta$"表明$x \neq x_0$. 这说明函数$f(x)$在点x_0处的极限与函数$f(x)$在点x_0处有无定义无关, 且即使$f(x)$在点x_0处有定义, 也与$f(x)$在点x_0处的函数值$f(x_0)$无关.

注2.2.6 $\lim\limits_{x \to x_0} f(x) = A$的几何意义: 对任意以二直线$y = A \pm \varepsilon$为边界的带形区域, 在$x$轴上总存在以点$x_0$为中心, 半径为$\delta$的空心邻域$U^0(x_0, \delta)$, 当$x$位于空心邻域$U^0(x_0, \delta)$内时, 函数$f(x)$的图像全部位于这个带形区域内(图2.2.2).

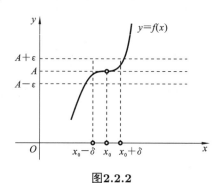

图2.2.2

定义2.2.5   设函数$f(x)$定义在点x_0的某个右空心邻域$U^0_+(x_0, \delta_1)$内, A为定数. 如果对任意的$\varepsilon > 0$, 存在$\delta > 0 (\delta < \delta_1)$, 使得当$x_0 < x < x_0 + \delta$时, 成立

$$|f(x) - A| < \varepsilon,$$

则称函数$f(x)$当x趋于x_0^+时右极限存在, 且以A为右极限, 记为

$$\lim_{x \to x_0^+} f(x) = A \quad \text{或} \quad f(x) \to A \ (x \to x_0^+).$$

定义2.2.6   设函数$f(x)$定义在点x_0的某个左空心邻域$U^0_-(x_0, \delta_1)$内, A为定数. 如果对任意的$\varepsilon > 0$, 存在$\delta > 0 (\delta < \delta_1)$, 使得当$x_0 - \delta < x < x_0$时, 成立

$$|f(x) - A| < \varepsilon,$$

则称函数$f(x)$当x趋于x_0^-时左极限存在, 且以A为左极限, 记为

$$\lim_{x \to x_0^-} f(x) = A \quad \text{或} \quad f(x) \to A \ (x \to x_0^-).$$

注2.2.7   通常函数在一点的右极限与左极限称为单侧极限, 并将函数$f(x)$在x_0处的右极限与左极限分别记为

$$f(x_0 + 0) = \lim_{x \to x_0^+} f(x) \quad \text{与} \quad f(x_0 - 0) = \lim_{x \to x_0^-} f(x).$$

注2.2.8 $\lim\limits_{x \to x_0} f(x) = A \Leftrightarrow \lim\limits_{x \to x_0^+} f(x) = \lim\limits_{x \to x_0^-} f(x) = A.$

例2.2.4   证明: $\lim\limits_{x \to 3} \dfrac{x - 3}{x^2 - 9} = \dfrac{1}{6}$.

证   对$\forall \varepsilon > 0$, 解不等式(不妨设$|x - 3| < 1$, 即$2 < x < 4$)

$$\left|\frac{x-3}{x^2-9}-\frac{1}{6}\right|=\frac{1}{6}\frac{|x-3|}{|x+3|}\leqslant\frac{1}{6}\frac{|x-3|}{2+3}=\frac{1}{30}|x-3|<\varepsilon,$$

得$|x-3|<30\varepsilon$, 取$\delta=\min\{30\varepsilon,1\}>0$. 于是$\forall\varepsilon>0,\ \exists\ \delta=\min\{30\varepsilon,1\}>0,\forall x:0<|x-3|<\delta\ \Rightarrow\ \left|\frac{x-3}{x^2-9}-\frac{1}{6}\right|<\varepsilon$, 即$\lim\limits_{x\to3}\frac{x-3}{x^2-9}=\frac{1}{6}$.

例2.2.5 证明: $\lim\limits_{x\to a}x^n=x^a$, n是自然数.

证 对$\forall\varepsilon>0$, 解不等式(不妨设$|x-a|<1$,即$|x|<|a|+1$)

$$\begin{aligned}|x^n-a^n|&=|x-a||x^{n-1}+x^{n-2}a+\cdots+xa^{n-2}+a^{n-1}|\\&\leqslant|x-a|(|x|^{n-1}+|x|^{n-2}|a|+\cdots+|x||a|^{n-2}+|a|^{n-1})\\&<|x-a|\cdot n(|a|+1)^{n-1}<\varepsilon,\end{aligned}$$

得$|x-a|<\dfrac{\varepsilon}{n(|a|+1)^{n-1}}$, 取$\delta=\min\left\{\dfrac{\varepsilon}{n(|a|+1)^{n-1}},1\right\}>0$. 于是

$$\forall\varepsilon>0,\ \exists\ \delta=\min\left\{\frac{\varepsilon}{n(|a|+1)^{n-1}},1\right\}>0,\forall x:0<|x-a|<\delta\ \Rightarrow\ |x^n-a^n|<\varepsilon,$$

即$\lim\limits_{x\to a}x^n=a^n$.

2.2.2 函数极限的性质

前面我们已经学习了函数的六种形式极限, 即

$$\lim_{x\to+\infty}f(x),\quad\lim_{x\to-\infty}f(x),\quad\lim_{x\to\infty}f(x),$$

$$\lim_{x\to x_0^+}f(x),\quad\lim_{x\to x_0^-}f(x),\quad\lim_{x\to x_0}f(x).$$

它们与数列极限具有类似的一些性质. 下面仅就极限$\lim\limits_{x\to x_0}f(x)$给出这些性质及其证明. 其他五种形式极限的性质可类似地进行证明.

定理2.2.1 (唯一性)如果函数$f(x)$在x_0处存在极限, 则极限是唯一的.

证 设$\lim\limits_{x\to x_0}f(x)=\beta_1$, $\lim\limits_{x\to x_0}f(x)=\beta_2$. 由函数极限的定义, 对$\forall\varepsilon>0$, $\exists\delta>0$, $\forall x:0<|x-x_0|<\delta$, 有

$$|f(x)-\beta_1|<\frac{\varepsilon}{2},\quad|f(x)-\beta_2|<\frac{\varepsilon}{2}.$$

于是, 对$x:0<|x-x_0|<\delta$, 有

$$|\beta_1-\beta_2|=|\beta_1-f(x)+f(x)-\beta_2|\leqslant|f(x)-\beta_1|+|f(x)-\beta_2|<\frac{\varepsilon}{2}+\frac{\varepsilon}{2}=\varepsilon.$$

这样由ε的任意性知, $\beta_1=\beta_2$. 故极限是唯一的.

定理2.2.2 (局部有界性)如果$\lim\limits_{x\to x_0}f(x)=\beta$, 则存在某个$\delta_0>0$, 当$0<|x-x_0|<\delta_0$时, 有$|f(x)|\leqslant M$, 其中$M$是正常数.

证 由函数极限的定义, 对于$\varepsilon=1$, $\exists\delta_0>0$, $\forall x:0<|x-x_0|<\delta_0$, 有$|f(x)-\beta|<1$,于是

$$|f(x)|<|\beta|+1.$$

令

$$M = |\beta| + 1,$$

则 $\exists \delta_0 > 0, \forall x : 0 < |x - x_0| < \delta_0$, 有 $|f(x)| < M$.

定理2.2.3 若 $\lim\limits_{x \to x_0} f(x) = a$, $\lim\limits_{x \to x_0} g(x) = b$, 且 $a < b$, 则存在某个 $\delta_0 > 0$, 当 $0 < |x - x_0| < \delta_0$ 时, 有 $f(x) < g(x)$.

证 已知 $\lim\limits_{x \to x_0} f(x) = a$, $\lim\limits_{x \to x_0} g(x) = b$, 根据函数极限的定义, 对于 $\varepsilon = \dfrac{b-a}{2}$, $\exists \delta_0 > 0$, $\forall x : 0 < |x - x_0| < \delta_0$, 有

$$f(x) < a + \varepsilon = a + \frac{b-a}{2} = \frac{b+a}{2} = b - \frac{b-a}{2} = b - \varepsilon < g(x).$$

即 $f(x) < g(x)$.

推论2.2.1 (局部保号性)若 $\lim\limits_{x \to x_0} f(x) = a$, 且 $a < 0$ $(a > 0)$,则存在某个 $\delta_0 > 0$, 当 $0 < |x - x_0| < \delta_0$ 时, 有 $f(x) < 0$ $(f(x) > 0)$.

推论2.2.2 (保不等式性) $\lim\limits_{x \to x_0} f(x) = a$, $\lim\limits_{x \to x_0} g(x) = b$, 且存在某个 $\delta_0 > 0$, 当 $0 < |x - x_0| < \delta_0$ 时, 有 $f(x) \leqslant g(x)$, 则 $a \leqslant b$.

证 假设 $a > b$, 由定理2.2.3, 存在某个 $\delta_1 > 0$ $(\delta_1 < \delta_0)$, 当 $0 < |x - x_0| < \delta_1$ 时, 有 $f(x) > g(x)$, 与已知条件矛盾. 于是, $a \leqslant b$.

定理2.2.4 (四则运算)如果 $\lim\limits_{x \to x_0} f(x)$ 与 $\lim\limits_{x \to x_0} g(x)$ 存在, 则函数 $f(x) \pm g(x), f(x) \cdot g(x)$ 在 x_0 处存在极限, 且

$$\lim_{x \to x_0} (f(x) \pm g(x)) = \lim_{x \to x_0} f(x) \pm \lim_{x \to x_0} g(x),$$
$$\lim_{x \to x_0} (f(x) \cdot g(x)) = \lim_{x \to x_0} f(x) \cdot \lim_{x \to x_0} g(x).$$

若再假设 $\lim\limits_{x \to x_0} g(x) \neq 0$,则函数 $\dfrac{f(x)}{g(x)}$ 在 x_0 处存在极限, 且有

$$\lim_{x \to x_0} \frac{f(x)}{g(x)} = \frac{\lim\limits_{x \to x_0} f(x)}{\lim\limits_{x \to x_0} g(x)}.$$

由于这个定理的证明与数列极限中相应的定理的证明相类似, 故省略其证明.

定理2.2.5 (复合运算)设 $\lim\limits_{x \to x_0} g(x) = y_0$, 且函数 $y = g(x)$ 在点 x_0 的某空心邻域内 $g(x) \neq y_0$, 又 $\lim\limits_{y \to y_0} f(y) = \beta$, 则复合函数 $f[g(x)]$ 在 x_0 处极限存在, 且

$$\lim_{x \to x_0} f[g(x)] = \lim_{y \to y_0} f(y) = \beta.$$

证 因为 $\lim\limits_{y \to y_0} f(y) = \beta$, 根据函数极限的定义, 对于 $\varepsilon > 0$, $\exists \eta > 0$, $\forall y : 0 < |y - y_0| < \eta$, 有

$$|f(y) - \beta| < \varepsilon. \tag{2.2.1}$$

根据 $\lim\limits_{x\to x_0} g(x) = y_0$, 故对上述的 $\eta > 0$, $\exists \delta_0 > 0$, $\forall x : 0 < |x - x_0| < \delta_0$, 有

$$|g(x) - y_0| < \eta. \tag{2.2.2}$$

又假设函数 $y = g(x)$ 在点 x_0 的某空心邻域 $U^0(x_0, \delta_1)$ 内 $g(x) \neq y_0$, 现取 $\delta = \min\{\delta_0, \delta_1\} > 0$, 则当 $\forall x : 0 < |x - x_0| < \delta$ 时, 由 (2.2.2) 式知 $0 < |y - y_0| < \eta$, 从而由 (2.2.1) 式, 对于 $\varepsilon > 0$, $\exists \delta > 0$, $\forall x : 0 < |x - x_0| < \delta$, 有

$$|f[g(x)] - \beta| < \varepsilon.$$

故

$$\lim_{x\to x_0} f[g(x)] = \beta = \lim_{y\to y_0} f(y).$$

注2.2.9 复合运算表明: 求 $\lim\limits_{x\to x_0} f[g(x)]$ 可通过变量代换 $y = g(x)$, 化为求 $\lim\limits_{y\to y_0} f(y)$ 的极限问题, 其中 $y_0 = \lim\limits_{x\to x_0} g(x)$.

注2.2.10 利用函数极限的四则运算与复合运算可以求出一些函数的极限.

例2.2.6 计算 $\lim\limits_{x\to 2} \dfrac{x^2 - 4}{x^3 - 8}$.

解

$$\begin{aligned}
\lim_{x\to 2} \frac{x^2 - 4}{x^3 - 8} &= \lim_{x\to 2} \frac{(x-2)(x+2)}{(x-2)(x^2+2x+4)} \\
&= \lim_{x\to 2} \frac{x+2}{x^2+2x+4} \\
&= \frac{\lim\limits_{x\to 2}(x+2)}{\lim\limits_{x\to 2}(x^2+2x+4)} = \frac{1}{3}.
\end{aligned}$$

例2.2.7 计算 $\lim\limits_{x\to 1} \sqrt{\dfrac{x-1}{x^4-1}}$.

解 由于

$$\lim_{x\to 1} \frac{x-1}{x^4-1} = \frac{1}{4}, \quad \lim_{y\to \frac{1}{4}} \sqrt{y} = \frac{1}{2},$$

所以由极限的复合运算有

$$\lim_{x\to 1} \sqrt{\frac{x-1}{x^4-1}} = \lim_{y\to \frac{1}{4}} \sqrt{y} = \frac{1}{2}.$$

例2.2.8 计算 $\lim\limits_{x\to\infty} \dfrac{5x^4 + 3x^2 + 7x + 8}{8x^4 + 5x^3 + 6x^2 + 2x + 9}$.

解

$$\begin{aligned}
\lim_{x\to\infty} \frac{5x^4 + 3x^2 + 7x + 8}{8x^4 + 5x^3 + 6x^2 + 2x + 9} &= \lim_{x\to\infty} \frac{5 + \frac{3}{x^2} + \frac{7}{x^3} + \frac{8}{x^4}}{8 + \frac{5}{x} + \frac{6}{x^2} + \frac{2}{x^3} + \frac{9}{x^4}} \\
&= \frac{\lim\limits_{x\to\infty}(5 + \frac{3}{x^2} + \frac{7}{x^3} + \frac{8}{x^4})}{\lim\limits_{x\to\infty}(8 + \frac{5}{x} + \frac{6}{x^2} + \frac{2}{x^3} + \frac{9}{x^4})} = \frac{5}{8}.
\end{aligned}$$

2.2.3 函数极限存在的判别

下面仅就极限 $\lim\limits_{x \to x_0} f(x)$ 进行讨论, 其结论对其他五种形式的函数极限也成立.

定理2.2.6 (海涅(Heine)定理) $\lim\limits_{x \to x_0} f(x) = \beta$ 的必要充分条件是: 对任意数列 $\{x_n\}$, $x_n \neq x_0$, $\lim\limits_{n \to \infty} x_n = x_0$, 有

$$\lim_{n \to \infty} f(x_n) = \beta.$$

证 必要性. 由于 $\lim\limits_{x \to x_0} f(x) = \beta$, 那么对 $\varepsilon > 0$, $\exists \delta > 0$, $\forall x : 0 < |x - x_0| < \delta$, 有

$$|f(x) - \beta| < \varepsilon. \tag{2.2.3}$$

又因为 $x_n \neq x_0$, $\lim\limits_{n \to \infty} x_n = x_0$, 所以对上述 $\delta > 0$, $\exists N$, $\forall n > N$, 有

$$0 < |x_n - x_0| < \delta.$$

于是 $\forall n > N$, 由(2.2.3)式得

$$|f(x_n) - \beta| < \varepsilon.$$

即 $\lim\limits_{n \to \infty} f(x_n) = \beta$.

充分性. 假设函数 $f(x)$ 在 x_0 处不以 β 为极限, 则

$$\exists \varepsilon_0 > 0, \ \forall \delta > 0, \ \exists \bar{x} : 0 < |\bar{x} - x_0| < \delta \ \Rightarrow \ |f(\bar{x}) - \beta| \geqslant \varepsilon_0.$$

于是取一列 $\left\{ \delta_n = \dfrac{1}{n} \right\}$ $(n = 1, 2, \cdots)$, 使得

对 $\delta_1 = 1$, $\exists x_1 : 0 < |x_1 - x_0| < \delta_1 \ \Rightarrow \ |f(x_1) - \beta| \geqslant \varepsilon_0$;

对 $\delta_2 = \dfrac{1}{2}$, $\exists x_2 : 0 < |x_2 - x_0| < \delta_2 \ \Rightarrow \ |f(x_2) - \beta| \geqslant \varepsilon_0$;

$$\vdots$$

对 $\delta_k = \dfrac{1}{k}$, $\exists x_k : 0 < |x_k - x_0| < \delta_k \ \Rightarrow \ |f(x_k) - \beta| \geqslant \varepsilon_0$;

这样得到一个数列 $\{x_n\}$, 满足 $x_n \neq x_0$, $\lim\limits_{n \to \infty} x_n = x_0$, 但 $\lim\limits_{n \to \infty} f(x_n) \neq \beta$, 与已知条件矛盾. 故 $\lim\limits_{x \to x_0} f(x) = \beta$.

注2.2.11 Heine定理给出了函数极限与数列极限的关系, 也被称为归结原则, 它的意义在于将函数极限问题化为数列极限问题来处理, 从而我们可用Heine定理和数列极限的性质来证明函数极限的性质. 比如:

$$\lim_{x \to x_0} [f(x) \pm g(x)] = \lim_{x \to x_0} f(x) \pm \lim_{x \to x_0} g(x).$$

设 $F(x) = f(x) \pm g(x)$, $\lim\limits_{x \to x_0} f(x) = \beta_1$, $\lim\limits_{x \to x_0} g(x) = \beta_2$. 任取数列 $\{x_n\}$, $x_n \neq x_0$, $\lim\limits_{n \to \infty} x_n = x_0$, 那么

$$F(x_n) = f(x_n) \pm g(x_n). \tag{2.2.4}$$

由Heine定理的必要性知, $\lim\limits_{n\to\infty} f(x_n) = \beta_1$, $\lim\limits_{n\to\infty} g(x_n) = \beta_2$, 于是由数列极限的四则运算和(2.2.4)式, 有

$$\lim_{n\to\infty} F(x_n) = \beta_1 \pm \beta_2.$$

再由Heine定理的充分性得 $\lim\limits_{x\to x_0} F(x) = \lim\limits_{x\to x_0}[f(x) \pm g(x)] = \beta_1 \pm \beta_2$, 即

$$\lim_{x\to x_0}[f(x) \pm g(x)] = \lim_{x\to x_0} f(x) \pm \lim_{x\to x_0} g(x).$$

注2.2.12　若$\exists\{x_n\}, x_n \neq x_0, \lim\limits_{n\to\infty} x_n = x_0$, 但极限 $\lim\limits_{n\to\infty} f(x_n)$不存在, 或者$\exists\{x_n\}, \{y_n\}$, $x_n \neq x_0, y_n \neq x_0$, $\lim\limits_{n\to\infty} x_n = \lim\limits_{n\to\infty} y_n = x_0$, 但极限 $\lim\limits_{n\to\infty} f(x_n) \neq \lim\limits_{n\to\infty} f(y_n)$, 则极限 $\lim\limits_{x\to x_0} f(x)$ 一定不存在.

例2.2.9　证明极限$\lim\limits_{x\to 0} \tan\dfrac{1}{x}$不存在.

证　取

$$x_n = \frac{1}{2n\pi + \dfrac{\pi}{4}}, \quad y_n = \frac{1}{2n\pi - \dfrac{\pi}{4}} \quad (n = 1, 2, \cdots),$$

则明显有

$$x_n \neq 0, \quad y_n \neq 0, \quad \lim_{n\to\infty} x_n = \lim_{n\to\infty} y_n = 0.$$

但

$$\lim_{n\to\infty} f(x_n) = 1, \quad \lim_{n\to\infty} f(y_n) = -1.$$

于是由Heine定理知极限$\lim\limits_{x\to 0} \tan\dfrac{1}{x}$不存在.

定理2.2.7　(迫敛性)设 $\lim\limits_{x\to x_0} f(x) = \lim\limits_{x\to x_0} g(x) = \beta$, 且在$x_0$的某空心邻域$U^0(x_0, \delta_0)$内有

$$f(x) \leqslant \beta(x) \leqslant g(x), \tag{2.2.5}$$

则 $\lim\limits_{x\to x_0} \beta(x) = \beta$.

证　方法一. 由于 $\lim\limits_{x\to x_0} f(x) = \lim\limits_{x\to x_0} g(x) = \beta$, 根据函数极限的定义, 对于$\varepsilon > 0$, $\exists \delta_1 > 0$, $\forall x : 0 < |x - x_0| < \delta_1$, 有

$$\beta - \varepsilon < f(x), \quad g(x) < \beta + \varepsilon. \tag{2.2.6}$$

令$\delta = \min\{\delta_0, \delta_1\}$, 则对$\forall x : 0 < |x - x_0| < \delta$, 由(2.2.5), (2.2.6)式, 有

$$\beta - \varepsilon < f(x) \leqslant \beta(x) \leqslant g(x) < \beta + \varepsilon.$$

所以 $\lim\limits_{x\to x_0} \beta(x) = \beta$.

方法二. 由于 $\lim\limits_{x\to x_0} f(x) = \lim\limits_{x\to x_0} g(x) = \beta$, 根据Heine定理的必要性, 任取数列$\{x_n\}, x_n \neq x_0, \lim\limits_{n\to\infty} x_n = x_0$, 那么

$$\lim_{n\to\infty} f(x_n) = \lim_{n\to\infty} g(x_n) = \beta. \tag{2.2.7}$$

又由(2.2.5)式, 显然有 $f(x_n) \leqslant \beta(x_n) \leqslant g(x_n)$. 于是由数列极限的迫敛性和(2.2.7)式, 对任取数列 $\{x_n\}$, $x_n \neq x_0$, $\lim\limits_{n \to \infty} x_n = x_0$, 有

$$\lim_{n \to \infty} \beta(x_n) = \beta. \tag{2.2.8}$$

因此, 由(2.2.8)式和Heine定理的充分性, 有 $\lim\limits_{x \to x_0} \beta(x) = \beta$.

例2.2.10　证明: $\lim\limits_{x \to \infty} \left(1 + \dfrac{1}{x}\right)^x = \mathrm{e}$.

证　(1) 首先证明 $\lim\limits_{x \to +\infty} \left(1 + \dfrac{1}{x}\right)^x = \mathrm{e}$. 取定义在 $[1, +\infty)$ 的函数 $h_1(x)$ 与 $h_2(x)$ 如下:

$$h_1(x) = \left(1 + \frac{1}{[x] + 1}\right)^{[x]}, \quad h_2(x) = \left(1 + \frac{1}{[x]}\right)^{[x]+1}.$$

于是由数列极限显然有

$$\lim_{x \to +\infty} h_1(x) = \lim_{x \to +\infty} \left(1 + \frac{1}{[x]+1}\right)^{[x]} = \mathrm{e},$$

$$\lim_{x \to +\infty} h_2(x) = \lim_{x \to +\infty} \left(1 + \frac{1}{[x]}\right)^{[x]+1} = \mathrm{e}.$$

又对 $\forall x \geqslant 1$, 有

$$\left(1 + \frac{1}{[x]+1}\right)^{[x]} < \left(1 + \frac{1}{x}\right)^x < \left(1 + \frac{1}{[x]}\right)^{[x]+1},$$

即

$$h_1(x) < \left(1 + \frac{1}{x}\right)^x < h_2(x).$$

从而由函数极限的迫敛性知 $\lim\limits_{x \to +\infty} \left(1 + \dfrac{1}{x}\right)^x = \mathrm{e}$.

(2) 其次证明 $\lim\limits_{x \to -\infty} \left(1 + \dfrac{1}{x}\right)^x = \mathrm{e}$. 现令 $y = -x$, 于是 $x \to -\infty \Leftrightarrow y \to +\infty$. 故

$$\lim_{x \to -\infty} \left(1 + \frac{1}{x}\right)^x = \lim_{y \to +\infty} \left(1 - \frac{1}{y}\right)^{-y}$$

$$= \lim_{y \to +\infty} \left[\left(1 + \frac{1}{y-1}\right)^{y-1} \cdot \left(1 + \frac{1}{y-1}\right)\right] = \mathrm{e}.$$

注2.2.13　由例2.2.10显然有 $\lim\limits_{t \to 0}(1+t)^{\frac{1}{t}} = \mathrm{e}$.

例2.2.11　证明: $\lim\limits_{x \to 0} \dfrac{\sin x}{x} = 1$.

证　由于 $\lim\limits_{x \to 0} \dfrac{\sin x}{x} = 1 \Leftrightarrow \lim\limits_{x \to 0^+} \dfrac{\sin x}{x} = \lim\limits_{x \to 0^-} \dfrac{\sin x}{x} = 1$. 下面仅证

$$\lim_{x \to 0^+} \frac{\sin x}{x} = 1.$$

现不妨设 $0 < x < \dfrac{\pi}{2}$. 由于

$$\sin x < x < \tan x, \quad 0 < x < \frac{\pi}{2}.$$

于是

$$\cos x < \frac{\sin x}{x} < 1, \quad 0 < x < \frac{\pi}{2}.$$

这样由 $\lim\limits_{x \to 0^+} \cos x = 1$ 和函数极限的迫敛性知 $\lim\limits_{x \to 0^+} \frac{\sin x}{x} = 1$.

注2.2.14 极限 $\lim\limits_{x \to \infty} \left(1 + \frac{1}{x}\right)^x = \mathrm{e}$ 与 $\lim\limits_{x \to 0} \frac{\sin x}{x} = 1$ 是微积分中两个常用的重要极限, 利用它们求出一些函数极限.

例2.2.12 计算 $\lim\limits_{x \to \infty} \left(\frac{x+2}{x-2}\right)^x$.

解

$$
\begin{aligned}
\lim_{x \to \infty} \left(\frac{x+2}{x-2}\right)^x &= \lim_{x \to \infty} \left(1 + \frac{4}{x-2}\right)^x \\
&= \lim_{x \to \infty} \left\{ \left[\left(1 + \frac{1}{\dfrac{x-2}{4}}\right)^{\frac{x-2}{4}} \right]^4 \cdot \left(1 + \frac{1}{\dfrac{x-2}{4}}\right)^2 \right\} = \mathrm{e}^4.
\end{aligned}
$$

例2.2.13 计算 $\lim\limits_{x \to 0} \frac{1 - \cos x}{x^2}$.

解 $\lim\limits_{x \to 0} \dfrac{1 - \cos x}{x^2} = \dfrac{1}{2} \lim\limits_{x \to 0} \left(\dfrac{\sin \dfrac{x}{2}}{\dfrac{x}{2}}\right)^2 = \dfrac{1}{2}.$

例2.2.14 计算 $\lim\limits_{n \to \infty} 2^n \sin \dfrac{\pi}{2^n}$.

解 $\lim\limits_{n \to \infty} 2^n \sin \dfrac{\pi}{2^n} = \pi \lim\limits_{n \to \infty} \dfrac{\sin \dfrac{\pi}{2^n}}{\dfrac{\pi}{2^n}} = \pi.$

定理2.2.8 (Cauchy收敛准则) 极限 $\lim\limits_{x \to x_0} f(x)$ 存在的必要充分条件是: 对任意的 $\varepsilon > 0$, 存在 $\delta > 0$, 对任意的 x_1 与 x_2, 当 $0 < |x_1 - x_0| < \delta$ 与 $0 < |x_2 - x_0| < \delta$ 时, 有

$$|f(x_1) - f(x_2)| < \varepsilon.$$

证 必要性. 设 $\lim\limits_{x \to x_0} f(x) = \beta$, 根据函数极限的定义, 对 $\forall \varepsilon > 0$, $\exists \delta > 0$, $\forall x : 0 < |x - x_0| < \delta$, 有

$$|f(x) - \beta| < \frac{\varepsilon}{2}.$$

这样, 当 $0 < |x_1 - x_0| < \delta$ 与 $0 < |x_2 - x_0| < \delta$ 时, 有

$$|f(x_1) - \beta| < \frac{\varepsilon}{2}, \quad |f(x_2) - \beta| < \frac{\varepsilon}{2},$$

从而

$$|f(x_1) - f(x_2)| \leqslant |f(x_1) - \beta| + |f(x_2) - \beta| < \varepsilon.$$

充分性. 假设 $\forall \varepsilon > 0$, $\exists \delta > 0$, $\forall x_1, x_2 : 0 < |x_1 - x_0| < \delta$, $0 < |x_2 - x_0| < \delta$, 有 $|f(x_1) - f(x_2)| < \varepsilon$.

对任取数列$\{\alpha_n\}$, $\alpha_n \neq x_0$, $\lim\limits_{n\to\infty}\alpha_n = x_0$,则对上述的$\delta > 0$, $\exists N > 0, \forall n, m : n > N, m > N$, 有$0 < |\alpha_n - x_0| < \delta$, $0 < |\alpha_m - x_0| < \delta$, 从而

$$|f(\alpha_n) - f(\alpha_m)| < \varepsilon.$$

这表明数列$\{f(\alpha_n)\}$是Cauchy数列，因而必收敛. 再根据Heine定理的充分性知，极限$\lim\limits_{x\to x_0} f(x)$存在.

注2.2.15 极限$\lim\limits_{x\to x_0} f(x)$不存在 $\Leftrightarrow$ $\exists \varepsilon_0 > 0$, $\forall \delta > 0$, $\exists x', x'' : 0 < |x' - x_0| < \delta$, $0 < |x'' - x_0| < \delta$ $\Rightarrow$ $|f(x') - f(x'')| \geqslant \varepsilon_0$.

2.2.4 无穷小与无穷大

定义2.2.7 若$\lim\limits_{x\to x_0} f(x) = 0$, 称函数$f(x)$为$x \to x_0$时的无穷小.

注2.2.16 无穷小伴随着极限类型; 类似地可定义其他五种极限类型的无穷小; 无穷小不是很小的量, 而是极限值为零的量.

定义2.2.8 若函数$f(x)$在x_0的某空心邻域内有界, 称函数$f(x)$为$x \to x_0$时的有界量.

注2.2.17 相同类型无穷小的和、差、积是无穷小; 相同类型的无穷小与有界量的积是无穷小.

注2.2.18 $\lim\limits_{x\to x_0} f(x) = \beta \Leftrightarrow f(x) - \beta$为$x \to x_0$时的无穷小$\Leftrightarrow f(x) = \beta + \alpha(x), \alpha(x)$为$x \to x_0$时的无穷小.

定义2.2.9 设$f(x)$与$g(x)$为$x \to x_0$时的无穷小, 且$g(x) \neq 0$.

(1) 若$\lim\limits_{x\to x_0} \dfrac{f(x)}{g(x)} = 0$, 则称当$x \to x_0$时, $f(x)$为比$g(x)$高阶无穷小, 记作

$$f(x) = o(g(x)) \ (x \to x_0).$$

(2) 若存在常数α, β, 使得在x_0的某空心邻域内有

$$\alpha \leqslant \left|\frac{f(x)}{g(x)}\right| \leqslant \beta,$$

则称当$x \to x_0$时, $f(x)$为$g(x)$的同阶无穷小. 特别当

$$\lim\limits_{x\to x_0} \frac{f(x)}{g(x)} = \gamma \neq 0$$

时, $f(x)$必为$g(x)$的同阶无穷小.

(3) 若$\lim\limits_{x\to x_0} \dfrac{f(x)}{g(x)} = 1$, 则称当$x \to x_0$时, $f(x)$与$g(x)$是等阶无穷小, 记作

$$f(x) \backsim g(x) \ (x \to x_0).$$

注2.2.19 若$f(x)$与$g(x)$为$x \to x_0$时的无穷小, 且存在常数$\Lambda > 0$, 使得

$$\left|\frac{f(x)}{g(x)}\right| \leqslant \Lambda, \quad x \in U^0(x_0),$$

则记

$$f(x) = O(g(x)) \ (x \to x_0).$$

注2.2.20　符号$f(x) = o(g(x))$ $(x \to x_0)$与$f(x) = O(g(x))$ $(x \to x_0)$表示的是: 等式左边是一个函数, 右边是一个函数族, 而中间的等号的意思是 "属于". 比如: $\sin^3 x = o(x^2)$ $(x \to 0)$即为$\sin^3 x \in o(x^2)$ $(x \to 0)$, 而$o(x^2) = \{f(x) : \lim\limits_{x \to 0} \dfrac{f(x)}{x^2} = 0\}$.

注2.2.21　若$f(x) \backsim g(x)$ $(x \to x_0)$, $h(x)$在x_0的某空心邻域内有定义, 则

(1) $\lim\limits_{x \to x_0} \dfrac{h(x)}{f(x)} = \beta \ \Rightarrow \ \lim\limits_{x \to x_0} \dfrac{h(x)}{g(x)} = \beta$;

(2) $\lim\limits_{x \to x_0} h(x)f(x) = \beta \ \Rightarrow \ \lim\limits_{x \to x_0} h(x)g(x) = \beta$.

例2.2.15　计算$\lim\limits_{x \to 0} \dfrac{\tan x - \sin x}{\sin x^3}$.

解　由于$\sin x \backsim x$ $(x \to 0), 1 - \cos x \backsim \dfrac{x^2}{2}$ $(x \to 0), \sin x^3 \backsim x^3$ $(x \to 0)$, 所以

$$\lim_{x \to 0} \frac{\tan x - \sin x}{\sin x^3} = \lim_{x \to 0} \frac{\sin x}{\cos x} \cdot (1 - \cos x) \cdot \frac{1}{\sin x^3}$$
$$= \lim_{x \to 0} \frac{x}{\cos x} \cdot \frac{x^2}{2} \cdot \frac{1}{x^3} = \frac{1}{2}.$$

定义2.2.10　设函数$f(x)$在点x_0的某空心邻域内有定义, 若对任意$M > 0$, 存在$\delta > 0$, 使得当$0 < |x - x_0| < \delta$时, 有

$$|f(x)| > M, \tag{2.2.9}$$

则称函数$f(x)$为$x \to x_0$时的无穷大, 记为

$$\lim_{x \to x_0} f(x) = \infty \quad \text{或} \quad f(x) \to \infty \ (x \to x_0).$$

若将(2.2.9)式改为$f(x) > M$, 则称函数$f(x)$为$x \to x_0$时的正无穷大, 记为

$$\lim_{x \to x_0} f(x) = +\infty \quad \text{或} \quad f(x) \to +\infty \ (x \to x_0).$$

若将(2.2.9)式改为$f(x) < -M$, 则称函数$f(x)$为$x \to x_0$时的负无穷大, 记为

$$\lim_{x \to x_0} f(x) = -\infty \quad \text{或} \quad f(x) \to -\infty \ (x \to x_0).$$

注2.2.22　无穷大不是很大的数, 而是具有非正常极限的函数; 若函数$f(x)$为$x \to x_0$时的无穷大, 则$f(x)$在点x_0的某空心邻域内无界, 反之不然; 与无穷小一样, 无穷大也可进行阶的比较.

注2.2.23　设函数$f(x)$在点x_0的某空心邻域内有定义且不等于0, 则$f(x)$为$x \to x_0$时的无穷大的必要充分条件是: $\dfrac{1}{f(x)}$为$x \to x_0$时的无穷小.

例2.2.16　证明: $\lim\limits_{x \to 3} \dfrac{1}{x - 3} = \infty$.

证　对$\forall M > 0$, 解不等式

$$\left| \frac{1}{x - 3} \right| = \frac{1}{|x - 3|} > M,$$

得 $|x-3| < \dfrac{1}{M}$，取 $\delta = \dfrac{1}{M} > 0$，所以当 $0 < |x-3| < \delta$ 时，有

$$\left| \frac{1}{x-3} \right| > M.$$

故 $\lim\limits_{x \to 3} \dfrac{1}{x-3} = \infty$.

例2.2.17 证明：$\lim\limits_{x \to 0^+} 2^{\frac{1}{x}} = +\infty$.

证 对 $\forall M > 0$，解不等式

$$2^{\frac{1}{x}} > M,$$

得 $x < \dfrac{\ln 2}{\ln M}$，取 $\delta = \dfrac{\ln 2}{\ln M} > 0$，所以当 $0 < x < \delta$ 时，有

$$2^{\frac{1}{x}} > M.$$

故 $\lim\limits_{x \to 0^+} 2^{\frac{1}{x}} = +\infty$.

习　题　2.2

习题2.2

1. 用函数极限定义证明下列极限：

(1) $\lim\limits_{x \to 9} \sqrt{x} = 3$;

(2) $\lim\limits_{x \to \infty} \dfrac{1}{x} \sin \dfrac{1}{x} = 0$;

(3) $\lim\limits_{x \to 0^+} x \sin \dfrac{1}{x} = 0$;

(4) $\lim\limits_{x \to +\infty} \dfrac{x^2+1}{x^2-x-1} = 1$;

(5) $\lim\limits_{x \to 0^-} 2^{\frac{1}{x}} = 0$;

(6) $\lim\limits_{x \to -\infty} \arctan x = -\dfrac{\pi}{2}$.

2. 计算下列极限：

(1) $\lim\limits_{x \to \infty} \dfrac{4x^2+5x-1}{5x^3+6x^2-x+10}$;

(2) $\lim\limits_{x \to +\infty} \dfrac{(2x+3)^{2000}(7x-3)^{10}}{(9x+1)^{2010}}$;

(3) $\lim\limits_{\tau \to 0} \dfrac{(x+\tau)^3 - x^3}{\tau}$;

(4) $\lim\limits_{x \to 1} \left(\dfrac{1}{1-x} - \dfrac{3}{1-x^3} \right)$;

(5) $\lim\limits_{x \to 1} \dfrac{x^n-1}{x^m-1}$ (m,n是自然数);

(6) $\lim\limits_{x \to +\infty} \left(\sqrt{x - \sqrt{x}} - \sqrt{x + \sqrt{x}} \right)$;

(7) $\lim\limits_{x \to 0} x \left[\dfrac{1}{x} \right]$;

(8) $\lim\limits_{x \to 0^+} \dfrac{x}{a} \left[\dfrac{b}{x} \right]$ ($a>0, b>0$);

(9) $\lim\limits_{x \to 0^+} \left[\dfrac{x}{a} \right] \dfrac{b}{x}$ ($a>0, b>0$);

(10) $\lim\limits_{x \to \infty} [x] \dfrac{1}{x}$;

(11) $\lim\limits_{x \to 0^+} \dfrac{|x|}{x} \dfrac{1}{1+x^n}$ (n是自然数);

(12) $\lim\limits_{x \to +\infty} \dfrac{x \sin x}{x^2-9}$;

(13) $\lim\limits_{x\to 0^+} \sqrt[x]{\cos\sqrt{x}}$;

(14) $\lim\limits_{x\to\infty} x\sin\dfrac{4}{x}$;

(15) $\lim\limits_{x\to 0} \dfrac{\sin\sin x}{x}$;

(16) $\lim\limits_{x\to 0} \dfrac{\arctan x}{x}$;

(17) $\lim\limits_{x\to\tau} \dfrac{\sin^2 x - \sin^2\tau}{x-\tau}$;

(18) $\lim\limits_{x\to+\infty} \left(\dfrac{5x+3}{5x-1}\right)^{3x-1}$;

(19) $\lim\limits_{x\to+\infty} \left(1+\dfrac{\alpha}{x}\right)^{\beta x}$ (α,β为实数);

(20) $\lim\limits_{x\to 0} \dfrac{a^x-1}{x}$ ($a>0, a\neq 1$);

(21) $\lim\limits_{x\to a} \dfrac{\ln x - \ln a}{x-a}$ ($a>0, a\neq 1$);

(22) $\lim\limits_{x\to a} \dfrac{a^x - a^a}{x-a}$ ($a>0, a\neq 1$);

(23) $\lim\limits_{x\to a} \dfrac{x^a - a^a}{x-a}$ ($a>0, a\neq 1$).

3. 已知下列极限, 求出α与β:

(1) $\lim\limits_{x\to+\infty} \left(\dfrac{x^2+1}{x+1} - \alpha x - \beta\right) = 0$;

(2) $\lim\limits_{x\to-\infty} (\sqrt{x^2-x+1} - \alpha x - \beta) = 0$;

(3) $\lim\limits_{x\to 1} \dfrac{\sqrt{x+\alpha} + \beta}{x^2-1} = 1$.

4. 证明下列各题:

(1) $\sin\dfrac{2}{x} = O\left(\dfrac{1}{x}\right)$ $(x\to\infty)$;

(2) $x\sin\sqrt{x} = O(x^{\frac{3}{2}})$ $(x\to 0)$;

(3) $\sqrt{x+1} - \sqrt{x} = O\left(\dfrac{1}{\sqrt{x}}\right)$ $(x\to+\infty)$;

(4) $(1+x)^n = 1 + nx + o(x)$ $(x\to 0)$ (n是自然数);

(5) $x^2\sin x = o(x)$ $(x\to 0)$;

(6) $\sqrt{1+x} - 1 = O(x)$ $(x\to 0)$;

(7) $x^n - 1 \backsim n(x-1)$ $(x\to 1)$;

(8) $\tan x \backsim \sin x$ $(x\to 0)$;

(9) $o(h(x)) \pm o(h(x)) = o(h(x))$ $(x\to x_0)$;

(10) $o(h_1(x)) \cdot o(h_2(x)) = o(h_1(x)h_2(x))$ $(x\to x_0)$;

(11) $\dfrac{1}{1+h(x)} = 1 - h(x) + o(h(x))$ $(x\to x_0)$.

5. 设$f(x) = a_1\sin x + a_2\sin 2x + \cdots + a_n\sin nx$, 其中$a_1, a_2, \cdots, a_n$是常数, 且对$\forall x\in \mathbf{R}$, 有$|f(x)| \leqslant |\sin x|$, 证明:

$$|a_1 + 2a_2 + \cdots + na_n| \leqslant 1.$$

6. 设 $f(x)$ 在 $(0,+\infty)$ 上满足 $f(2x)=f(x)$, 且 $\lim\limits_{x\to+\infty}f(x)=\alpha$, 证明:

$$f(x)\equiv\alpha,\forall x\in(0,+\infty).$$

7. 设 $f(x)$ 在 $(0,+\infty)$ 上满足 $f(x^2)=f(x)$, 且 $\lim\limits_{x\to0^+}f(x)=\lim\limits_{x\to+\infty}f(x)=f(1)$, 证明:

$$f(x)\equiv f(1),\forall x\in(0,+\infty).$$

8. 设 $f(\alpha-0)<f(\alpha+0)$, 证明: $\exists\delta>0$, 当 $\alpha-\delta<x<\alpha<y<\alpha+\delta$ 时, 有 $f(x)<f(y)$.

9. 设 $f(x)$ 在 $(a,+\infty)$ 内每个有限区间 (a,b) $(\forall b>a)$ 都有界, 且 $\lim\limits_{x\to+\infty}[f(x+1)-f(x)]$ 存在, 证明:

$$\lim_{x\to+\infty}\frac{f(x)}{x}=\lim_{x\to+\infty}[f(x+1)-f(x)].$$

2.2.5 应用事例与探究课题

1. 应用事例

例2.2.18　求 α,β 之值, 使得

$$\lim_{x\to+\infty}(x\arctan x-(\alpha x+\beta))=0.$$

解　由题易知

$$\lim_{x\to+\infty}(x\arctan x-\alpha x)=\beta.$$

结合

$$x\arctan x-\alpha x=x(\arctan x-\alpha),$$

得

$$\lim_{x\to+\infty}\arctan x=\alpha,$$

这样, $\alpha=\dfrac{\pi}{2}$.

现在令 $x=\tan t$, 则 $x\to+\infty\Leftrightarrow t\to\left(\dfrac{\pi}{2}\right)^-$. 若记 $s=t-\dfrac{\pi}{2}$, 则 $x\to+\infty\Leftrightarrow s\to(0)^-$. 从而有

$$\begin{aligned}\lim_{x\to+\infty}x\left(\arctan x-\frac{\pi}{2}\right)&=\lim_{t\to(\frac{\pi}{2})^-}\tan t\left(t-\frac{\pi}{2}\right)=\lim_{t\to(\frac{\pi}{2})^-}\sin t\cdot\frac{t-\pi/2}{\cos t}\\&=\lim_{s\to0^-}\frac{-s}{\sin s}=-1.\end{aligned}$$

因此, $\alpha=\dfrac{\pi}{2},\beta=-1$.

例2.2.19　设 $f(x)$ 是 $(0,+\infty)$ 上的正值函数. 若 $f(f(x))=6x-f(x)(0<x<+\infty)$, 求 $f(x)$.

解　任取 $x>0$, 且令 $a_0=x$, 又作数列 $a_{n+1}=f(a_n)(n=0,1,2,\ldots)$, 则由题设易知

$$a_{n+2}+a_{n+1}-6a_n=0\quad(n=0,1,2,\ldots).$$

为解此线性递推式数列$\{a_n\}$，我们设$a_n = b\lambda^n (n = 0, 1, 2, \ldots)$, 则由

$$\lambda^2 + \lambda - 6 = 0,$$

解得$\lambda = 2$. 因为$a_0 = b$, 所以$a_n = a_0 2^n$. 由此知

$$a_1 = f(a_0) = 2a_0.$$

根据x的任意性, 有$f(x) = 2x$.

2. 探究课题

探究2.2.1　假设

$$\lim_{x \to \infty} \left(\frac{x+1}{x+\alpha} \right)^x = \lim_{x \to 0} \mathrm{e}^{\frac{\sin 4x}{x}},$$

求常数α的值.

探究2.2.2　科学家希望能够通过发射探索器测量得到太阳内部的温度. 假设太阳表面每往下1×10^4 km, 温度将会上升1×10^6 C. 如果一个探测器能承受$x \times 10^6$ C的温度, 那么它的造价将是$x^3 \times 10^6$美元.

(1) 如果要测得太阳表面往下1×10^4 km的温度, 将会花费的成本是多少?

(2) 如果是1×10^5 km呢?

(3) 如果是2×10^5 km呢?

第3章 连续性及其应用

函数的连续性和实数的连续性是极限理论的重要问题, 前者是讨论一类特殊函数的性质, 而后者是研究实数集上关于极限存在的理论问题.

3.1 函数的连续性及其应用

3.1.1 函数连续的概念

定义3.1.1 设函数$f(x)$在x_0的某个邻域$U(x_0)$上有定义. 若
$$\lim_{x \to x_0} f(x) = f(x_0),$$
则称函数$f(x)$在点x_0处连续.

注3.1.1 函数$f(x)$在点x_0处连续, x_0必属于$f(x)$的定义域.

注3.1.2 记$\Delta x = x - x_0$, 称为自变量x在点x_0处的改变量; 相应地记$\Delta y = f(x_0 + \Delta x) - f(x_0)$, 称为函数$f(x)$在点$x_0$处的改变量(这里应注意到$\Delta x$与$\Delta y$可以是正数, 也可以是0或负数). 于是函数$f(x)$在点$x_0$处连续等价于
$$\lim_{\Delta x \to 0} \Delta y = 0.$$

注3.1.3 若函数$f(x)$在点x_0处连续, 则
$$\lim_{x \to x_0} f(x) = f(\lim_{x \to x_0} x).$$
即函数$f(x)$在点x_0处连续, 意味着求极限运算与求函数值运算可交换.

定义3.1.2 设函数$f(x)$在x_0的某个左邻域$U_-(x_0)$上有定义. 若
$$\lim_{x \to x_0^-} f(x) = f(x_0),$$
则称函数$f(x)$在点x_0处左连续.

定义3.1.3 设函数$f(x)$在x_0的某个右邻域$U_+(x_0)$上有定义. 若
$$\lim_{x \to x_0^+} f(x) = f(x_0),$$
则称函数$f(x)$在点x_0处右连续.

注3.1.4 函数$f(x)$在点x_0处连续$\Leftrightarrow f(x)$在点x_0处既是左连续, 又是右连续.

例3.1.1 证明: $g(x) = xD(x)$在点$x = 0$处连续, 其中$D(x)$为Dirichlet函数.

证 因为
$$g(0) = 0, \quad |D(x)| \leqslant 1, \quad |g(x) - g(0)| = |xD(x)| \leqslant |x|,$$

所以, 对$\forall \varepsilon > 0, \exists \delta = \varepsilon > 0,$ 当$0 < |x| < \delta$时, 有

$$|g(x) - g(0)| < \varepsilon.$$

故$\lim\limits_{x \to 0} g(x) = g(0),$ 即$g(x)$在点$x = 0$处连续.

例3.1.2 证明:

$$h(x) = \begin{cases} x^3, & x \leqslant 2, \\ 3x^2 - 4, & x > 2 \end{cases}$$

在$x = 2$处连续.

证 因为

$$\lim_{x \to 2^-} h(x) = \lim_{x \to 2^-} x^3 = 8, \qquad \lim_{x \to 2^+} h(x) = \lim_{x \to 2^+} (3x^2 - 4) = 8,$$

所以$\lim\limits_{x \to 2} h(x) = h(2),$ 即$h(x)$在点$x = 2$处连续.

根据函数连续的定义, 函数$f(x)$在点x_0处连续, 必须满足以下三个条件:

(1) $f(x)$在x_0处有定义;

(2) $f(x_0 + 0)$与$f(x_0 - 0)$存在;

(3) $f(x_0 + 0) = f(x_0 - 0) = f(x_0).$

定义3.1.4 如果上述三个条件之一不成立, 称函数$f(x)$在点x_0处不连续(或间断). 称点x_0为函数$f(x)$的不连续点(或间断点).

根据上述定义, 函数的不连续点可作如下分类:

(1) 可去间断点. 若$f(x_0 + 0) = f(x_0 - 0) \neq f(x_0)$ 或$f(x_0)$ 没有意义, 称点x_0为函数$f(x)$的可去间断点.

例如:

$$f(x) = \begin{cases} x^2, & x \neq 0, \\ 1, & x = 0. \end{cases}$$

由于$f(0 + 0) = f(0 - 0) = 0 \neq f(0),$ 所以0为函数$f(x)$的可去间断点.

又例如:

$$g(x) = \frac{\sin x}{x},$$

由于$g(0 + 0) = g(0 - 0) = 1,$ 而$g(x)$在点$x = 0$处没有定义, 所以0为函数$g(x)$的可去间断点.

注3.1.5 若x_0为函数$f(x)$的可去间断点, 则只需改变点x_0的函数值或者适当定义在点x_0的函数值, 可使函数$f(x)$在点x_0处连续.

(2) 跳跃间断点. 若$f(x_0 + 0) \neq f(x_0 - 0),$ 称点x_0为函数$f(x)$的跳跃间断点.

例如:

$$\text{sgn}(x) = \begin{cases} 1, & x > 0, \\ 0, & x = 0, \\ -1, & x < 0. \end{cases}$$

由于$f(0+0)=1$, $f(0-0)=-1$, 所以0为函数sgn(x)的跳跃间断点.

可去间断点和跳跃间断点统称为第一类间断点. 第一类间断点的特点是函数在该点处的左、右极限都存在.

(3) 第二类间断点. 若$f(x_0+0)$与$f(x_0-0)$至少有一个不存在, 则称点x_0为函数$f(x)$的第二类间断点.

例如:

$$h(x) = \begin{cases} \dfrac{1}{x}, & x > 0, \\ 0, & x \leqslant 0. \end{cases}$$

由于$f(0+0) = \lim\limits_{x\to0^+}\dfrac{1}{x} = +\infty$, 所以0为函数$h(x)$的第二类间断点.

例3.1.3　设$f(0) \neq g(0)$, 且当$x \neq 0$时, $f(x) \equiv g(x)$, 证明: $f(x), g(x)$至多有一个在$x=0$处连续.

证　假设$f(x), g(x)$在$x=0$处都连续, 那么根据

$$\lim_{x\to0} f(x) = f(0), \quad \lim_{x\to0} g(x) = g(0), \quad f(0) \neq g(0),$$

不妨设$f(0) < g(0)$,由极限的局部不等式性质知, $\exists\, \delta > 0$, 当$0 < |x| < \delta$时, 有

$$f(x) < g(x),$$

这与当$x \neq 0$时, $f(x) \equiv g(x)$矛盾. 故$f(x), g(x)$至多有一个在$x=0$处连续.

定义3.1.5　如果$f(x)$在开区间(a,b)内任意一点都连续, 称函数$f(x)$在(a,b)内连续. 如果$f(x)$在开区间(a,b)内任意一点都连续, 且在a点右连续, 在b点左连续, 称函数$f(x)$在$[a,b]$上连续.

定义3.1.6　如果$f(x)$在$[a,b]$上仅有有限个第一类间断点, 称函数$f(x)$在$[a,b]$上逐段连续. 比如: 函数$y=[x]$在区间$[-n,n]$上是逐段连续的.

例3.1.4　证明: 若$f(x)$在(a,b)内是单调函数, 则$f(x)$在(a,b)内的不连续点都为第一类.

证　不妨设$f(x)$在(a,b)内是单调增加的, 设$x_0 \in (a,b)$是$f(x)$的任一不连续点. 现在(a, x_0)内任取一单调增加数列$\{x_n\}$满足$x_n \to x_0$, 这样$\{f(x_n)\}$也是单调增加且有上界的数列. 于是设$\lim\limits_{n\to\infty} f(x_n) = A$, 从而由Heine定理知

$$f(x_0 - 0) = \lim_{n\to\infty} f(x_n) = A,$$

即$f(x_0-0)$存在.

同理可证$f(x_0+0)$存在. 故$f(x)$在(a,b)内的不连续点都为第一类.

3.1.2　连续函数的基本性质与初等函数的连续性

根据函数极限的性质与函数连续的定义可得到下列函数连续的基本性质.

定理3.1.1　(局部有界性)若函数$f(x)$在点x_0连续, 则$f(x)$在某邻域$U(x_0)$内有界.

定理3.1.2　(局部保号性)若函数$f(x)$在点x_0连续, 且$f(x_0) > 0$(或< 0), 则对任何正数$\alpha < f(x_0)$(或$\alpha < -f(x_0)$), 存在某邻域$U(x_0)$, 使得对任意$x \in U(x_0)$, 有

$$\alpha < f(x) \text{ (或 } f(x) < -\alpha).$$

定理3.1.3　(四则运算)若函数$f(x), g(x)$在点x_0连续, 则$f(x) \pm g(x), f(x) \cdot g(x), \dfrac{f(x)}{g(x)}$(这里$g(x_0) \neq 0$)也都在点$x_0$连续.

定理3.1.4　(复合函数的连续性)若函数$f(x)$在点x_0连续, 函数$g(u)$在点u_0连续, $u_0 = f(x_0)$, 则复合函数$g(f(x))$在点x_0连续.

定理3.1.5　(反函数的连续性)若函数$f(x)$在$[a, b]$上严格单调且连续, 则反函数$f^{-1}(y)$在其定义域$[f(a), f(b)]$或$[f(b), f(a)]$上连续.

根据函数极限的性质、函数连续定义、基本初等函数与初等函数的定义, 我们可得到下列结论.

定理3.1.6　基本初等函数在其定义域内都是连续的.

定理3.1.7　任何初等函数都是在其定义区间上的连续函数.

注3.1.6　连续函数的性质提供了计算极限的另一种方法.

例3.1.5　计算极限$\lim\limits_{x \to a} \dfrac{\ln x - \ln a}{x - a}(a > 0)$.

解

$$
\begin{aligned}
\lim_{x \to a} \frac{\ln x - \ln a}{x - a} &= \lim_{x \to a} \frac{1}{x - a} \ln \frac{x}{a} = \lim_{x \to a} \ln \left(1 + \frac{x - a}{a}\right)^{\frac{1}{x-a}} \\
&= \lim_{x \to a} \ln \left[\left(1 + \frac{x - a}{a}\right)^{\frac{a}{x-a}}\right]^{\frac{1}{a}} \\
&= \frac{1}{a} \ln \left[\lim_{x \to a} \left(1 + \frac{x - a}{a}\right)^{\frac{a}{x-a}}\right] \\
&= \frac{1}{a} \ln \mathrm{e} = \frac{1}{a}.
\end{aligned}
$$

例3.1.6　计算极限$\lim\limits_{x \to 0} \dfrac{\log_a(1 + x)}{x}(a > 0, a \neq 1)$.

解　$\lim\limits_{x \to 0} \dfrac{\log_a(1 + x)}{x} = \lim\limits_{x \to 0} (\log_a(1 + x))^{\frac{1}{x}} = \log_a \lim\limits_{x \to 0} (1 + x)^{\frac{1}{x}} = \log_a \mathrm{e} = \dfrac{1}{\ln a}$.

例3.1.7　计算下列极限:

(1) $\lim\limits_{x \to 0} \sqrt{2 - \dfrac{\sin x}{x}}$;　　　　　　　(2) $\lim\limits_{x \to 3} \dfrac{x^2 - 5x + 6}{x^2 - 8x + 15}$.

解 (1) $\lim\limits_{x \to 0} \sqrt{2 - \dfrac{\sin x}{x}} = \sqrt{2 - \lim\limits_{x \to 0} \dfrac{\sin x}{x}} = \sqrt{2 - 1} = 1;$

(2) $\lim\limits_{x \to 3} \dfrac{x^2 - 5x + 6}{x^2 - 8x + 15} = \lim\limits_{x \to 3} \dfrac{(x-2)(x-3)}{(x-3)(x-5)} = \lim\limits_{x \to 3} \dfrac{x-2}{x-5} = -\dfrac{1}{2}.$

3.1.3 闭区间上连续函数的性质

闭区间上连续函数具有特殊的性质, 这些性质有明显的几何意义.

定理3.1.8 (有界性)若函数$f(x)$在闭区间$[a,b]$上连续, 则函数$f(x)$在$[a,b]$上有界.

证 假设$f(x)$在$[a,b]$上无界, 则对$\forall n \in \mathbf{N}, \exists x_n \in [a,b]$, 有

$$f(x_n) > n.$$

从而依次取$n = 1, 2, \cdots$, 得到数列$\{x_n\} \subset [a,b]$. 这样由致密性定理, $\{x_n\}$有收敛子列$\{x_{n_k}\}$, 记$\lim\limits_{k \to \infty} x_{n_k} = x_0$. 于是

$$f(x_{n_k}) > n_k > k,$$

即

$$\lim_{k \to \infty} f(x_{n_k}) = +\infty \tag{3.1.1}$$

又根据$a \leqslant x_{n_k} \leqslant b$和数列极限的保不等式性知$x_0 \in [a,b]$. 而$f(x)$在$x_0$连续, 故由Heine定理有

$$\lim_{k \to \infty} f(x_{n_k}) = f(x_0) < +\infty$$

这与(3.1.1)式矛盾. 因此函数$f(x)$在$[a,b]$上有界.

注3.1.7 定义在开区间、半开半闭区间上的连续函数不一定有界.

例3.1.8 设函数$f(x)$在$(a, +\infty)$内连续, 且

$$\lim_{x \to a^+} f(x) = \alpha \quad , \quad \lim_{x \to +\infty} f(x) = \beta.$$

证明: $f(x)$在$(a, +\infty)$内有界.

证 由于$\lim\limits_{x \to a^+} f(x) = \alpha$, 所以对$\varepsilon = 1, \exists \delta > 0$, 使得当$x \in (a, a+\delta)$时, 有

$$|f(x) - \alpha| < 1,$$

即

$$\alpha - 1 < f(x) < \alpha + 1, \quad x \in (a, a+\delta). \tag{3.1.2}$$

又因为$\lim\limits_{x \to +\infty} f(x) = \beta$, 所以对$\varepsilon = 1, \exists A > 0$, 使得当$x > A$时, 有

$$|f(x) - \beta| < 1,$$

即

$$\beta - 1 < f(x) < \beta + 1, \quad x > A. \tag{3.1.3}$$

而$f(x)$在$[a + \delta, A]$内连续, 由有界性定理知, $f(x)$在$[a + \delta, A]$内有界, 所以存在$M_1 > 0$, 使得

$$|f(x)| \leqslant M_1, \quad x \in [a + \delta, A]. \tag{3.1.4}$$

现取 $M = \max\{|\alpha - 1|, |\alpha + 1|, M_1, |\beta - 1|, |\beta + 1|\}$, 则对 $\forall x \in (a, +\infty)$, 由(3.1.2)~(3.1.4)式, 有

$$|f(x)| \leqslant M.$$

即 $f(x)$ 在 $(a, +\infty)$ 内有界.

定义3.1.7　设函数 $f(x)$ 定义在数集 D 上, 如果存在 $x_0 \in D$, 使得对任意 $x \in D$, 有

$$f(x) \leqslant f(x_0) \ (f(x) \geqslant f(x_0)),$$

则称函数 $f(x)$ 在数集 D 上有最大(最小)值, 并称 $f(x_0)$ 为 $f(x)$ 在 D 上的最大(最小)值.

定理3.1.9　(最值性) 若函数 $f(x)$ 在闭区间 $[a, b]$ 上连续, 则函数 $f(x)$ 在 $[a, b]$ 上有最大值与最小值.

证　方法一. 由有界性定理, $f(x)$ 在 $[a, b]$ 上有界, 故由确界原理, $f(x)$ 的值域 $f([a, b]) = \{f(x) : x \in [a, b]\}$ 有上确界, 记为 M. 现证明: $\exists x_0 \in [a, b]$, 使得

$$f(x_0) = M.$$

若不然, 对 $\forall x \in [a, b]$ 都有 $f(x) < M$. 令

$$g(x) = \frac{1}{M - f(x)}, \quad x \in [a, b].$$

显然 $g(x)$ 在 $[a, b]$ 上连续, 故 $g(x)$ 在 $[a, b]$ 上有上界. 设 Λ 是 $g(x)$ 的一个上界, 则

$$0 < g(x) = \frac{1}{M - f(x)} \leqslant \Lambda, \quad x \in [a, b].$$

从而推得

$$f(x) \leqslant M - \frac{1}{\Lambda}, \quad x \in [a, b].$$

这与 M 为 $f([a, b])$ 的上确界矛盾, 所以 $\exists x_0 \in [a, b]$, 使得 $f(x_0) = M$, 即 $f(x)$ 在 $[a, b]$ 上有最大值. 同理可证 $f(x)$ 在 $[a, b]$ 上有最小值.

方法二. 由有界性定理, $f(x)$ 在 $[a, b]$ 上有界, 故由确界原理, $f(x)$ 的值域 $f([a, b]) = \{f(x) : x \in [a, b]\}$ 有下确界, 记为 m, 即

$$m = \inf_{x \in [a, b]} f(x).$$

下证: $\exists \xi \in [a, b]$, 使得

$$f(\xi) = m.$$

事实上, 由下确界定义, 对 $\forall \varepsilon > 0, \exists x_\varepsilon \in [a, b]$, 使得

$$f(x_\varepsilon) < m + \varepsilon.$$

这样当取 $\varepsilon = \frac{1}{n} (n = 1, 2, \cdots)$ 时, 就得到数列 $\{x_n\} \subset [a, b]$, 使得

$$f(x_n) < m + \frac{1}{n}.$$

由于数列 $\{x_n\} \subset [a, b]$, 于是由致密性定理, $\{x_n\}$ 有收敛子列 $\{x_{n_k}\}$, 记 $\lim\limits_{k \to \infty} x_{n_k} = \xi$, 且有

$$f(x_{n_k}) < m + \frac{1}{n_k}. \tag{3.1.5}$$

又由下确界定义

$$m \leqslant f(x), \quad x \in [a,b],$$

从而

$$m \leqslant f(x_{n_k}). \tag{3.1.6}$$

因此, 由(3.1.5)与(3.1.6)式有

$$m \leqslant f(x_{n_k}) < m + \frac{1}{n_k}. \tag{3.1.7}$$

由$a \leqslant x_{n_k} \leqslant b$ 和数列极限的保不等式性知$\xi \in [a,b]$. 而$f(x)$在ξ连续和$n_k \geqslant k$, 故由(3.1.7)式和Heine定理有

$$f(\xi) = \lim_{k \to \infty} f(x_{n_k}) = m,$$

即$\exists \xi \in [a,b]$, 使得$f(\xi) = m$. 故$f(x)$在$[a,b]$上有最小值. 同理可证$f(x)$在$[a,b]$上有最大值.

注3.1.8 定义在开区间上的连续函数不一定能取到最大值或最小值.

定理3.1.10 (根的存在性)若函数$f(x)$在闭区间$[a,b]$上连续, 且$f(a)f(b) < 0$, 则至少存在一点$\xi \in (a,b)$, 使得

$$f(\xi) = 0.$$

它的几何意义如图3.1.1所示.

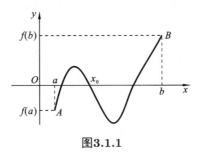

图3.1.1

证 不妨设$f(a) < 0 < f(b)$. 令

$$E = \{x : f(x) < 0, x \in [a,b]\}.$$

由于$E \subset [a,b], a \in E$, 所以E为非空有界数集, 由确界原理, E有上确界, 记$\xi = \sup E$. 下证:

$$\xi \in (a,b), \quad 且 \quad f(\xi) = 0.$$

因$f(a) < 0, f(b) > 0$, 根据连续函数的局部保号性, 存在$\delta > 0$, 使得

$$f(x) < 0, x \in [a, a+\delta) \quad 和 \quad f(x) > 0, x \in (b-\delta, b].$$

这样$\xi \neq a, \xi \neq b$, 于是$\xi \in (a,b)$.

现根据上确界定义, 对$\forall \varepsilon > 0, \exists x_\varepsilon \in E$, 使得

$$\xi - \varepsilon < x_\varepsilon \leqslant \xi,$$

这样当取 $\varepsilon = \dfrac{1}{n}(n = 1, 2, \cdots)$ 时, 就得到数列 $\{x_n\} \subset E$, 使得

$$\xi - \frac{1}{n} < x_n \leqslant \xi.$$

于是

$$\lim_{n \to \infty} x_n = \xi.$$

又根据 $f(x_n) < 0$, $f(x)$ 在 $\xi \in (a, b)$ 连续, Heine定理和连续函数的局部保不等式性, 有

$$f(\xi) = \lim_{n \to \infty} f(x_n) \leqslant 0.$$

即 $f(\xi) \leqslant 0$. 若 $f(\xi) < 0$, 由 $f(x)$ 在 ξ 连续, 则 $\exists \eta > 0$, 当 $x \in (\xi - \eta, \xi + \eta) \subset (a, b)$ 时, 有

$$f(x) < 0.$$

特别有 $f\left(\xi + \dfrac{\eta}{2}\right) < 0$, 于是 $\xi + \dfrac{\eta}{2} \in E$, 这与 $\xi = \sup E$ 矛盾. 故必有 $f(\xi) = 0$.

例3.1.9　证明: 奇次多项式

$$P(x) = a_0 x^{2n+1} + a_1 x^{2n} + \cdots + a_{2n} x + a_{2n+1}$$

至少存在一个实根, 其中 $a_0, a_1, \cdots, a_{2n+1}$ 是常数, 且 $a_0 \neq 0$.

证　不妨设 $a_0 > 0$. 由于

$$P(x) = x^{2n+1}\left(a_0 + \frac{a_1}{x} + \cdots + \frac{a_{2n+1}}{x^{2n+1}}\right),$$

所以

$$\lim_{n \to -\infty} P(x) = -\infty \quad \text{和} \quad \lim_{n \to +\infty} P(x) = +\infty.$$

于是, 存在 $r > 0$, 使得

$$P(-r) < 0 \quad \text{和} \quad P(r) > 0.$$

又已知 $P(x)$ 在 **R** 上连续, 根据根的存在性定理, $\exists \xi \in (-r, r)$, 使得 $P(\xi) = 0$, 即奇次多项式至少存在一个实根.

例3.1.10　证明: 方程 $\cos x = x$ 在 $\left(0, \dfrac{\pi}{2}\right)$ 内至少存在一个实根.

证　作辅助函数

$$\varphi(x) = \cos x - x.$$

已知 $\varphi(x)$ 在 $\left[0, \dfrac{\pi}{2}\right]$ 上连续, 且

$$\varphi(0) = 1 > 0 \quad \text{和} \quad \varphi\left(\frac{\pi}{2}\right) = -\frac{\pi}{2} < 0.$$

根据根的存在性定理, $\exists \xi \in \left(0, \dfrac{\pi}{2}\right)$, 使得 $\varphi(\xi) = 0$, 即方程 $\cos x = x$ 在 $\left(0, \dfrac{\pi}{2}\right)$ 内至少存在一个实根.

定理3.1.11　(介值性)若函数 $f(x)$ 在闭区间 $[a, b]$ 上连续, m 与 M 分别是函数 $f(x)$ 在闭区间 $[a, b]$ 上的最大值与最小值, 则对任意 $\mu \in [m, M]$, 存在 $\xi \in [a, b]$, 使得

$$f(\xi) = \mu.$$

证　如果$m = M$, 则函数$f(x)$在$[a, b]$上是常数, 显然, 定理成立.

如果$m < M$, 根据最值性定理, 存在二点a_1与b_1, 使得

$$f(a_1) = m, f(b_1) = M.$$

不妨设$a_1 < b_1$, 且$a \leqslant a_1 < b_1 \leqslant b$. 若$\mu = f(a_1)$或$\mu = f(b_1)$, 则定理成立. 故只需假设$f(a_1) < \mu < f(b_1)$.

现作辅助函数

$$\varphi(x) = f(x) - \mu.$$

函数$\varphi(x)$在$[a, b]$上连续, 且

$$\varphi(a_1) = f(a_1) - \mu < 0 \quad \text{和} \quad \varphi(b_1) = f(b_1) - \mu > 0.$$

由根的存在性定理, 至少存在一点$\xi \in (a_1, b_1)$, 使得$\varphi(\xi) = 0$或$f(\xi) - \mu = 0$, 即

$$f(\xi) = \mu.$$

注3.1.9　若函数$f(x)$在闭区间$[a, b]$上连续, 不妨设$f(a) < f(b)$, 则

$$[f(a), f(b)] \subset f([a, b]) = \{f(x) : x \in [a, b]\}.$$

它的几何意义如图3.1.2所示.

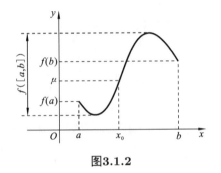

图3.1.2

定义3.1.8　设函数$f(x)$定义在区间I上. 若对任意$\varepsilon > 0$, 存在$\delta > 0$, 使得对任意$x_1, x_2 \in I$, 只要$|x_1 - x_2| < \delta$, 就有

$$|f(x_1) - f(x_2)| < \varepsilon,$$

则称函数$f(x)$在区间I上一致连续.

注3.1.10　$f(x)$在区间I上不一致连续$\Leftrightarrow \exists \varepsilon_0 > 0, \forall \delta > 0, \exists x', x'' : |x' - x''| < \delta \Rightarrow |f(x') - f(x'')| \geqslant \varepsilon_0$.

注3.1.11　$f(x)$在区间I上一致连续$\Rightarrow f(x)$在区间I上连续. 反之, $f(x)$在区间I上连续一般不能推出$f(x)$在区间I上一致连续.

注3.1.12　$f(x)$在区间I上一致连续反映的是整体性质, $f(x)$在区间I上连续反映的是局部性质.

例3.1.11　证明: 函数$f(x) = \dfrac{1}{x}$在$[\beta, 1](0 < \beta < 1)$上一致连续, 在$(0, 1)$内非一致连续.

证 对任意 $\varepsilon > 0$, 任取 $x_1, x_2 \in [\beta, 1]$, 解不等式

$$\left| \frac{1}{x_1} - \frac{1}{x_2} \right| = \frac{|x_1 - x_2|}{|x_1 x_2|} \leqslant \frac{1}{\beta^2} |x_1 - x_2| < \varepsilon,$$

得 $|x_1 - x_2| < \beta^2 \varepsilon$, 取 $\delta = \beta^2 \varepsilon$. 于是, 对 $\varepsilon > 0, \exists \delta = \beta^2 \varepsilon > 0, \forall x_1, x_2 \in [\beta, 1] : |x_1 - x_2| < \delta$, 有

$$\left| \frac{1}{x_1} - \frac{1}{x_2} \right| < \varepsilon,$$

即 $f(x) = \dfrac{1}{x}$ 在 $[\beta, 1]$ 上一致连续.

取 $\varepsilon_0 = \dfrac{1}{2}$, 对 $\forall \delta > 0, \exists \dfrac{1}{n+1}, \dfrac{1}{n} \in (0, 1) : \left| \dfrac{1}{n+1} - \dfrac{1}{n} \right| = \dfrac{1}{n(n+1)} < \dfrac{1}{n^2} < \delta \left(n > \dfrac{1}{\sqrt{\delta}} \right)$, 有

$$\left| f\left(\frac{1}{n+1} \right) - f\left(\frac{1}{n} \right) \right| = n + 1 - n = 1 > \frac{1}{2} = \varepsilon_0,$$

即函数 $f(x) = \dfrac{1}{x}$ 在 $(0, 1)$ 内非一致连续.

定理3.1.12 (一致连续性)若函数 $f(x)$ 在闭区间 $[a, b]$ 上连续, 则 $f(x)$ 在闭区间 $[a, b]$ 上一致连续.

证 假设 $f(x)$ 在闭区间 $[a, b]$ 上不一致连续, 则 $\exists \varepsilon_0 > 0, \forall \delta > 0, \exists x', x'' : |x' - x''| < \delta$, 有

$$|f(x') - f(x'')| \geqslant \varepsilon_0.$$

令 $\delta = \dfrac{1}{n} (n = 1, 2, \cdots)$, 相应地 $\exists x'_n, x''_n \in [a, b] : |x'_n - x''_n| < \dfrac{1}{n}$, 有

$$|f(x'_n) - f(x''_n)| \geqslant \varepsilon_0. \tag{3.1.8}$$

这样得到数列 $\{x'_n\}, \{x''_n\} \subset [a, b]$. 由致密性定理, $\{x'_n\}$ 有收敛子列 $\{x'_{n_k}\}$, 记

$$\lim_{k \to \infty} x'_{n_k} = \xi \in [a, b].$$

且由于

$$|x'_{n_k} - x''_{n_k}| < \frac{1}{n_k},$$

推出

$$|x''_{n_k} - \xi| \leqslant |x''_{n_k} - x'_{n_k}| + |x'_{n_k} - \xi| \to 0 \ (k \to \infty).$$

从而 $x''_{n_k} \to \xi (k \to \infty)$. 同时由(3.1.8)式, 有

$$|f(x'_{n_k}) - f(x''_{n_k})| \geqslant \varepsilon_0.$$

于是在上式中令 $k \to \infty$, 由 $f(x)$ 在 ξ 连续, Heine 定理和连续函数的局部保不等式性, 有

$$0 = |f(x_0) - f(x_0)| = \lim_{k \to \infty} |f(x'_{n_k}) - f(x''_{n_k})| \geqslant \varepsilon_0.$$

这与 $\varepsilon_0 > 0$ 矛盾. 所以 $f(x)$ 在闭区间 $[a, b]$ 上一致连续.

习　题　3.1

习题3.1

1. 按定义证明下列函数在其定义域内连续:

(1) $f(x) = \dfrac{1}{x^2}$;　　　　　　　　　(2) $f(x) = \sin \dfrac{1}{x}$;

(3) $f(x) = \sqrt{x}$;　　　　　　　　　(4) $f(x) = \begin{cases} \dfrac{\sin x}{x}, & x \neq 0, \\ 1, & x = 0. \end{cases}$

2. 指出下列函数的间断点并说明其类型:

(1) $f(x) = [3x] - 3[x]$;　　　　　　　　(2) $f(x) = \operatorname{sgn}|x|$;

(3) $f(x) = \begin{cases} x, & x \text{ 为有理数}, \\ 0, & x \text{ 为无理数}; \end{cases}$　　　　(4) $f(x) = \dfrac{1+x}{4-x^2}$;

(5) $f(x) = \operatorname{sgn}(\cos x)$;　　　　　　(6) $f(x) = \begin{cases} \sin \pi x, & x \text{ 为有理数}, \\ 0, & x \text{ 为无理数}; \end{cases}$

(7) $f(x) = \mathrm{e}^{-\frac{1}{x}}$;　　　　　　　　(8) $f(x) = \arctan \dfrac{1}{x}$;

(9) $f(x) = \begin{cases} \dfrac{1}{x+3}, & x < -3, \\ x, & -3 \leqslant x \leqslant 1, \\ (x-1)\sin \dfrac{1}{x-1}, & 1 < x < +\infty. \end{cases}$

3. 求下列函数的极限:

(1) $\lim\limits_{x \to 0}(1 + \sin x)^{\cot x}$;　　　　　　(2) $\lim\limits_{x \to 0} \dfrac{\tan(\tan x)}{\sin 3x}$;

(3) $\lim\limits_{x \to +\infty}(\sqrt{(x+a)(x+b)} - x)$;　　　(4) $\lim\limits_{x \to +\infty}\left(\sin \dfrac{1}{x} + \cos \dfrac{1}{x}\right)^x$;

(5) $\lim\limits_{x \to 0} \dfrac{\mathrm{e}^x - 1}{x}$;　　　　　　　(6) $\lim\limits_{x \to \alpha}\left(\dfrac{\sin x}{\sin \alpha}\right)^{\frac{1}{x-\alpha}}$;

(7) $\lim\limits_{x \to 0^+}\left(\sqrt{\dfrac{1}{x} + \sqrt{\dfrac{1}{x} + \sqrt{\dfrac{1}{x}}}} - \sqrt{\dfrac{1}{x} - \sqrt{\dfrac{1}{x} + \sqrt{\dfrac{1}{x}}}}\right)$;

(8) $\lim\limits_{\beta \to 0} \dfrac{a^{x+\beta} + a^{x-\beta} - 2a^x}{\beta^2}\,(a>0)$;　　(9) $\lim\limits_{x \to +\infty}(\sin \sqrt{x+1} - \sin \sqrt{x})$;

(10) $\lim\limits_{n\to\infty}\sqrt{2}\cdot\sqrt[4]{2}\cdot\sqrt[8]{2}\cdots\sqrt[2^n]{2}$.

4. 证明: Riemann函数

$$R(x)=\begin{cases}\dfrac{1}{q}, & x=\dfrac{p}{q}\left(p,q\text{为正整数}, \dfrac{p}{q}\text{为既约真分数}\right),\\[2mm] 0, & x=0,1\text{及} (0,1) \text{ 内无理数}.\end{cases}$$

在$(0,1)$内任何无理点处都连续, 任何有理点处都不连续.

5. 证明: 若函数$f(x)$在$[a,b]$上连续, 对$[a,b]$上任意两个有理数r_1,r_2, 且$r_1<r_2$, 有

$$f(r_1)<f(r_2),$$

则$f(x)$在$[a,b]$上单调增加.

6. 证明: 若函数$f(x)$在x_0处连续, 则函数

$$f^+(x)=\max\{f(x),0\}\quad\text{和}\quad f^-(x)=\min\{f(x),0\}$$

在x_0处连续.

7. 证明: 若函数$f(x),g(x)$在$[a,b]$上连续, 则函数

$$F(x)=\max\{f(x),g(x)\}\quad\text{和}\quad G(x)=\min\{f(x),g(x)\}$$

在$[a,b]$上连续.

8. 证明: 设函数$f(x)$在$[a,+\infty)$上连续, $\lim\limits_{x\to+\infty}f(x)=A$, 则$f(x)$在$[a,+\infty)$上有界.

9. 证明: 设函数$f(x)$在$(-\infty,+\infty)$上连续, $\lim\limits_{x\to\infty}f(x)=A$, 则$f(x)$在$(-\infty,+\infty)$上有界, 且存在最大值或最小值.

10. 证明: 设函数$f(x)$在(a,b)内连续, $\lim\limits_{x\to a^+}f(x)=\lim\limits_{x\to b^-}f(x)=+\infty$, 则$f(x)$在$(a,b)$内取到最小值.

11. 证明: 若函数$f(x)$在(a,b)内连续, 对任意有理数$r\in(a,b)$, 有$f(r)=0$, 则对任意$x\in(a,b)$, $f(x)=0$.

12. 证明: 若函数$f(x)$在$(-\infty,+\infty)$内连续, 对任意$x\in(-\infty,+\infty)$, 函数值$f(x)$都是有理数, 且$f\left(\dfrac{1}{2}\right)=2$, 则$f(x)\equiv2,x\in(-\infty,+\infty)$.

13. 证明: 若对任意$x,y\in(-\infty,+\infty)$, 有$f(x+y)=f(x)+f(y)$, $f(x)$在点0内连续, 则$f(x)$在$(-\infty,+\infty)$内连续, 且$f(x)=f(1)x$.

14. 证明:

(1) 方程$\dfrac{\alpha_1}{x-\lambda_1}+\dfrac{\alpha_2}{x-\lambda_2}+\dfrac{\alpha_3}{x-\lambda_3}=0$ 在$(\lambda_1,\lambda_2),(\lambda_2,\lambda_3)$内分别各有一根. 其中$\alpha_1,\alpha_2,\alpha_3>0,\lambda_1<\lambda_2<\lambda_3$.

(2) 方程$x^3+\alpha x+\beta=0(\alpha>0)$有且仅有一个实根.

(3) 方程$x^n=\beta(\beta>0)$有且仅有一个正实根. 其中n是正整数.

(4) 方程 $x = \alpha \sin x + \beta(\alpha, \beta > 0)$ 至少有一个正实根.

(5) 方程 $x^2 \cos x = \sin x$ 在 $\left(\pi, \dfrac{3\pi}{2}\right)$ 内至少有一个实根.

15. 证明: 若 $f(x)$ 在 $[0, 2a]$ 上连续, 且 $f(0) = f(2a)$, 则方程 $f(x) = f(x+a)$ 在 $[0, a]$ 上至少有一个根.

16. 证明: 若 $f(x)$ 在 $[0,1]$ 上连续, 且 $f(0) = f(1)$, 则对任意自然数 n, 存在 $\xi \in [0,1]$, 使得
$$f\left(\xi + \frac{1}{n}\right) = f(\xi).$$

17. 设函数 $f(x)$ 在 $[a,b]$ 上连续, $a < c < d < b$, 且 $k = f(c) + f(d)$, 证明:

(1) 存在 $\xi \in (a,b)$, 使得 $k = 2f(\xi)$;

(2) 存在 $\xi \in (a,b)$, 使得 $mf(c) + nf(d) = (m+n)f(\xi)$, 其中 m, n 为正数.

18. 证明: 若函数 $f(x)$ 在 $[a,b]$ 上连续, $x_i \in [a,b](i=1,2,\cdots,n)$, $\lambda_i > 0(i=1,2,\cdots,n)$, 且 $\lambda_1 + \lambda_2 + \cdots + \lambda_n = 1$, 则存在 $\xi \in [a,b]$, 使得
$$f(\xi) = \lambda_1 f(x_1) + \lambda_2 f(x_2) + \cdots + \lambda_n f(x_n).$$

19. 证明: 若函数 $f(x)$ 在 $[a,b]$ 上连续, 且函数值的集合也是 $[a,b]$, 则存在一点 $\xi \in [a,b]$, 使得 $f(\xi) = \xi$.

20. 证明:

(1) $\sin x^2$ 在 $(-\infty, +\infty)$ 上不一致连续, 但在 $[0, A]$ 上一致连续;

(2) $\sqrt{x}$ 在 $[1, +\infty)$ 上一致连续;

(3) $\ln x$ 在 $[1, +\infty)$ 上一致连续;

(4) 设函数 $f(x)$ 在区间 I 上满足 Lipschitz 条件, 即对区间 I 上任意 x, y, 有 $|f(x) - f(y)| \leqslant L|x-y|(L$ 是常数), 则 $f(x)$ 在 I 上一致连续;

(5) 若函数 $f(x)$ 在有限开区间 (α, β) 连续, 则 $f(x)$ 在 (α, β) 上一致连续的必要充分条件是: $f(\alpha + 0)$ 与 $f(\beta - 0)$ 存在;

(6) 若函数 $f(x)$ 在 $[\alpha, +\infty)$ 连续, 且 $\lim\limits_{x \to +\infty} f(x) = \beta$, 则 $f(x)$ 在 $[\alpha, +\infty)$ 上一致连续.

(7) 若函数 $f(x)$ 在 $[\alpha, +\infty)$ 连续, 且 $\lim\limits_{x \to +\infty}[\beta x - f(x)] = 0(\beta$ 为常数), 则 $f(x)$ 在 $[\alpha, +\infty)$ 上一致连续.

21. 设函数 $f(x)$ 在 $[\alpha, \beta]$ 上连续, 且对任意 $x \in [\alpha, \beta]$, 存在 $y \in [\alpha, \beta]$, 使得
$$|f(y)| \leqslant \frac{1}{2}|f(x)|.$$
证明: 存在一点 $\xi \in [\alpha, \beta]$, 使得 $f(\xi) = 0$.

22. 设函数 $f(x)$ 定义在 $(-\infty, +\infty)$ 上, 在点 $0, 1$ 上连续, 且对任意 $x \in (-\infty, +\infty)$, 有 $f(x^2) = f(x)$, 证明: $f(x)$ 为常量函数.

23. 证明: 若函数 $f(x)$ 在 $[\alpha, \beta]$ 上连续, 且对任意 $x \in [\alpha, \beta]$, 有
$$\left|f(x) - \frac{\alpha + \beta}{2}\right| \leqslant \frac{\beta - \alpha}{2},$$

则方程$f(f(x)) = x$在$[\alpha, \beta]$上至少存在一个解.

24. 证明: 若函数$f(x), g(x)$在$[\alpha, \beta]$上连续, $\{x_n\} \subset [\alpha, \beta]$, 且

$$g(x_n) = f(x_{n+1}), \ n = 1, 2, \cdots,$$

则至少存在一点$\xi \in [\alpha, \beta]$, 使方程$f(\xi) = g(\xi)$.

3.1.4　应用事例与探究课题

1. 应用事例

例3.1.12 设$f(x)$定义在$(-\infty, +\infty)$上, 且满足Cauchy方程

$$f(x + y) = f(x) + f(y), \ \ x, y \in (-\infty, +\infty).$$

如果$f(x)$在$x = 0$处连续, 则$f(x) = f(1)x$.

证 首先, 在Cauchy方程中取$y = x$, 则有

$$f(2x) = 2f(x).$$

这样, 对任意的正整数n, 有

$$f(nx) = nf(x),$$

继而, 用$\dfrac{y}{n}$替代上式中x, 有

$$\frac{1}{n}f(y) = f\left(\frac{y}{n}\right),$$

又以mx代上式中的y（m是正整数）, 得

$$\frac{m}{n}f(x) = \frac{1}{n}f(mx) = f\left(\frac{m}{n}x\right).$$

其次, 由$f(0) = 0$以及$y = -x$, 有

$$0 = f(0) = f(x) + f(-x),$$

从而, 有

$$f\left(-\frac{m}{n}x\right) = -\frac{m}{n}f(x),$$

这说明, 对所有的有理数r以及$x \in (-\infty, +\infty)$, 有

$$f(rx) = rf(x),$$

特别有$f(r) = f(1)r$. 另外, 任取$x_0 \in (-\infty, +\infty)$, 由

$$\lim_{x \to x_0} (f(x) - f(x_0)) = \lim_{x \to x_0} f(x - x_0) = f(0) = 0,$$

得

$$\lim_{x \to x_0} f(x) = f(x_0).$$

可知$f \in C(-\infty, +\infty)$.

最后, 对任意$x \in (-\infty, +\infty)$, 取有理数列r_n, 且$\lim\limits_{n \to \infty} r_n = x$. 于是, 由$f(r_n) = f(1)r_n$及$f(x)$的连续性, 可知$f(x) = f(1)x$.

例3.1.13 一个越野赛跑运动员用50分钟跑完10英里（1英里等于1.609千米）赛程. 证明: 在赛程过程中的某一段该运动员恰好用10分钟跑了2英里.

证 对于$0 \leqslant x \leqslant 8$, 用$T(x)$表示该运动员在赛跑过程中从$x$跑到$x + 2$英里所用的时间. 函数$T(x)$在$[0, 8]$上是连续的, 且

$$T(0) + T(2) + T(4) + T(6) + T(8) = 50.$$

上式说明$T(0), T(2), T(4), T(6), T(8)$不能都大于10, 也不能都小于10, 因此存在$\xi$与$\delta$, $0 \leqslant \xi, \delta \leqslant 8$, 使得

$$T(\xi) \leqslant 10 \leqslant T(\delta).$$

于是根据介值性, 存在位于ξ和δ之间的值使得$T(y) = 10$.

2. 探究课题

探究3.1.1 假设常数$\alpha \in (-\infty, +\infty)$, 试在$(-\infty, +\infty)$上求方程

$$f(x + y) = f(x) + f(y) + \alpha xy, \quad x, y \in (-\infty, +\infty)$$

的连续解.

探究3.1.2 假设常数$f \in C(-\infty, +\infty)$, 且满足Jensen方程

$$f\left(\frac{x + y}{2}\right) = \frac{f(x) + f(y)}{2}, \quad x, y \in (-\infty, +\infty),$$

则$f(x) = \alpha x + \beta$.

探究3.1.3 求在$(-\infty, +\infty)$上满足方程

$$f(\alpha x) + f(\beta x) = ax + b, \quad \alpha\beta \neq 0$$

的连续解$f(x)$.

探究3.1.4 已知函数f在圆周上有定义, 并且连续. 证明: 可以找到一直径的两个端点α和β, 使$f(\alpha) = f(\beta)$.

探究3.1.5 平面上, 沿任一方向作平行直线, 总存在一条直线, 将给定的三角形剖成面积相等的两部分.

探究3.1.6 设E是(α, β)内的有理点集, $f_E(x)$是E上一致连续函数, 证明仅存在一个函数$f(x)$在(α, β)上一致连续, 且$f_E(x) = f(x), x \in E$.

探究3.1.7 设$f(x)$是$[\alpha, \beta]$上单调递增函数, 对于任意给定的$\delta > 0$, 证明跳跃度大于δ的间断点个数是有限的.

探究3.1.8 令$f(x)$是一个连续函数, 使得对于所有的x有

$$f(2x^2 - 1) = 2xf(x).$$

证明: 对于$-1 \leqslant x \leqslant 1$有$f(x) = 0$.

3.2 实数的连续性

实数集关于极限运算是封闭的这一性质称为实数集的连续性, 在第1章和第2章中, 我们学习过实数集连续性的一个基本定理——确界原理, 并证明过另两个基本定理——数列的单调有界定理和Cauchy收敛准则. 本节将学习实数集连续性的其他三个基本定理——闭区间套定理、聚点定理和有限覆盖定理, 并用来证明确界原理、致密性定理和一致连续性定理.

3.2.1 闭区间套定理

定义3.2.1 设闭区间列$\{[a_n, b_n]\}$具有如下性质:

(1) $[a_n, b_n] \supset [a_{n+1}, b_{n+1}], n = 1, 2, \cdots$;

(2) $\lim\limits_{n \to \infty} (b_n - a_n) = 0$,

则称$\{[a_n, b_n]\}$为闭区间套.

注3.2.1 若$\{[a_n, b_n]\}$是闭区间套, 则显然有

$$a_1 \leqslant a_2 \leqslant \cdots \leqslant a_n \leqslant \cdots \leqslant b_n \leqslant \cdots \leqslant b_2 \leqslant b_1. \tag{3.2.1}$$

定理3.2.1 (闭区间套定理)若$\{[a_n, b_n]\}$是闭区间套, 则存在唯一的一点$\xi \in [a_n, b_n], n = 1, 2, \cdots$, 且

$$\lim_{n \to \infty} b_n = \lim_{n \to \infty} a_n = \xi.$$

证 由(3.2.1)式, 数列$\{a_n\}$是单调增加有界数列, 依单调有界定理, 数列$\{a_n\}$有极限ξ, 且

$$a_n \leqslant \xi, n = 1, 2, \cdots. \tag{3.2.2}$$

同理, 单调减少有界数列$\{b_n\}$也有极限, 并由闭区间套定义的条件(2), 有

$$\lim_{n \to \infty} b_n = \lim_{n \to \infty} a_n = \xi,$$

且

$$b_n \geqslant \xi, n = 1, 2, \cdots. \tag{3.2.3}$$

于是由(3.2.2)与(3.2.3)式, 得

$$\xi \in [a_n, b_n], n = 1, 2, \cdots.$$

现证ξ是唯一的. 设ξ_0也满足

$$\xi_0 \in [a_n, b_n], n = 1, 2, \cdots.$$

则

$$|\xi - \xi_0| \leqslant b_n - a_n, n = 1, 2, \cdots.$$

于是

$$|\xi - \xi_0| \leqslant \lim_{n \to \infty} (b_n - a_n) = 0,$$

故有 $\xi = \xi_0$.

注3.2.2 若 $\xi \in [a_n, b_n](n = 1, 2, \cdots)$ 是闭区间套$\{[a_n, b_n]\}$所确定的点, 则对任给的 $\varepsilon > 0, \exists N > 0, \forall n > N$, 有

$$[a_n, b_n] \subset U(\xi, \varepsilon).$$

例3.2.1 证明确界原理: 非空有上(下)界的数集必存在上(下)确界.

证 设E_1是非空有上界的数集, E_2是由E_1所有上界所组成的集合, 下证E_2含有最小数, 即E_1有上确界.

取$\alpha_1 \notin E_2, \beta_1 \in E_2$, 显然$\alpha_1 < \beta_1$. 现根据下述规则依次构造一列闭区间:

$$[\alpha_2, \beta_2] = \begin{cases} \left[\alpha_1, \dfrac{\alpha_1 + \beta_1}{2}\right], & 若\dfrac{\alpha_1 + \beta_1}{2} \in E_2, \\ \left[\dfrac{\alpha_1 + \beta_1}{2}, \beta_1\right], & 若\dfrac{\alpha_1 + \beta_1}{2} \notin E_2; \end{cases}$$

$$\vdots$$

$$[\alpha_n, \beta_n] = \begin{cases} \left[\alpha_{n-1}, \dfrac{\alpha_{n-1} + \beta_{n-1}}{2}\right], & 若\dfrac{\alpha_{n-1} + \beta_{n-1}}{2} \in E_2, \\ \left[\dfrac{\alpha_{n-1} + \beta_{n-1}}{2}, \beta_{n-1}\right], & 若\dfrac{\alpha_{n-1} + \beta_{n-1}}{2} \notin E_2, \end{cases} \quad n = 2, 3, \cdots.$$

由此得到一个闭区间套$\{[\alpha_n, \beta_n]\}$, 满足

$$\alpha_n \notin E_2, \quad \beta_n \in E_2, \quad n = 1, 2, \cdots.$$

由闭区间套定理, 存在唯一的一个实数ξ, 满足

$$\xi \in [\alpha_n, \beta_n], \quad n = 1, 2, \cdots, \quad 且 \quad \lim_{n \to \infty} \alpha_n = \lim_{n \to \infty} \beta_n = \xi.$$

现只要说明ξ是E_2的最小数, 即是E_1的上确界.

一方面, 如果$\xi \notin E_2$, 即ξ不是集合E_1的上界, 则存在$\beta \in E_1$, 使得$\xi < \beta$. 而 $\lim_{n \to \infty} \beta_n = \xi$, 由数列极限的保号性, 当$n$充分大时, 有$\beta_n < \beta$, 这与$\beta_n \in E_2$相矛盾, 所以$\xi \in E_2$.

另一方面, 如果存在$\eta \in E_2$, 使得$\eta < \xi$, 则由 $\lim_{n \to \infty} \alpha_n = \xi$和数列极限的保号性, 当$n$充分大时, 有$\alpha_n > \eta$. 由于$\alpha_n \notin E_2$, 于是存在$\alpha \in E_1$, 使得$\eta < \alpha_n < \alpha$, 这与$\eta \in E_2$相矛盾. 从而$\xi$是$E_1$的上确界.

同理对于下确界也可类似地证明.

3.2.2 聚点定理

定义3.2.2 设E为数轴上的点集, ξ为定点(它可以属于E,也可以不属于E). 如果ξ的任何领域内都含有E中无穷多个点, 那么称ξ为点集E的一个聚点.

注3.2.3 点集$E = \left\{(-1)^n + \dfrac{1}{n^2}\right\}$有两个聚点$\xi_1 = 1$和$\xi_2 = -1$; 开区间$(a, b)$与闭区

间$[a,b]$有相同的聚点；正整数集合和任何有限点集都没有聚点.

注3.2.4　聚点的定义也叙述为下面两种：

(1) 设E为数轴上的点集, 如果ξ的任何邻域内都含有E中异于ξ的点, 即$U^0(\xi,\varepsilon)\cap E\neq\varnothing$, 那么称$\xi$为点集$E$的一个聚点；

(2) 如果存在各项互异的收敛数列$\{\alpha_n\}\subset E$, 则其极限$\lim\limits_{n\to\infty}\alpha_n=\xi$称为$E$的一个聚点.

定理3.2.2　(魏尔斯特拉斯(Weierstrass)定理)实轴上的任一有界无限点集E至少有一个聚点.

魏尔斯特拉斯

证　因E是有界点集, 所以存在$\Lambda>0$, 使得$E\subset\left[-\dfrac{\Lambda}{4},\dfrac{\Lambda}{4}\right]$. 记$[\alpha_1,\beta_1]=\left[-\dfrac{\Lambda}{4},\dfrac{\Lambda}{4}\right]$.

现将$[\alpha_1,\beta_1]$等分为两个子区间, 由于E为无限点集, 那么其中至少有一个子区间含有E中无穷多个点, 记这个子区间为$[\alpha_2,\beta_2]$, 则

$$[\alpha_1,\beta_1]\supset[\alpha_2,\beta_2],\quad\text{且}\quad\beta_2-\alpha_2=\frac{\beta_1-\alpha_1}{2}=\frac{\Lambda}{4}.$$

再将$[\alpha_2,\beta_2]$等分为两个子区间, 那么其中至少有一个子区间含有E中无穷多个点, 记这个子区间为$[\alpha_3,\beta_3]$, 则

$$[\alpha_2,\beta_2]\supset[\alpha_3,\beta_3],\quad\text{且}\quad\beta_3-\alpha_3=\frac{\beta_2-\alpha_2}{2}=\frac{\Lambda}{8}.$$

将此等分子区间的手续无限进行下去, 得到一个闭区间列$\{[\alpha_n,\beta_n]\}$, 它满足

$$[\alpha_{n-1},\beta_{n-1}]\supset[\alpha_n,\beta_n],\quad n=1,2,\cdots,$$

且

$$\beta_n-\alpha_n=\frac{\beta_{n-1}-\alpha_{n-1}}{2}=\frac{\Lambda}{2^n}\to 0\quad(n\to\infty).$$

即$\{[\alpha_n,\beta_n]\}$是闭区间套, 且其中每一个闭区间都含有E中无穷多个点.

由闭区间套定理, 存在唯一的$\xi\in[\alpha_n,\beta_n],n=1,2,\cdots$, 于是根据注3.2.2, 对$\forall\varepsilon>0,\exists N>0,\forall n>N$, 有

$$[\alpha_n,\beta_n]\subset U(\xi,\varepsilon).$$

从而$U(\xi,\varepsilon)$内含有E中无穷多个点, 于是ξ是点集E的一个聚点.

例3.2.2　证明致密性定理: 有界数列必含有收敛子列.

证　设$\{\alpha_n\}$为有界数列. 如果$\{\alpha_n\}$中有无穷多个相等的项, 那么由这无穷多个相等的项组成的子列是一个常数列, 而常数列总是收敛的.

如果$\{\alpha_n\}$中不含有无穷多个相等的项, 那么$\{\alpha_n\}$在实数轴上所对应的点集必为有界无限点集, 于是由聚点定理, 点集$\{\alpha_n\}$至少有一个聚点. 这样由注3.2.4, 存在$\{\alpha_n\}$的收敛子列.

3.2.3 有限覆盖定理

定义3.2.3　设E为数轴上的点集, $\mathscr{H}$为开区间的集合(即$\mathscr{H}$的每一个元素都是形如(α, β)的开区间). 如果E中任何一点都含在$\mathscr{H}$中至少一个开区间内, 则称$\mathscr{H}$为E的一个开覆盖, 或称$\mathscr{H}$覆盖E. 若$\mathscr{H}$中开区间的个数是有限(无限)的, 则称$\mathscr{H}$为E的一个有限开覆盖(无限开覆盖).

注3.2.5　在具体问题中, 一个点集的开覆盖通常是由问题的一些条件所决定的. 比如: 如果函数$h(x)$在(α, β)内连续, 则对给定的$\varepsilon > 0$, 对每一点$x \in (\alpha, \beta)$, 存在正数δ_x(它依赖于ε与x), 使得当$x' \in U(x, \delta_x)$时有$|h(x') - h(x)| < \varepsilon$. 于是就得到一个开区间集

$$\mathscr{H} = \{(x - \delta_x, x + \delta_x):\ x \in (\alpha, \beta)\},$$

它是(α, β)的一个无限开覆盖.

定理3.2.3　(海涅-波莱尔(Heine-Borel)有限覆盖定理)设$\mathscr{H}$为闭区间$[\alpha, \beta]$的一个(无限)开覆盖, 则从$\mathscr{H}$中可选出有限个开区间来覆盖$[\alpha, \beta]$.

波莱尔

证　反证法. 假设定理的结论不成立, 即不能用$\mathscr{H}$中有限个开区间来覆盖$[\alpha, \beta]$.

现将$[\alpha, \beta]$等分为两个子区间, 那么其中至少有一个子区间不能用$\mathscr{H}$中有限个开区间来覆盖, 记这个子区间为$[\alpha_1, \beta_1]$, 则

$$[\alpha, \beta] \supset [\alpha_1, \beta_1], \quad \text{且} \quad \beta_1 - \alpha_1 = \frac{\beta - \alpha}{2}.$$

再将$[\alpha_1, \beta_1]$等分为两个子区间, 同样其中至少有一个子区间不能用$\mathscr{H}$中有限个开区间来覆盖, 记这个子区间为$[\alpha_2, \beta_2]$, 则

$$[\alpha_1, \beta_1] \supset [\alpha_2, \beta_2], \quad \text{且} \quad \beta_2 - \alpha_2 = \frac{\beta_1 - \alpha_1}{2} = \frac{\beta - \alpha}{2^2}.$$

重复上述步骤一直不断地无限进行下去, 得到一个闭区间列$\{[\alpha_n, \beta_n]\}$, 它满足

$$[\alpha_{n-1}, \beta_{n-1}] \supset [\alpha_n, \beta_n], \quad n = 1, 2, \cdots,$$

且

$$\beta_n - \alpha_n = \frac{\beta_{n-1} - \alpha_{n-1}}{2} = \frac{\beta - \alpha}{2^n} \to 0 \quad (n \to \infty).$$

即$\{[\alpha_n, \beta_n]\}$是闭区间套, 且其中每一个闭区间都不能用$\mathscr{H}$中有限个开区间来覆盖.

由闭区间套定理, 存在唯一的$\xi \in [\alpha_n, \beta_n], n = 1, 2, \cdots$, 由于$\mathscr{H}$为$[\alpha, \beta]$的一个开覆盖, 故存在开区间$(a, b) \in \mathscr{H}$, 使$\xi \in (a, b)$. 这样根据注3.2.2, $\exists N > 0, \forall n > N$, 有$[\alpha_n, \beta_n] \subset (a, b)$. 它表明了$[\alpha_n, \beta_n]$只需用$\mathscr{H}$中一个开区间$(a, b)$就能覆盖, 这与挑选$[\alpha_n, \beta_n]$时的假设"不能用$\mathscr{H}$中有限个开区间来覆盖"相矛盾. 于是必有$\mathscr{H}$中有限个开区间来覆盖$[\alpha, \beta]$.

注3.2.6　定理3.2.3的结论只对闭区间$[\alpha, \beta]$成立, 而对开区间(α, β)不一定成立.

例3.2.3　证明一致连续性定理: 若函数$f(x)$在闭区间$[a, b]$上连续, 则$f(x)$在闭区间$[a, b]$上一致连续.

证　根据$f(x)$在闭区间$[a,b]$上的连续性, 对每一点$x \in [a,b]$, 存在正数$\delta_x > 0$, 使得当$x_1 \in U(x, \delta_x)$时, 有

$$|f(x_1) - f(x)| < \frac{\varepsilon}{2}. \tag{3.2.4}$$

现考虑开区间集合

$$\mathscr{H} = \left\{ U\left(x, \frac{\delta_x}{2}\right): \ x \in [a,b] \right\},$$

显然$\mathscr{H}$是$[a,b]$的一个开覆盖. 由有限覆盖定理, 存在$\mathscr{H}$的一个有限子集

$$\mathscr{H}^* = \left\{ U\left(x_j, \frac{\delta_j}{2}\right): \ j = 1, 2, \cdots, k \right\}$$

覆盖了$[a,b]$. 记

$$\delta = \min_{1 \leqslant j \leqslant k} \left\{ \frac{\delta_j}{2} \right\} > 0.$$

对任何$x_1, x_2 \in [a,b]$, $|x_1 - x_2| < \delta$, x_1必属于$\mathscr{H}^*$中某个开区间, 设$x_1 \in U\left(x_{j_0}, \frac{\delta_{j_0}}{2}\right)$, 即$|x_1 - x_{j_0}| < \frac{\delta_{j_0}}{2}$, 此时必有

$$|x_2 - x_{j_0}| \leqslant |x_2 - x_1| + |x_1 - x_{j_0}| < \delta + \frac{\delta_{j_0}}{2} \leqslant \frac{\delta_{j_0}}{2} + \frac{\delta_{j_0}}{2} = \delta_{j_0},$$

故由(3.2.4)式, 有

$$|f(x_1) - f(x_{j_0})| < \frac{\varepsilon}{2} \quad \text{和} \quad |f(x_2) - f(x_{j_0})| < \frac{\varepsilon}{2}.$$

因此得$|f(x_1) - f(x_2)| < \varepsilon$. 所以$f(x)$在闭区间$[a,b]$上一致连续.

习　题　3.2

习题3.2

1. 设$\{(\alpha_n, \beta_n)\}$是一个严格的开区间套, 即

$$\alpha_1 < \alpha_2 < \cdots < \alpha_n < \cdots < \beta_n < \cdots < \beta_2 < \beta_1,$$

且$\lim\limits_{n \to \infty}(\beta_n - \alpha_n) = 0$. 证明: 存在唯一的一点$\xi$, 使得

$$\alpha_n < \xi < \beta_n, \quad n = 1, 2, \cdots.$$

2. 证明: 任何有限数集都没有聚点.

3. 证明: 若函数$f(x) = \dfrac{1}{x}, 0 < x \leqslant 1$, 对任意$\alpha \in (0,1]$, 都存在开区间$\Lambda_\alpha$, 当$x \in \Lambda_\alpha$时, 有

$$|f(x) - f(\alpha)| < \frac{1}{3},$$

则开区间集$\{\Lambda_\alpha: \alpha \in (0,1]\}$覆盖了$(0,1]$, 但是没有有限个$\Lambda_\alpha$覆盖$(0,1]$.

4. 应用有限覆盖定理证明: 若函数$f(x)$在$[a,b]$上连续, 且对任意$x \in [a,b]$, 有$f(x) > 0$, 则存在$\beta > 0$, 对任意$x \in [a,b]$, 有$f(x) > \beta$.

第4章 一元微分学及其应用

导数和微分是微积分学中的重要概念, 本章主要讨论导数与微分的概念、性质和微分学基本定理及其应用.

4.1 导数及其应用

4.1.1 导数的定义

导数的思想源于法国数学家费马(Feimat)研究极值问题, 但导数的概念是由英国数学家牛顿(Newton)和德国数学家莱布尼茨(Leibniz)分别在研究力学和几何学过程中建立起来的.

瞬时速度 设物体作直线运动, 其运动规律为 $s = s(t)$, 其中 t 是时间, s 是距离. 若 t_0 为某一确定的时刻, t 为时刻 t_0 邻近的任一时刻, 则物体在时间段 $[t_0, t]$ (或 $[t, t_0]$) 上的平均速度为

$$\bar{v} = \frac{s(t) - s(t_0)}{t - t_0}.$$

如果 $t \to t_0$ 时平均速度 $\bar{v}$ 的极限存在, 则称极限

$$v = \lim_{t \to t_0} \frac{s(t) - s(t_0)}{t - t_0} \tag{4.1.1}$$

为物体在时刻 t_0 的瞬时速度.

切线斜率 如图4.1.1所示, 平面曲线 $y = f(x)$ 上任一点 $M_0(x_0, y_0)$ 处的切线 M_0T 是割线 M_0M 当动点 M 沿曲线无限接近于点 M_0 时的极限位置. 由于割线 M_0M 的斜率为

$$\bar{k} = \frac{f(x) - f(x_0)}{x - x_0},$$

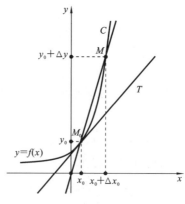

图4.1.1

因此, 当 $x \to x_0$ 时, 如果 $\bar{k}$ 的极限存在, 则称极限

$$k = \lim_{x \to x_0} \frac{f(x) - f(x_0)}{x - x_0} \tag{4.1.2}$$

为切线 M_0T 的斜率.

注4.1.1　许多实际问题的讨论最终都归结于讨论形如(4.1.1)、(4.1.2)这种形式的极限, 如物体比热、非恒稳电流强度、化学反应速度、线密度、光热磁电的各种传导率、人口学中的人口增长率、经济学中的资金流动速率等.

下面给出导数的定义.

定义4.1.1　设函数 $y = f(x)$ 在点 x_0 的某邻域内有定义, 如果极限

$$\lim_{x \to x_0} \frac{f(x) - f(x_0)}{x - x_0} \tag{4.1.3}$$

存在, 则称函数 $f(x)$ 在点 x_0 处可导, 此极限称为函数 $f(x)$ 在点 x_0 处的导数(或微商), 记为 $f'(x_0)$ 或 $\frac{\mathrm{d}y}{\mathrm{d}x}|_{x=x_0}$, 即

$$f'(x_0) = \lim_{x \to x_0} \frac{f(x) - f(x_0)}{x - x_0}$$

或

$$\left.\frac{\mathrm{d}y}{\mathrm{d}x}\right|_{x=x_0} = \lim_{x \to x_0} \frac{f(x) - f(x_0)}{x - x_0}.$$

如果(4.1.3)式的极限不存在, 则称函数 $f(x)$ 在点 x_0 处不可导.

注4.1.2　若令 $\Delta x = x - x_0$, $\Delta y = y - y_0 = f(x + \Delta x) - f(x_0)$, 则(4.1.3)式可改写为

$$\lim_{x \to x_0} \frac{f(x) - f(x_0)}{x - x_0} = \lim_{\Delta x \to 0} \frac{\Delta y}{\Delta x} = f'(x_0),$$

这样, 导数就是函数增量 Δy 与自变量增量 Δx 之比 $\frac{\Delta y}{\Delta x}$ 的极限.

定义4.1.2　(1) 设函数 $y = f(x)$ 在点 x_0 的某右邻域内有定义, 如果极限

$$\lim_{x \to x_0^+} \frac{f(x) - f(x_0)}{x - x_0} = \lim_{\Delta x \to 0^+} \frac{\Delta y}{\Delta x}$$

存在, 则称函数 $f(x)$ 在点 x_0 处右可导, 此极限称为函数 $f(x)$ 在点 x_0 处的右导数, 记为 $f'_+(x_0)$.

(2) 设函数 $y = f(x)$ 在点 x_0 的某左邻域内有定义, 如果极限

$$\lim_{x \to x_0^-} \frac{f(x) - f(x_0)}{x - x_0} = \lim_{\Delta x \to 0^-} \frac{\Delta y}{\Delta x}$$

存在, 则称函数 $f(x)$ 在点 x_0 处左可导, 此极限称为函数 $f(x)$ 在点 x_0 处的左导数, 记为 $f'_-(x_0)$.

注4.1.3　若函数 $f(x)$ 在点 x_0 的某邻域内有定义, 则 $f'(x_0)$ 存在的必要充分条件是 $f'_+(x_0)$ 与 $f'_-(x_0)$ 都存在, 且 $f'_+(x_0) = f'_-(x_0)$.

注4.1.4　若函数 $f(x)$ 在点 x_0 处可导, 则 $f(x)$ 在点 x_0 处连续, 但反之不然.

注4.1.5 导数的几何意义: 函数$f(x)$在点x_0处导数$f'(x_0)$是曲线$y = f(x)$在点(x_0, y_0)处的切线斜率, 即曲线$y = f(x)$在点(x_0, y_0)处的切线方程为

$$y - y_0 = f'(x_0)(x - x_0).$$

如果用θ表示这条切线与x轴正向的夹角, 那么$f'(x_0) = \tan\theta$, 且$f'(x_0) > 0$表示切线与x轴正向的夹角为锐角; $f'(x_0) < 0$表示切线与x轴正向的夹角为钝角; $f'(x_0) = 0$表示切线与x轴平行(图4.1.2).

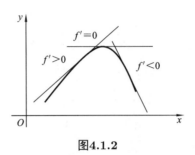

图4.1.2

定义4.1.3 如果函数$f(x)$在开区间(α, β)内每一点都可导, 称函数$f(x)$在开区间(α, β)可导. 如果函数$f(x)$在开区间(α, β)可导, 且在α处右可导, 在β处左可导, 称函数$f(x)$在闭区间$[\alpha, \beta]$可导.

这样若函数$f(x)$在区间I上可导, 则对任一个$x \in I$, 都有$f(x)$的一个导数$f'(x)$(或单侧导数)与之对应, 从而就定义了一个在I上的函数, 称这个函数为$f(x)$在I上的导函数, 同时称$f(x)$为I上的可导函数. 记导函数为f', y'或$\dfrac{\mathrm{d}y}{\mathrm{d}x}$, 即

$$f'(x) = \lim_{\Delta x \to 0} \frac{\Delta y}{\Delta x} = \lim_{\Delta x \to 0} \frac{f(x + \Delta x) - f(x)}{\Delta x}, \quad x \in I.$$

例4.1.1 求函数$f(x) = x^2$在$x = 1$的导数.

解 因为

$$
\begin{aligned}
\lim_{\Delta x \to 0} \frac{f(1 + \Delta x) - f(1)}{\Delta x} &= \lim_{\Delta x \to 0} \frac{(1 + \Delta x)^2 - 1}{\Delta x} = \lim_{\Delta x \to 0} \frac{2\Delta x + (\Delta x)^2}{\Delta x} \\
&= \lim_{\Delta x \to 0} (2 + \Delta x) = 2,
\end{aligned}
$$

所以

$$f'(1) = 2.$$

例4.1.2 证明: 函数$f(x) = x^2 D(x)$仅在点$x = 0$处可导,其中$D(x)$为狄利克雷函数.

证 由于当$x \neq 0$时, $f(x)$在x处不连续(为何?), 所以由注4.1.4, $f(x)$在x处不可导.

当$x = 0$时, 由于$D(x)$为有界函数, 所以有

$$f'(0) = \lim_{\Delta x \to 0} \frac{f(0 + \Delta x) - f(0)}{\Delta x} = \lim_{\Delta x \to 0} \Delta x D(\Delta x) = 0.$$

因此, 函数$f(x) = x^2 D(x)$仅在点$x = 0$处可导.

例4.1.3 设

$$f(x) = \begin{cases} \sin x, & x \geqslant 0, \\ x, & x < 0. \end{cases}$$

讨论$f(x)$在$x = 0$处的可导性.

解 由于

$$f'_+(0) = \lim_{\Delta x \to 0^+} \frac{f(0 + \Delta x) - f(0)}{\Delta x} = \lim_{\Delta x \to 0^+} \frac{\sin \Delta x}{\Delta x} = 1,$$

$$f'_-(0) = \lim_{\Delta x \to 0^-} \frac{f(0 + \Delta x) - f(0)}{\Delta x} = \lim_{\Delta x \to 0^-} \frac{\Delta x}{\Delta x} = 1.$$

所以$f(x)$在$x = 0$处可导.

例4.1.4 求椭圆$\dfrac{x^2}{\alpha^2} + \dfrac{y^2}{\beta^2} = 1 (\alpha, \beta > 0)$任一点$P(x_0, y_0)$处的切线方程.

解 不妨设$y_0 > 0$, 于是点$P(x_0, y_0)$在曲线

$$y = f(x) = \frac{\beta}{\alpha} \sqrt{\alpha^2 - x^2} \quad (-\alpha < x < \alpha)$$

上, 则点$P(x_0, y_0)$处的切线斜率为

$$\begin{aligned} \lim_{\Delta x \to 0} \frac{f(x_0 + \Delta x) - f(x_0)}{\Delta x} &= \frac{\beta}{\alpha} \lim_{\Delta x \to 0} \frac{\sqrt{\alpha^2 - (x_0 + \Delta x)^2} - \sqrt{\alpha^2 - x_0^2}}{\Delta x} \\ &= \frac{\beta}{\alpha} \lim_{\Delta x \to 0} \frac{x_0^2 - (x_0 + \Delta x)^2}{\sqrt{\alpha^2 - (x_0 + \Delta x)^2} + \sqrt{\alpha^2 - x_0^2}} \cdot \frac{1}{\Delta x} \\ &= \frac{\beta}{\alpha} \frac{-x_0}{\sqrt{\alpha^2 - x_0^2}}. \end{aligned}$$

于是它在$P(x_0, y_0)$处的切线方程为

$$y - y_0 = \frac{\beta}{\alpha} \frac{-x_0}{\sqrt{\alpha^2 - x_0^2}} (x - x_0). \tag{4.1.4}$$

又由于$P(x_0, y_0)$在椭圆上, 它满足

$$y_0 = \frac{\beta}{\alpha} \sqrt{\alpha^2 - x_0^2},$$

所以整理(4.1.4)式两边后得切线方程为

$$\frac{x x_0}{\alpha^2} + \frac{y y_0}{\beta^2} = 1.$$

例4.1.5 证明:

(1) $(x^n)' = n x^{n-1}$, 其中n为正整数;

(2) $(\sin x)' = \cos x$, $(\cos x)' = -\sin x$;

(3) $(\log_\alpha x)' = \dfrac{1}{x \ln \alpha} (\alpha > 0, \alpha \neq 1, x > 0)$, 特别有$(\ln x)' = \dfrac{1}{x}$.

证 (1) 由于

$$\frac{(x + \Delta x)^n - x^n}{\Delta x} = C_n^1 x^{n-1} + C_n^2 x^{n-2} \Delta x + \cdots + C_n^n (\Delta x)^{n-1},$$

所以

$$y' = \lim_{\Delta x \to 0} \frac{\Delta y}{\Delta x} = \mathrm{C}_n^1 x^{n-1} = n x^{n-1}.$$

(2) 由于

$$\frac{\sin(x + \Delta x) - \sin x}{\Delta x} = \frac{\sin \dfrac{\Delta x}{2}}{\dfrac{\Delta x}{2}} \cdot \cos\left(x + \frac{\Delta x}{2}\right),$$

所以

$$y' = \lim_{\Delta x \to 0} \frac{\Delta y}{\Delta x} = \cos x.$$

同理可得 $(\cos x)' = -\sin x$.

(3) 由于

$$\frac{\log_\alpha(x + \Delta x) - \log_\alpha x}{\Delta x} = \frac{1}{x} \cdot \log_\alpha\left(1 + \frac{\Delta x}{x}\right)^{\frac{x}{\Delta x}},$$

所以

$$y' = \lim_{\Delta x \to 0} \frac{\Delta y}{\Delta x} = \frac{1}{x \ln \alpha}.$$

特别当 $\alpha = \mathrm{e}$ 时, $(\ln x)' = \dfrac{1}{x}$.

习题4.1

习　题　4.1

1. 设函数

$$f(x) = \begin{cases} x^2, & x \leqslant 0, \\ x\mathrm{e}^x, & x > 0. \end{cases}$$

讨论 $f(x)$ 在 $x = 0$ 处的可导性.

2. 设函数

$$f(x) = \begin{cases} x^2, & x \leqslant \alpha, \\ ax + b, & x > \alpha. \end{cases}$$

问当 a, b 为何值时, 函数 $f(x)$ 在 α 处可导.

3. 求两条抛物线 $y = x^2$ 与 $y = 2 - x^2$ 在交点处的(两条切线)交角.

4. 设 $S_1(r) = \pi r^2, C_1(r) = 2\pi r, V_1(r) = \dfrac{4}{3}\pi r^3, S_2(r) = 4\pi r^2$, 则 $S_1'(r) = C_1(r), V_1'(r) = S_2(r)$. 这两个事实分别说明了什么?

5. 设$f(x)$是定义在$(-\infty, +\infty)$上的函数, 且对任何$x, y \in (-\infty, +\infty)$, 都有

$$f(x + y) = f(x) + f(y).$$

若$f'(0) = 1$, 求$f(x)$.

6. 设$f(x)$是定义在$(-\infty, +\infty)$上的函数, 且对任何$x, y \in (-\infty, +\infty)$, 都有

$$f(x + y) = f(x)f(y).$$

若$f'(0) = 1$, 证明: 对任何$x \in (-\infty, +\infty)$, 都有$f'(x) = f(x)$.

7. 证明: 若函数$f(x)$在$[\alpha, \beta]$上连续, 且$f(\alpha) = f(\beta) = 0, f'_+(\alpha) \cdot f'_-(\beta) > 0$, 则在$(\alpha, \beta)$内存在一点$\xi$, 使$f(\xi) = 0$.

4.1.2　求导法则

定理4.1.1 (导数的四则运算) 若函数$u(x)$和$v(x)$在点x可导, 则

(1) 函数$u(x) \pm v(x)$在点x也可导, 且

$$\Big(u(x) \pm v(x)\Big)' = u'(x) \pm v'(x);$$

(2) 函数$u(x)v(x)$在点x也可导, 且

$$\Big(u(x)v(x)\Big)' = u'(x)v(x) + u(x)v'(x);$$

(3) 当$v(x) \neq 0$时, 函数$\dfrac{u(x)}{v(x)}$在点x也可导, 且

$$\left(\frac{u(x)}{v(x)}\right)' = \frac{u'(x)v(x) - u(x)v'(x)}{v^2(x)}.$$

证　(1) 设$y = u(x) \pm v(x)$, 有

$$
\begin{aligned}
\Delta y &= \Big(u(x + \Delta x) \pm v(x + \Delta x)\Big) - \Big(u(x) \pm v(x)\Big) \\
&= \Big(u(x + \Delta x) - u(x)\Big) \pm \Big(v(x + \Delta x) - v(x)\Big) \\
&= \Delta u \pm \Delta v.
\end{aligned}
$$

这样

$$\lim_{\Delta x \to 0} \frac{\Delta y}{\Delta x} = \lim_{\Delta x \to 0} \frac{\Delta u}{\Delta x} \pm \lim_{\Delta x \to 0} \frac{\Delta v}{\Delta x} = u'(x) \pm v'(x).$$

因此函数$u(x) \pm v(x)$在点x也可导, 且$\Big(u(x) \pm v(x)\Big)' = u'(x) \pm v'(x)$.

(2) 设$y = u(x)v(x)$, 有

$$
\begin{aligned}
\Delta y &= u(x + \Delta x)v(x + \Delta x) - u(x)v(x) \\
&= \Big(u(x + \Delta x) - u(x)\Big)v(x + \Delta x) + u(x)\Big(v(x + \Delta x) - v(x)\Big) \\
&= v(x + \Delta x)\Delta u + u(x)\Delta v.
\end{aligned}
$$

这样

$$\lim_{\Delta x \to 0} \frac{\Delta y}{\Delta x} = \lim_{\Delta x \to 0} \frac{\Delta u}{\Delta x} \cdot \lim_{\Delta x \to 0} v(x + \Delta x) + u(x) \cdot \lim_{\Delta x \to 0} \frac{\Delta v}{\Delta x}$$

$$= u'(x)v(x) + u(x)v'(x).$$

因此函数 $u(x)v(x)$ 在点 x 也可导, 且 $\big(u(x)v(x)\big)' = u'(x)v(x) + u(x)v'(x)$.

(3) 设 $y = \dfrac{u(x)}{v(x)}$, 有

$$
\begin{aligned}
\Delta y &= \frac{u(x + \Delta x)}{v(x + \Delta x)} - \frac{u(x)}{v(x)} \\
&= \frac{u(x + \Delta x)v(x) - u(x)v(x + \Delta x)}{v(x)v(x + \Delta x)} \\
&= \frac{\big(u(x + \Delta x) - u(x)\big)v(x) - u(x)\big(v(x + \Delta x) - v(x)\big)}{v(x)v(x + \Delta x)} \\
&= \frac{v(x)\Delta u - u(x)\Delta v}{v(x)v(x + \Delta x)}.
\end{aligned}
$$

这样

$$
\lim_{\Delta x \to 0} \frac{\Delta y}{\Delta x} = \frac{\displaystyle\lim_{\Delta x \to 0}\frac{\Delta u}{\Delta x} \cdot v(x) - u(x) \cdot \lim_{\Delta x \to 0}\frac{\Delta v}{\Delta x}}{v(x)\displaystyle\lim_{\Delta x \to 0} v(x + \Delta x)} = \frac{u'(x)v(x) - u(x)v'(x)}{v^2(x)}.
$$

因此函数 $\dfrac{u(x)}{v(x)}$ 在点 x 也可导, 且

$$
\left(\frac{u(x)}{v(x)}\right)' = \frac{u'(x)v(x) - u(x)v'(x)}{v^2(x)}.
$$

注4.1.6 (1) 有限个函数的代数和的导数等于每个函数导数的代数和, 即

$$
\big(u_1(x) \pm u_2(x) \pm \cdots \pm u_n(x)\big)' = u_1'(x) \pm u_2'(x) \pm \cdots \pm u_n'(x);
$$

(2) n 个函数乘积的导数等于每一项都是一个函数的导数乘其余 $(n-1)$ 个函数的积的 n 项和, 即

$$
\begin{aligned}
&\big(u_1(x)u_2(x)\cdots u_n(x)\big)' \\
=\ &u_1'(x)u_2(x)\cdots u_n(x) + u_1(x)u_2'(x)\cdots u_n(x) + \cdots + u_1(x)u_2(x)\cdots u_n'(x);
\end{aligned}
$$

(3) 常数与函数乘积的导数等于常数与函数导数的乘积, 即

$$
\big(c \cdot u(x)\big)' = cu'(x).
$$

例4.1.6 设 $f(x) = x^{2010} + 2010x - \pi$, 求 $f'(x)$.

解 根据四则运算得

$$
f'(x) = (x^{2010})' + (2010x)' - (\pi)' = 2010x^{2009} + 2010.
$$

例4.1.7 设 $y = \sin x \ln x$, 求 $y'|_{x=\pi}$.

解 由于

$$
y' = (\sin x)' \ln x + \sin x (\ln x)' = \cos x \ln x + \frac{\sin x}{x},
$$

所以
$$y'|_{x=\pi} = -\ln \pi.$$

例4.1.8　证明:

(1) $(\tan x)' = \sec^2 x, \quad (\cot x)' = -\csc^2 x$;

(2) $(\sec x)' = \sec x \tan x, \quad (\csc x)' = -\csc x \cot x$.

证　(1) 由于 $\tan x = \dfrac{\sin x}{\cos x}, \cot x = \dfrac{\cos x}{\sin x}$, 所以

$$(\tan x)' = \left(\frac{\sin x}{\cos x}\right)' = \frac{(\sin x)'\cos x - \sin x(\cos x)'}{\cos^2 x} = \frac{1}{\cos^2 x} = \sec^2 x,$$

$$(\cot x)' = \left(\frac{\cos x}{\sin x}\right)' = \frac{(\cos x)'\sin x - \cos x(\sin x)'}{\sin^2 x} = -\frac{1}{\sin^2 x} = -\csc^2 x;$$

(2) 由于 $\sec x = \dfrac{1}{\cos x}, \csc x = \dfrac{1}{\sin x}$, 所以

$$(\sec x)' = \left(\frac{1}{\cos x}\right)' = \frac{\sin x}{\cos^2 x} = \sec x \tan x,$$

$$(\csc x)' = \left(\frac{1}{\sin x}\right)' = -\frac{\cos x}{\sin^2 x} = -\csc x \cot x.$$

定理4.1.2　(反函数求导法则)若函数 $y = f(x)$ 在点 x 的某邻域内连续、严格单调、在点 x 可导, 且 $f'(x) \neq 0$, 则它的反函数 $x = \varphi(y)$ 在 $y(y = f(x))$ 处可导, 且
$$\varphi'(y) = \frac{1}{f'(x)}.$$

证　设 $\Delta x = \varphi(y + \Delta y) - \varphi(y), \Delta y = f(x + \Delta x) - f(x)$. 由于函数 $y = f(x)$ 在点 x 的某邻域内连续和严格单调, 所以反函数 $x = \varphi(y)$ 在点 y 的某邻域内连续和严格单调. 于是当且仅当 $\Delta y = 0$ 时 $\Delta x = 0$, 并且当且仅当 $\Delta y \to 0$ 时 $\Delta x \to 0$. 从而

$$\lim_{\Delta y \to 0} \frac{\Delta x}{\Delta y} = \lim_{\Delta x \to 0} \frac{1}{\dfrac{\Delta y}{\Delta x}} = \frac{1}{\lim\limits_{\Delta x \to 0} \dfrac{\Delta y}{\Delta x}} = \frac{1}{f'(x)},$$

即反函数 $x = \varphi(y)$ 在 y 处可导, 且 $\varphi'(y) = \dfrac{1}{f'(x)}$.

例4.1.9　证明:

(1) $(a^x)' = a^x \ln a$(其中 $a > 0, a \neq 1$), 特别地 $(\mathrm{e}^x)' = \mathrm{e}^x$;

(2) $(\arcsin x)' = \dfrac{1}{\sqrt{1-x^2}}, \quad (\arccos x)' = -\dfrac{1}{\sqrt{1-x^2}}$;

(3) $(\arctan x)' = \dfrac{1}{1+x^2}, \quad (\mathrm{arccot}\, x)' = -\dfrac{1}{1+x^2}$.

证　(1) 由于 $y = a^x, x \in (-\infty, +\infty)$ 为对数函数 $x = \log_a y, y \in (0, +\infty)$ 的反函数, 所以
$$(a^x)' = \frac{1}{(\log_a y)'} = \frac{y}{\log_a \mathrm{e}} = a^x \ln a;$$

(2) 由于 $y = \arcsin x, x \in (-1, 1)$ 是 $x = \sin y, y \in \left(-\dfrac{\pi}{2}, \dfrac{\pi}{2} \right)$ 的反函数, 所以

$$(\arcsin x)' = \frac{1}{(\sin y)'} = \frac{1}{\cos y} = \frac{1}{\sqrt{1 - \sin^2 y}} = \frac{1}{\sqrt{1 - x^2}}.$$

同理可证 $(\arccos x)' = -\dfrac{1}{\sqrt{1 - x^2}}$;

(3) 由于 $y = \arctan x, x \in (-\infty, +\infty)$ 是 $x = \tan y, y \in \left(-\dfrac{\pi}{2}, \dfrac{\pi}{2} \right)$ 的反函数, 所以

$$(\arctan x)' = \frac{1}{(\tan y)'} = \frac{1}{\sec^2 y} = \frac{1}{1 + \tan^2 y} = \frac{1}{1 + x^2}.$$

同理可证 $(\operatorname{arccot} x)' = -\dfrac{1}{1 + x^2}$.

定理4.1.3 (复合函数求导法则)若函数 $y = f(u)$ 在 u 处可导, 函数 $u = g(x)$ 在 x 处可导,则复合函数 $y = f((g(x))$ 在 x 处也可导, 且

$$\{f(g(x))\}' = f'(u)g'(x) \quad \text{或} \quad \frac{\mathrm{d}y}{\mathrm{d}x} = \frac{\mathrm{d}y}{\mathrm{d}u} \cdot \frac{\mathrm{d}u}{\mathrm{d}x}.$$

证 由于函数 $y = f(u)$ 在 u 处可导, 所以

$$\lim_{\Delta u \to 0} \frac{\Delta y}{\Delta u} = f'(u) \quad (\Delta u \neq 0),$$

即

$$\frac{\Delta y}{\Delta u} = f'(u) + \beta,$$

其中 $\lim\limits_{\Delta u \to 0} \beta = 0$. 于是, 当 $\Delta u \neq 0$时, 有

$$\Delta y = f'(u)\Delta u + \beta \Delta u. \tag{4.1.5}$$

而当 $\Delta u = 0$时, 由于 $\Delta y = f(u + \Delta u) - f(u) = 0$, 显然(4.1.5)式也成立. 从而, 不论 $\Delta u \neq 0$或 $\Delta u = 0$, (4.1.5)式都成立. 这样由(4.1.5)式有

$$\frac{\Delta y}{\Delta x} = f'(u)\frac{\Delta u}{\Delta x} + \beta \cdot \frac{\Delta u}{\Delta x},$$

则

$$\lim_{\Delta x \to 0} \frac{\Delta y}{\Delta x} = f'(u) \lim_{\Delta x \to 0} \frac{\Delta u}{\Delta x} + \lim_{\Delta x \to 0} \beta \cdot \lim_{\Delta x \to 0} \frac{\Delta u}{\Delta x} = f'(u)g'(x).$$

注4.1.7 可将定理4.1.3推广到任意有限个函数构成的复合函数.

例4.1.10 求下列函数的导数:

(1) $y = (x^3 + x^2 + x + 1)^{2010}$;　　　　(2) $y = x^\alpha (\alpha$ 是实数);

(3) $y = \ln(x + \sqrt{1 + x^2})$;　　　　(4) $\ln[\ln(\ln x)]$;

(5) $y = f(x)^{g(x)}$, 其中 $f(x) > 0$, 且 $f(x), g(x)$ 均可导.

解 (1) $\left((x^3 + x^2 + x + 1)^{2010} \right)' = 2010(x^3 + x^2 + x + 1)^{2009} \cdot (x^3 + x^2 + x + 1)'$

$= 2010(x^3 + x^2 + x + 1)^{2009} \cdot (3x^2 + 2x + 1);$

(2) $\left(x^{\alpha}\right)' = \left(e^{\alpha \ln x}\right)' = e^{\alpha \ln x} \cdot (\alpha \ln x)' = x^{\alpha} \cdot \dfrac{\alpha}{x} = \alpha x^{\alpha-1}$;

(3) $\left(\ln(x+\sqrt{1+x^2})\right)' = \dfrac{1}{x+\sqrt{1+x^2}} \cdot \left(x+\sqrt{1+x^2}\right)'$

$\qquad\qquad = \dfrac{1}{x+\sqrt{1+x^2}} \cdot \left(1 + \dfrac{x}{\sqrt{1+x^2}}\right) = \dfrac{1}{\sqrt{1+x^2}}$;

(4) $\left(\ln[\ln(\ln x)]\right)' = \dfrac{1}{\ln(\ln x)} \cdot \left(\ln(\ln x)\right)' = \dfrac{1}{\ln(\ln x)} \cdot \dfrac{1}{\ln x} \cdot (\ln x)' = \dfrac{1}{x \cdot \ln x \cdot \ln(\ln x)}$;

(5) $\left(f(x)^{g(x)}\right)' = \left(e^{g(x)\ln f(x)}\right)'$

$\qquad\qquad = e^{g(x)\ln f(x)} \cdot \left(g(x)\ln f(x)\right)'$

$\qquad\qquad = e^{g(x)\ln f(x)} \cdot \left(g'(x)\ln f(x) + g(x) \cdot \dfrac{f'(x)}{f(x)}\right)$

$\qquad\qquad = f(x)^{g(x)} \cdot \left(g'(x)\ln f(x) + g(x) \cdot \dfrac{f'(x)}{f(x)}\right).$

例4.1.11 （对数求导法则）设 $y = \dfrac{(x+1)^{\frac{2}{3}}(x-3)^2}{(x+2)^5(x+3)^{\frac{1}{4}}}\,(x>3)$，求 y'．

解　先对函数式取对数得

$$\ln y = \dfrac{2}{3}\ln(x+1) + 2\ln(x-3) - 5\ln(x+2) - \dfrac{1}{4}\ln(x+3).$$

再对上式两边分别求导数得

$$\dfrac{y'}{y} = \dfrac{2}{3(x+1)} + \dfrac{2}{x-3} - \dfrac{5}{x+2} - \dfrac{1}{4(x+3)}.$$

整理得

$$y' = \dfrac{(x+1)^{\frac{2}{3}}(x-3)^2}{(x+2)^5(x+3)^{\frac{1}{4}}}\left(\dfrac{2}{3(x+1)} + \dfrac{2}{x-3} - \dfrac{5}{x+2} - \dfrac{1}{4(x+3)}\right).$$

习　题　4.2

习题4.2

1. 求下列函数的导数：

(1) $y = x^{2010} - 2010x + 2010$;

(2) $y = \sqrt{5x} + \dfrac{1}{\sqrt{x}}$;

(3) $y = (1+x^3)(3+x^2)$;

(4) $y = x^{2010}(1+x^2)(3x-2)$;

(5) $y = \dfrac{1+x^3}{\sqrt{2-x^2}}$;

(6) $y = x\tan x - \cot x$;

(7) $y = \dfrac{\sin x}{1 - \sin x + \cos x}$;

(8) $y = \dfrac{1+\ln x}{1-2\ln x}$;

(9) $y = \dfrac{\mathrm{e}^x}{1 + 3\log_3 x}$;

(10) $y = \arcsin x(1 + \tan x - \cos x)$;

(11) $y = 2^x\sqrt{x}\arctan x$;

(12) $y = \dfrac{\arccos x}{x} + \dfrac{x}{\arcsin x}$.

2. 求下列函数的导数:

(1) $y = \sqrt{x^4 + \sqrt{x + 5}}$;

(2) $y = \sqrt{x + \sqrt{x + \sqrt{x}}}$;

(3) $y = \arctan \sqrt[5]{(1 + x^2)(3 + x)}$;

(4) $y = \sin \dfrac{1 + x^5}{5 + x}$;

(5) $y = \ln \sqrt{\dfrac{1 + \cos^2 x}{1 - \cos^2 x}}$;

(6) $y = \arctan(\sin x)$;

(7) $y = \dfrac{1}{3}\ln\dfrac{x + 3}{\sqrt{x^3 - 3x^2 + 2}} - 3\arctan\sqrt{(4x - 5)(5x - 4)}$;

(8) $y = \ln\dfrac{1 + \sqrt{x} + x^2}{1 - \sqrt{x} + x^2} + x^{\ln x}$;

(9) $y = \mathrm{e}^{x^x} + \arccos\sqrt{\dfrac{x^5 - 1}{x^5 + 1}}$;

(10) $y = (\sin x^2)^{\cos x}$;

(11) $y = (x^2 + 2x + 1)^{\arcsin x}$;

(12) $y = (x - \alpha_1)^{\beta_1}(x - \alpha_2)^{\beta_2}\cdots(x - \alpha_n)^{\beta_n}$;

(13) $y = (x^4 + \cos x)^{\frac{1}{x}}$;

(14) $y = \sqrt{\mathrm{e}^{\frac{1}{x}}\sqrt{x\sqrt{\sin x}}}$.

3. 讨论下列函数的导数:

(1) $y = \arcsin\sqrt{1 - x^2}$;

(2) $f(x) = \begin{cases} x^2\mathrm{e}^{-x^2}, & |x| \leqslant 1, \\ \dfrac{1}{\mathrm{e}}, & |x| > 1. \end{cases}$

4. 证明下列结论成立:

(1) 可导的偶函数的导函数是奇函数; 可导的奇函数的导函数是偶函数, 并对这个事实给以几何说明;

(2) 可导的周期函数的导函数是周期函数;

(3) 曲线 $y = x^2 + x + 1$ 上三点 $(0, y_1), (-1, y_2), \left(-\dfrac{1}{2}, y_3\right)$ 的法线交于一点.

5. 设 $f(x) = \alpha_1\sin x + \alpha_2\sin 2x + \cdots + \alpha_n\sin nx$, 其中 $\alpha_1, \alpha_2, \cdots, \alpha_n$ 是常数, 且对任意 $x \in (-\infty, +\infty)$ 有 $|f(x)| \leqslant |\sin x|$. 证明:

$$|\alpha_1 + 2\alpha_2 + \cdots + n\alpha_n| \leqslant 1.$$

6. 设 $f(x)$ 是定义在 $(-\infty, +\infty)$ 上的函数, 且对任何 $x, y \in (-\infty, +\infty)$, 都有

$$f(x + y) = f(x)f(y).$$

若 $f'(0) = 1$, 求 $f(x)$.

7. 设 $f(x)$ 是定义在 $(0, +\infty)$ 上的函数, 且对任何 $x, y \in (0, +\infty)$, 都有

$$f(xy) = f(x)f(y).$$

若 $f'(1) = n(n > 0)$, 求 $f(x)$.

8. 设 $f(x)$ 是定义在 $(-\infty, +\infty)$ 上的函数, 且对任何 $x, y \in (-\infty, +\infty)$, 都有

$$f(x + y) = \mathrm{e}^x f(y) + \mathrm{e}^y f(x).$$

若 $f'(0) = \mathrm{e}$, 求 $f(x)$.

4.1.3　隐函数与参数方程所确定的导数

设有函数方程

$$F(x, y) = 0.$$

如果上述方程决定一个 y 关于 x 的函数 $y = y(x)$, 则称它为隐函数. 关于隐函数的存在性、连续性、可导性将在《新编微积分》下册中学习, 这里我们讨论时仅限隐函数是存在和可导的.

由于方程 $F(x, y) = 0$ 确定以 x 为自变量的隐函数 $y = y(x)$, 那么

$$F[x, y(x)] \equiv 0.$$

运用复合函数求导法则对上述恒等式两端求导, 即可求得隐函数的导数. 下面以例题的形式说明隐函数的求导方法.

例4.1.12　求由方程 $x^2y^3 + 5y - 7\mathrm{e}^y + 6x + 2010 = 0$ 确定的隐函数 $y = y(x)$ 的导数.

解　对方程两端对 x 求导, 由复合函数求导法则(注意到 y 是 x 的函数), 有

$$(x^2y^3 + 5y - 7\mathrm{e}^y + 6x + 2010)' = 0,$$

$$(x^2y^3)' + 5(y)' - 7(\mathrm{e}^y)' + 6(x)' + (2010)' = 0,$$

即

$$(2xy^3 + 3x^2y^2y') + 5y' - 7\mathrm{e}^y y' + 6 = 0.$$

这样解得

$$y' = -\frac{2xy^3 + 6}{3x^2y^2 - 7\mathrm{e}^y + 5}.$$

例4.1.13　证明: 方程 $\dfrac{\alpha x}{a^2} - \dfrac{\beta y}{b^2} = 1$ 是双曲线 $\dfrac{x^2}{a^2} - \dfrac{y^2}{b^2} = 1$ 上一点 (α, β) 的切线方程.

证　对方程 $\dfrac{x^2}{a^2} - \dfrac{y^2}{b^2} = 1$ 两端对 x 求导, 由复合函数求导法则, 有

$$\frac{2x}{a^2} - \frac{2y}{b^2}y' = 0.$$

解得 $y' = \dfrac{b^2x}{a^2y}$. 于是双曲线在点 (α, β) 的切线斜率为 $k = \dfrac{b^2\alpha}{a^2\beta}$. 从而切线方程是

$$y - \beta = \frac{b^2\alpha}{a^2\beta}(x - \alpha)$$

或

$$\frac{\alpha x}{a^2} - \frac{\beta y}{b^2} = \frac{\alpha^2}{a^2} - \frac{\beta^2}{b^2}.$$

又因为点 (α, β) 在双曲线上, 所以 $\dfrac{\alpha^2}{a^2} - \dfrac{\beta^2}{b^2} = 1$. 则双曲线过点 (α, β) 的切线方程是

$$\frac{\alpha x}{a^2} - \frac{\beta y}{b^2} = 1.$$

下面讨论参数方程的求导. 设平面曲线C的一般表达形式是由参数方程

$$\begin{cases} x = \varphi(t), \\ y = \psi(t), \end{cases} \qquad \alpha \leqslant t \leqslant \beta$$

确定的, 如果$\varphi(t)$与$\psi(t)$都可导, 且$\varphi'(t) \neq 0$, 又$x = \varphi(t)$存在反函数$t = \varphi^{-1}(x)$, 这样y是x的复合函数, 即$y = \psi(t), t = \varphi^{-1}(x)$, 则由复合函数与反函数的求导法则, 有

$$\frac{\mathrm{d}y}{\mathrm{d}x} = \frac{\mathrm{d}y}{\mathrm{d}t} \cdot \frac{\mathrm{d}t}{\mathrm{d}x} = \psi'(t) \cdot \left(\varphi^{-1}(x) \right)' = \frac{\psi'(t)}{\varphi'(t)}.$$

这就是参数方程的求导公式.

例4.1.14   求摆线$\begin{cases} x = a(t - \sin t), \\ y = a(1 - \cos t) \end{cases}$ 在$t = \dfrac{\pi}{2}, \dfrac{3\pi}{2}$处的切线方程.

解   由参数方程的求导公式, 有

$$\frac{\mathrm{d}y}{\mathrm{d}x} = \frac{\sin t}{1 - \cos t}.$$

当$t = \dfrac{\pi}{2}$时, 在摆线上点$\left(a\left(\dfrac{\pi}{2} - 1\right), a \right)$的切线斜率为

$$k_1 = \left. \frac{\sin t}{1 - \cos t} \right|_{t = \frac{\pi}{2}} = 1.$$

于是在$t = \dfrac{\pi}{2}$处的切线方程为

$$y - x = a\left(2 - \frac{\pi}{2} \right).$$

当$t = \dfrac{3\pi}{2}$时, 在摆线上点$\left(a\left(\dfrac{3\pi}{2} + 1\right), a \right)$的切线斜率为

$$k_2 = \left. \frac{\sin t}{1 - \cos t} \right|_{t = \frac{3\pi}{2}} = -1.$$

于是在$t = \dfrac{3\pi}{2}$处的切线方程为

$$y + x = a\left(2 + \frac{3\pi}{2} \right).$$

例4.1.15   求椭圆$\dfrac{x^2}{4} + \dfrac{y^2}{9} = 1$上一点$\left(\dfrac{2}{\sqrt{2}}, \dfrac{3}{\sqrt{2}} \right)$的切线斜率.

解   将椭圆化为参数方程

$$\begin{cases} x = 2\cos t, \\ y = 3\sin t, \end{cases} \qquad 0 \leqslant t \leqslant 2\pi.$$

而点$\left(\dfrac{2}{\sqrt{2}}, \dfrac{3}{\sqrt{2}} \right)$对应$t = \dfrac{\pi}{4}$. 由参数方程求导公式, 有

$$y' = -\frac{3}{2}\cot t.$$

于是在点$\left(\dfrac{2}{\sqrt{2}}, \dfrac{3}{\sqrt{2}} \right)$的切线斜率为

$$k = -\frac{3}{2}.$$

习题4.3

习　题　4.3

1. 在下列方程中求隐函数的导数 $\dfrac{\mathrm{d}y}{\mathrm{d}x}$:

(1) $x^2 + y^2 + \arcsin y = 0$;

(2) $x^{\frac{3}{2}} + y^{\frac{3}{2}} = 1$;

(3) $x^y = y^x$;

(4) $\sin(xy) = x$;

(5) $\arctan \dfrac{y}{x} = \ln \sqrt{x^2 + y^2}$;

(6) $x\sqrt{y} - y\sqrt{x} = 1$.

2. 证明: 抛物线 $\sqrt{x} + \sqrt{y} = \sqrt{a}$ 上任意点的切线在两个坐标轴上的截距的和等于 a.

3. 求垂直于直线 $2x + 4y - 3 = 0$, 并与双曲线 $\dfrac{x^2}{2} - \dfrac{y^2}{7} = 1$ 相切的直线方程.

4. 求下列参数方程的导数 $\dfrac{\mathrm{d}y}{\mathrm{d}x}$:

(1) $\begin{cases} x = \mathrm{e}^t \cos t, \\ y = \mathrm{e}^{-t} \sin t; \end{cases}$

(2) $\begin{cases} x = a \cos^3 t, \\ y = b \sin^3 t; \end{cases}$

(3) $\begin{cases} x = \ln(1 + t^2), \\ y = \arcsin t; \end{cases}$

(4) $\begin{cases} x = \dfrac{3at}{1 + t^3}, \\ y = \dfrac{3at^2}{1 + t^3}. \end{cases}$

5. 证明: 曳物线

$$\begin{cases} x = a\left(\ln \tan \dfrac{t}{2} + \cos t \right), \\ y = a \sin t \end{cases} \quad (a > 0,\ 0 < t < \pi)$$

上任意点 (x, y) 的切线, 由切点到 x 轴之间的切线段的长是定数.

6. 证明: 星形线

$$\begin{cases} x = a \cos^3 \varphi, \\ y = a \sin^3 \varphi \end{cases} \quad (0 \leqslant \varphi \leqslant 2\pi)$$

上任意点(不在坐标轴上)的切线被 x 轴与 y 轴所截的线段之长是定数.

4.1.4　高阶导数

定义4.1.4　如果函数 $f(x)$ 的导函数 $f'(x)$ 在点 x_0 处可导, 则称 $f'(x)$ 在点 x_0 处的导数为 $f(x)$ 在 x_0 处的二阶导数, 记作 $f''(x_0)$, 即

$$f''(x_0) = \lim_{x \to x_0} \frac{f'(x) - f'(x_0)}{x - x_0},$$

同时称$f(x)$在x_0二阶可导.

函数$f(x)$的二阶导函数$f''(x)$在点x_0处的导数, 称为$f(x)$在x_0处的三阶导数,记作$f'''(x_0)$. 一般地, 函数$f(x)$的$n-1$阶导函数$f^{(n-1)}(x)$在点x_0处的导数, 称为$f(x)$ 在x_0处的n阶导数,记作$f^{(n)}(x_0)$, 即

$$f^{(n)}(x_0) = \lim_{x \to x_0} \frac{f^{(n-1)}(x) - f^{(n-1)}(x_0)}{x - x_0}.$$

二阶和二阶以上的导数, 都称为高阶导数. 对于函数$y = f(x)$在x_0处的n阶导数也可记为

$$\left. \frac{\mathrm{d}^n y}{\mathrm{d} x^n} \right|_{x=x_0} \quad \text{或} \quad \left. y^{(n)} \right|_{x=x_0}.$$

注4.1.8　容易证明下面高阶导数运算法则:

$$\left(u \pm v \right)^{(n)} = u^{(n)} \pm v^{(n)}.$$

和

$$\begin{aligned}
\left(u \cdot v \right)^{(n)} &= \mathrm{C}_n^0 u^{(n)} v^{(0)} + \mathrm{C}_n^1 u^{(n-1)} v^{(1)} + \mathrm{C}_n^2 u^{(n-2)} v^{(2)} \\
&\quad + \cdots + \mathrm{C}_n^k u^{(n-k)} v^{(k)} + \cdots + \mathrm{C}_n^n u^{(0)} v^{(n)} \\
&= \sum_{k=0}^{n} \mathrm{C}_n^k u^{(n-k)} v^{(k)}.
\end{aligned}$$

其中$u^{(0)} = u, v^{(0)} = v, \mathrm{C}_n^k = \dfrac{n(n-1)\cdots(n-k+1)}{k!}$. 这个公式称为莱布尼茨公式.

例4.1.16　求$y = \mathrm{e}^{\alpha x}$的$n$阶导数($\alpha$是常数).

解　$f'(x) = \alpha \mathrm{e}^{\alpha x}, f''(x) = \alpha^2 \mathrm{e}^{\alpha x}, \cdots, f^{(n)}(x) = \alpha^n \mathrm{e}^{\alpha x}.$

例4.1.17　求$y = \sin x$和$y = \cos x$的n阶导数.

解　由三角函数的求导公式, 有

$$y' = \cos x = \sin\left(x + \frac{\pi}{2} \right),$$

$$y'' = -\sin x = \sin\left(x + 2 \cdot \frac{\pi}{2} \right),$$

$$y''' = -\cos x = \sin\left(x + 3 \cdot \frac{\pi}{2} \right),$$

$$y^{(4)} = \sin x = \sin\left(x + 4 \cdot \frac{\pi}{2} \right).$$

一般地, 可推得

$$\sin^{(n)} x = \sin\left(x + n \cdot \frac{\pi}{2} \right), \quad n = 1, 2, \cdots.$$

同理

$$\cos^{(n)} x = \cos\left(x + n \cdot \frac{\pi}{2} \right), \quad n = 1, 2, \cdots.$$

例4.1.18　设$y = \mathrm{e}^x \cos x$, 求$y^{(5)}$.

解　设$u(x) = \mathrm{e}^x, v(x) = \cos x$, 于是
$$u^{(n)} = \mathrm{e}^x, \quad v^{(n)} = \cos\left(x + n \cdot \frac{\pi}{2}\right).$$

这样应用莱布尼茨公式$(n = 5)$有

$$
\begin{aligned}
y^{(5)} &= \mathrm{e}^x \cos x + 5\mathrm{e}^x \cos\left(x + \frac{\pi}{2}\right) + 10\mathrm{e}^x \cos\left(x + 2 \cdot \frac{\pi}{2}\right) \\
&\quad + 10\mathrm{e}^x \cos\left(x + 3 \cdot \frac{\pi}{2}\right) + 5\mathrm{e}^x \cos\left(x + 4 \cdot \frac{\pi}{2}\right) + \mathrm{e}^x \cos\left(x + 5 \cdot \frac{\pi}{2}\right) \\
&= 4\mathrm{e}^x(\sin x - \cos x).
\end{aligned}
$$

例4.1.19　设$\varphi(t), \psi(t)$在$[\alpha, \beta]$上都是二阶可导, 求由参数方程
$$
\begin{cases}
x = \varphi(t), \\
y = \psi(t)
\end{cases}
$$
所确定的函数$y = y(x)$的二阶导数.

解　由于$\dfrac{\mathrm{d}y}{\mathrm{d}x} = \dfrac{\psi'(t)}{\varphi'(t)}$, 所以一阶导数$\dfrac{\mathrm{d}y}{\mathrm{d}x}$的参数方程是
$$
\begin{cases}
x = \varphi(t), \\
\dfrac{\mathrm{d}y}{\mathrm{d}x} = \dfrac{\psi'(t)}{\varphi'(t)}.
\end{cases}
$$
因此
$$
\begin{aligned}
\frac{\mathrm{d}^2 y}{\mathrm{d}x^2} &= \frac{\mathrm{d}}{\mathrm{d}x}\left(\frac{\mathrm{d}y}{\mathrm{d}x}\right) = \frac{\mathrm{d}}{\mathrm{d}t}\left(\frac{\mathrm{d}y}{\mathrm{d}x}\right) \cdot \frac{\mathrm{d}t}{\mathrm{d}x} = \frac{\mathrm{d}}{\mathrm{d}t}\left(\frac{\psi'(t)}{\varphi'(t)}\right) \cdot \frac{1}{\varphi'(t)} \\
&= \left(\frac{\psi'(t)}{\varphi'(t)}\right)' \cdot \frac{1}{\varphi'(t)} = \frac{\psi''(t)\varphi'(t) - \psi'(t)\varphi''(t)}{(\varphi'(t))^3}.
\end{aligned}
$$

习　题　4.4

习题4.4

1. 求下列函数的高阶导数:

(1)　$y = \ln(1 + x)$, 求y'';

(2)　$y = \dfrac{\ln x}{x}$, 求$y^{(n)}$;

(3)　$y = \mathrm{e}^{ax}\sin bx$, 求$y^{(n)}$;

(4)　$x^2 - xy + y^2 = 1$, 求y'';

(5)　$\sqrt{x^2 + y^2} = \mathrm{e}^{\arctan\frac{y}{x}}$, 求$y''$;

(6)　$y = \dfrac{x}{\sqrt{1 + x^2}}$, 求$y''(0)$;

(7)　$\begin{cases} x = \alpha\cos^3 t, \\ y = \beta\sin^3 t, \end{cases}$ 求$\dfrac{\mathrm{d}^2 y}{\mathrm{d}x^2}$;

(8)　$\begin{cases} x = \alpha(t - \sin t), \\ y = \alpha(1 - \cos t), \end{cases}$ 求$\dfrac{\mathrm{d}^2 y}{\mathrm{d}x^2}$.

2. 讨论函数

$$f(x) = \begin{cases} x^2, & x \geqslant 0, \\ -x^2, & x < 0 \end{cases}$$

的高阶导数.

3. 多项式 $P_n(x) = \dfrac{1}{2^n n!} \dfrac{\mathrm{d}^n}{\mathrm{d}x^n}(x^2-1)^n$ 称为勒让德(Legendre)多项式, 求 $P_n(1)$ 与 $P_n(-1)$.

4. 设函数 $f(x)$ 在 $x \leqslant x_0$ 有定义, 且存在二阶导数, 问 α, β, γ 取何值时, 函数

$$F(x) = \begin{cases} f(x), & x \leqslant x_0, \\ \alpha(x-x_0)^2 + \beta(x-x_0) + \gamma, & x > x_0 \end{cases}$$

存在二阶导数.

5. 设

$$f(x) = \begin{cases} \ln(1+x), & x \geqslant 0, \\ \alpha x^2 + \beta x + \gamma, & x < 0, \end{cases}$$

问 α, β, γ 取何值时, 函数 $f(x)$ 处处具有一阶连续的导数, 但在 $x = 0$ 处不存在二阶导数.

6. 设 $y = \arcsin x$, 证明:

$$(1-x^2)y^{(n+2)} - (2n+1)xy^{(n+1)} - n^2 y^{(n)} = 0.$$

7. 设函数 $f(x)$ 是 n 次多项式, 证明: α 是方程 $f(x) = 0$ 的 $k(\leqslant n)$ 重根的必要充分条件是

$$f(\alpha) = f'(\alpha) = \cdots = f^{(k-1)}(\alpha) = 0, \ \text{而} \ f^{(k)}(\alpha) \neq 0.$$

8. 证明: 函数

$$f(x) = \begin{cases} \mathrm{e}^{-\frac{1}{x^2}}, & x \neq 0, \\ 0, & x = 0 \end{cases}$$

在 $x = 0$ 处存在任意阶导数, 且 $f^{(n)}(0) = 0, n = 1, 2, \cdots$.

4.1.5 应用事例与探究课题

1. 应用事例

例4.1.20 氨爆炸药的爆炸将沉重的岩石以发射速度160英尺/秒垂直射向空中. t 秒后岩石达到的高度为 $h = 160t - 16t^2$（英尺）.

(1) 岩石能上升到多高?

(2) 岩石离地面256英尺高度时, 岩石上升和下落的速度和速率是多少?

(3) 岩石（在爆炸后）的飞行中任何时刻 t 的加速度是多少?

(4) 何时岩石再次击到地面?

解 (1) 时刻 t 的速度为

$$v = \frac{\mathrm{d}h}{\mathrm{d}t} = \frac{\mathrm{d}}{\mathrm{d}t}(160t - 16t^2) = 160 - 32t.$$

于是, 由$v = 0$, 得$t = 5$. 因此, 岩石在$t = 5$时的高度为

$$h_{\max} = h(5) = 400 \quad （英尺）.$$

(2) 令

$$h(t) = 160t - 16t^2 = 256,$$

得$t = 2$和$t = 8$. 这样, 爆炸后2秒和8秒时岩石离地面高度为256英尺. 这两个时刻岩石的速度分别为

$$v(2) = 160 - 32 \times 2 = 96 \quad （英尺/秒）$$

和

$$v(8) = 160 - 32 \times 8 = -96 \quad （英尺/秒）.$$

两个时刻岩石的速率都是96英尺/秒.

(3) 爆炸后，飞行中每个时刻岩石的加速度为常数, 即

$$a = \frac{\mathrm{d}v}{\mathrm{d}t} = \frac{\mathrm{d}}{\mathrm{d}t}(160 - 32t) = -32 \quad （英尺/秒^2）.$$

加速度总是向下的. 当岩石向上运动时, 加速度使岩石的运动慢下来; 当岩石向下运动时, 加速度使岩石的运动加速.

(4) 岩石在某个使$h = 0$的$t > 0$时击到地面. 由$160t - 16t^2 = 0$得$t = 0, t = 10$. 当$t = 0$时爆炸发生, 岩石被上抛. 当10秒后岩石回到地面.

例4.1.21　如果我们以速率3000升/分从直圆柱水箱往外输送流体, 试问水箱内流体的高度下降会有多快?

解　假设有一个装有部分液体的直圆柱水箱, 它的半径记为r, 将液体的高度记为h, 记液体的体积为V.

当时间流逝, 半径r保持不变, 但V和h在变化. 我们认为V和h是时间t的可微函数. 因此, 有

$$\frac{\mathrm{d}V}{\mathrm{d}t} = -3000,$$

要求

$$\frac{\mathrm{d}h}{\mathrm{d}t}.$$

又因为1立方米等于1000升, 所以

$$V = 1000\pi r^2 h.$$

这样

$$\frac{\mathrm{d}V}{\mathrm{d}t} = 1000\pi r^2 \frac{\mathrm{d}h}{\mathrm{d}t} = -3000.$$

故

$$\frac{\mathrm{d}h}{\mathrm{d}t} = -\frac{3}{\pi r^2}.$$

即流体高度以速率$\frac{3}{\pi r^2}$米/分下降.

2. 探究课题

探究4.1.1　伽利略曾在离地面179英尺的比萨斜塔上扔下一颗炮弹, t秒后下落的炮弹高出地面的高度为$h = 179 - 16t^2$.

(1) t时刻炮弹的速度、速率和加速度为多少?

(2) 炮弹击到地面所需要的时间为多少?

(3) 炮弹击到地面的速度为多少?

探究4.1.2　假设雾滴是一个完整的球体, 通过冷凝作用, 该雾滴以和它的表面积成比例的速率吸取水分. 试证明在这种情况下, 雨点半径以常速率增长.

探究4.1.3　一架高速公路巡逻飞机在水平直线马路上方3公里以恒定的速度120公里/时飞行. 飞行员看到迎面驶来一辆汽车, 用雷达确定在该瞬间从飞机到汽车的视线距离为5公里. 视线距离以速率160公里/时递减. 求汽车沿高速公路行驶的速度.

探究4.1.4　现有A, B两条正在海上航行的渔船, A船向正南方向行驶, B船向正东方向行驶. 开始时A船恰在B船正北80 km处, 后来在某一时刻测得A船向南航行了40 km, 此时速度为30 km/h; B船向东航行了30 km, 此时速度为50 km/h. 问这时A, B两船是在分离还是在接近, 速度是多少?

4.2　微　　　分

4.2.1　微分的定义

定义4.2.1　若函数$f(x)$在点x_0处的改变量Δy与自变量的改变量Δx有如下关系:

$$\Delta y = A\Delta x + o(\Delta x), \tag{4.2.1}$$

其中A是与Δx无关的常数, 则称函数$f(x)$在x_0处可微, $A\Delta x$称为函数$f(x)$在x_0的微分, 记为

$$\mathrm{d}y\big|_{x=x_0} = A\Delta x \quad 或 \quad \mathrm{d}f(x)\big|_{x=x_0} = A\Delta x.$$

$A\Delta x$也称为(4.2.1)式的线性主部. "线性"是因为$A\Delta x$是Δx的一次函数, "主部"是因为(4.2.1)式的第二项是一个关于Δx的高阶无穷小, 所以在(4.2.1)式中$A\Delta x$起主要作用.

定理4.2.1　函数$y = f(x)$在点x_0处可微的必要充分条件是: $y = f(x)$在点x_0处可导, 而且(4.2.1)式中的$A = f'(x_0)$.

证　必要性. 如果$y = f(x)$在点x_0处可微, 那么

$$\Delta y = A\Delta x + o(\Delta x),$$

其中A是与Δx无关的常数. 于是

$$\frac{\Delta y}{\Delta x} = A + \frac{o(\Delta x)}{\Delta x}.$$

因此
$$f'(x_0) = \lim_{\Delta x \to 0} \frac{\Delta y}{\Delta x} = A,$$
即$f(x)$在点x_0处可导, 且$A = f'(x_0)$.

　　充分性. 如果$y = f(x)$在点x_0处可导, 那么
$$\lim_{\Delta x \to 0} \frac{\Delta y}{\Delta x} = f'(x_0),$$
或
$$\frac{\Delta y}{\Delta x} = f'(x_0) + \alpha, \quad \alpha \to 0 \quad (\Delta x \to 0).$$
从而
$$\Delta y = f'(x_0)\Delta x + \alpha \Delta x = f'(x_0)\Delta x + o(\Delta x),$$
其中$f'(x_0)$是与Δx无关的常数, $o(\Delta x)$是Δx的高阶无穷小, 所以函数$f(x)$在点x_0处可微.

　　注4.2.1　若函数$f(x)$在x_0可微, 则函数$f(x)$在x_0的微分$\mathrm{d}y\big|_{x=x_0}$是
$$\mathrm{d}y\big|_{x=x_0} = f'(x_0)\Delta x.$$

　　注4.2.2　微分有明显的几何解释. 如图4.2.1所示, 有
$$\mathrm{d}y = f'(x_0)\Delta x = \tan\varphi \cdot \Delta x = \frac{MN}{\Delta x} \cdot \Delta x = MN.$$
而$\Delta y = QN$.

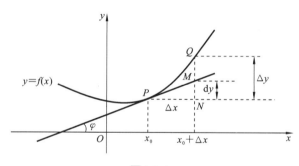

图**4.2.1**

　　注4.2.3　若函数$f(x)$在x_0可微, 则
$$\Delta y = \mathrm{d}y\big|_{x=x_0} + o(\Delta x).$$
于是
$$f(x_0 + \Delta x) \approx f(x_0) + f'(x_0)\Delta x$$
或
$$f(x) \approx f(x_0) + f'(x_0)(x - x_0).$$
因此, 我们可以得到几个常用的近似公式(当$|x|$充分小时):
$$\sin x \approx x; \qquad \tan x \approx x; \qquad \frac{1}{1+x} \approx 1 - x;$$

$$\mathrm{e}^x \approx 1+x; \qquad \ln(1+x) \approx x; \qquad \sqrt[n]{1 \pm x} \approx 1 \pm \frac{x}{n}.$$

注4.2.4　如果函数$y = f(x)$在区间I上每一点都可微, 则称$f(x)$为I上可微函数. 函数$y = f(x)$在区间I上任一点x处的微分记为

$$\mathrm{d}y = f'(x)\Delta x, \quad x \in I.$$

特别当$y = x$时, $\mathrm{d}y = \Delta x$, 即自变量的微分$\mathrm{d}x$等于自变量的改变量Δx. 于是

$$\mathrm{d}y = f'(x)\mathrm{d}x,$$

这表明函数的微分等于函数的导数与自变量微分的积. 此时又有

$$f'(x) = \frac{\mathrm{d}y}{\mathrm{d}x},$$

它表示函数的导数等于函数的微分与自变量微分的商. 因此, 导数也常称为微商. 这样整体运算符号$\dfrac{\mathrm{d}y}{\mathrm{d}x}$就可以看成一个分式.

4.2.2　微分的运算法则

由于可微与可导是等价的, 因此, 微分只是导数的另一种形式, 这样我们能立即得到微分的运算法则:

(1) $\mathrm{d}\big(cu(x)\big) = c\mathrm{d}u(x)$, 其中$c$是常数;

(2) $\mathrm{d}\big(u(x) \pm v(x)\big) = \mathrm{d}u(x) \pm \mathrm{d}v(x)$;

(3) $\mathrm{d}\big(u(x)v(x)\big) = v(x)\mathrm{d}u(x) + u(x)\mathrm{d}v(x)$;

(4) $\mathrm{d}\left(\dfrac{u(x)}{v(x)}\right) = \dfrac{v(x)\mathrm{d}u(x) - u(x)\mathrm{d}v(x)}{v^2(x)}$;

(5) $\mathrm{d}\big(f(g(x))\big) = f'(u)g'(x)\mathrm{d}x$, 其中$u = g(x)$.

注4.2.5　一阶微分具有形式不变性. 因为若$f = f(u), u = g(x)$, 则复合函数的微分为

$$\mathrm{d}\big(f(g(x))\big) = f'(u)g'(x)\mathrm{d}x = f'(u)\mathrm{d}u.$$

这个结果与将u看成自变量求微分的结果相同, 所以一阶微分具有形式不变性.

例4.2.1　设$y = x^3 \ln x - \cos x^2$, 求$\mathrm{d}y$.

解

$$\begin{aligned}
\mathrm{d}y &= \mathrm{d}\big(x^3 \ln x - \cos x^2\big) = \mathrm{d}\big(x^3 \ln x\big) - \mathrm{d}\big(\cos x^2\big) \\
&= \ln x \mathrm{d}(x^3) + x^3 \mathrm{d}(\ln x) - \mathrm{d}(\cos x^2) \\
&= x(3x \ln x + x + 2\sin x^2)\mathrm{d}x.
\end{aligned}$$

例4.2.2　设$y = \ln(x - \sqrt{1+x^2})$, 求$\mathrm{d}y$.

解

$$\begin{aligned}
\mathrm{d}y &= \mathrm{d}\big(\ln(x - \sqrt{1+x^2})\big) \\
&= \big(\ln(x - \sqrt{1+x^2})\big)'\mathrm{d}x
\end{aligned}$$

$$= \frac{1 - \dfrac{x}{\sqrt{1+x^2}}}{x - \sqrt{1+x^2}}\mathrm{d}x = -\frac{\mathrm{d}x}{\sqrt{1+x^2}}.$$

例4.2.3　计算$\sin 31°$的近似值.

解　由于$\sin 31° = \sin\left(\dfrac{\pi}{6} + \dfrac{\pi}{180}\right)$, 所以取$f(x) = \sin x, x_0 = \dfrac{\pi}{6}, \Delta x = \dfrac{\pi}{180}$, 因此

$$\begin{aligned}
\sin 31° &= \sin\left(\frac{\pi}{6} + \frac{\pi}{180}\right) \\
&\approx \sin\frac{\pi}{6} + \left(\cos\frac{\pi}{6}\right) \cdot \frac{\pi}{180} \\
&\approx \frac{1}{2} + \frac{\sqrt{3}}{2} \cdot (0.01745) \approx 0.5151.
\end{aligned}$$

例4.2.4　计算$\sqrt[5]{34}$的近似值.

解

$$\begin{aligned}
\sqrt[5]{34} &= \sqrt[5]{2^5 + 2} = 2\left(1 + \frac{1}{2^4}\right)^{\frac{1}{5}} \\
&\approx 2\left(1 + \frac{1}{5} \cdot \frac{1}{16}\right) = 2 + \frac{1}{40} \approx 2.025.
\end{aligned}$$

4.2.3　高阶微分

定义4.2.2　函数$y = f(x)$的微分$\mathrm{d}y = f(x)\mathrm{d}x$的微分, 称为函数$f(x)$的二阶微分, 记为$\mathrm{d}^2 y$. 函数$y = f(x)$的$n-1$阶微分$\mathrm{d}^{n-1}y$的微分, 称为函数$f(x)$的$n$阶微分, 记为$\mathrm{d}^n y$. 二阶以及二阶以上的微分, 统称高阶微分.

注4.2.6　根据高阶微分的定义, 我们有

$$\mathrm{d}^n y = \mathrm{d}(\mathrm{d}^{n-1}y) = \mathrm{d}\big(f^{(n-1)}(x)\mathrm{d}x^{n-1}\big) = \big(f^{(n-1)}(x)\mathrm{d}x^{n-1}\big)'\mathrm{d}x = f^{(n)}(x)\mathrm{d}x^n,$$

即

$$\mathrm{d}^n y = f^{(n)}(x)\mathrm{d}x^n \quad \text{或} \quad f^{(n)}(x) = \frac{\mathrm{d}^n y}{\mathrm{d}x^n}.$$

注4.2.7　$\mathrm{d}x^n = (\mathrm{d}x)^n, \quad \mathrm{d}x^n \neq \mathrm{d}(x^n).$

注4.2.8　如果$y = f(x), x = \varphi(t)$, 则复合函数$y = f(\varphi(t))$关于t的二阶微分为

$$\begin{aligned}
\mathrm{d}^2 y &= \Big(f(\varphi(t))\Big)''\mathrm{d}t^2 \\
&= \Big(f'(\varphi(t))\varphi'(t)\Big)'\mathrm{d}t^2 \\
&= \Big(f''(\varphi(t))\big(\varphi'(t)\big)^2 + f'(\varphi(t))\varphi''(t)\Big)\mathrm{d}t^2 \\
&= f''(x)\mathrm{d}x^2 + f'(x)\mathrm{d}^2 x.
\end{aligned}$$

例4.2.5　设$y = \cos x^2$, 求$\mathrm{d}^2 y$.

解　$\mathrm{d}^2 y = (\cos x^2)''\mathrm{d}x^2 = (-2x\sin x^2)'\mathrm{d}x^2 = (-2\sin x^2 - 4x^2\cos x^2)\mathrm{d}x^2.$

1. 求下列函数的微分：

(1) $y = x\ln(1+x) - x$;

(2) $y = \dfrac{x}{1+x^2}$;

(3) $\arcsin\sqrt{1-x^2}$;

(4) $y = \sin ax \sin bx$;

(5) $(1+x^2)^{2010}$;

(6) $y = e^x \tan x^2$.

2. 计算下列各数的近似值：

(1) $\sqrt[3]{1.02}$;

(2) $\sin 29°$;

(3) $\lg 11$;

(4) $\sqrt{37}$.

3. 求下列函数的二阶微分：

(1) $y = e^{\sqrt{x}} - e^{-\sqrt{x}}$;

(2) $y = \arctan\dfrac{e^x + e^{-x}}{2}$;

(3) $\dfrac{1+x^2}{(1+x)^2}$.

4.3　微分学基本定理及其应用

4.3.1　中值定理

定义4.3.1　若函数$f(x)$在x_0的某邻域$U(x_0)$内对一切$x \in U(x_0)$有
$$f(x_0) \geqslant f(x) \quad (f(x_0) \leqslant f(x)),$$
则称函数$f(x)$在点x_0取得极大(小)值, 称点x_0为极大(小)值点. 极大值、极小值统称极值, 极大值点、极小值点统称极值点.

定理4.3.1　(费马(Fermat)定理) 若函数$f(x)$在x_0处可导, 且在x_0取得极值, 则

$$f'(x_0) = 0.$$

证　不妨设$f(x)$在x_0处取极大值. 由极大值定义, $f(x)$在x_0的某邻域$U(x_0)$内对一切$x \in U(x_0)$有
$$f(x_0) \geqslant f(x).$$
这样

费马

$$f'_-(x_0) = \lim_{x \to x_0^-} \frac{f(x) - f(x_0)}{x - x_0} \geqslant 0,$$

$$f'_+(x_0) = \lim_{x \to x_0^+} \frac{f(x) - f(x_0)}{x - x_0} \leqslant 0,$$

因此$f'(x_0) = 0$.

注4.3.1　费马定理有明显的几何意义: 若函数在极值点x_0处可导, 那么函数在该点处的切线平行于x轴(图4.3.1).

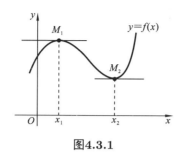

图4.3.1

注4.3.2　称满足方程$f'(x) = 0$的点为稳定点. 稳定点不一定是极值点.

定理4.3.2　(罗尔(Rolle)中值定理) 若函数$f(x)$满足如下条件:

(1) 在闭区间$[a, b]$上连续;

(2) 在开区间(a, b)内可导;

(3) $f(a) = f(b)$,

则在(a, b)内至少存在一点ξ, 使得$f'(\xi) = 0$.

罗 尔

证　由于$f(x)$在$[a, b]$上连续, 所以有最大值M与最小值m. 现分两种情形来讨论:

(1) 如果$M = m$, 则$f(x)$在$[a, b]$上必是常数, 从而结论显然成立.

(2) 如果$m < M$, 则由于$f(a) = f(b)$, M与m至少有一个在(a, b)内某点ξ处取得, 从而ξ是$f(x)$的极值点. 因条件(2), $f(x)$在ξ处可导, 故由费马定理, 有$f'(\xi) = 0$.

注4.3.3　罗尔中值定理有明显的几何意义: 在每一点都可导的一段连续曲线上, 若曲线的两端点函数值相等, 则曲线至少存在一条水平切线(图4.3.2).

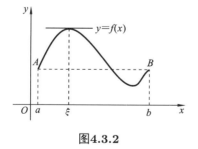

图4.3.2

定理4.3.3　(拉格朗日(Lagrange)中值定理)若函数$f(x)$满足如下条件:

(1) 在闭区间$[a, b]$上连续;

(2) 在开区间(a, b)内可导,

则在(a, b)内至少存在一点ξ, 使得

拉格朗日

$$f'(\xi) = \frac{f(b) - f(a)}{b - a}. \tag{4.3.1}$$

证 作辅助函数

$$F(x) = f(x) - \frac{f(b) - f(a)}{b - a} x.$$

这样 $F(x)$ 在闭区间 $[a, b]$ 上连续, 在开区间 (a, b) 内可导, 且

$$F(a) = F(b) = \frac{bf(a) - af(b)}{b - a}.$$

因此 $F(x)$ 满足罗尔中值定理的条件. 故在 (a, b) 内至少存在一点 ξ, 使得

$$F'(\xi) = 0,$$

即

$$f'(\xi) = \frac{f(b) - f(a)}{b - a}.$$

注4.3.4 拉格朗日中值定理有明显的几何意义: 在满足定理条件的曲线 $y = f(x)$ 上至少存在一点 $(\xi, f(\xi))$, 使曲线在该点上的切线平行于曲线两端的连线 (图4.3.3).

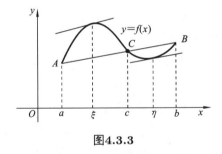

图4.3.3

注4.3.5 拉格朗日中值公式 (4.3.1) 也可写成

$$f(b) - f(a) = f'(a + \theta(b - a))(b - a), \quad \theta \in (0, 1).$$

注4.3.6 若对任意 $x \in (a, b)$, 有 $f'(x) = 0$, 则 $f(x) = $ 常数. 若对任意 $x \in (a, b)$, 有 $f'(x) = g'(x)$, 则 $f(x) = g(x) + $ 常数.

定理4.3.4 (柯西(Cauchy)中值定理) 若函数 $f(x), g(x)$ 满足如下条件:

(1) 在闭区间 $[a, b]$ 上连续;

(2) 在开区间 (a, b) 内可导;

(3) 在开区间 (a, b) 内 $g'(x) \neq 0$,

则在 (a, b) 内至少存在一点 ξ, 使得

$$\frac{f'(\xi)}{g'(\xi)} = \frac{f(b) - f(a)}{g(b) - g(a)}.$$

证 显然 $g(b) \neq g(a)$. 否则若 $g(b) = g(a)$, 那么由罗尔中值定理, 在 (a, b) 内至少存在一点 η, 使得 $g'(\eta) = 0$, 与条件 (3) 矛盾. 于是作辅助函数

$$F(x) = f(x) - \frac{f(b) - f(a)}{g(b) - g(a)} g(x).$$

这样$F(x)$在闭区间$[a, b]$上连续, 在开区间(a, b)内可导, 且

$$F(a) = F(b) = \frac{f(a)g(b) - f(b)g(a)}{g(b) - g(a)}.$$

因此$F(x)$满足罗尔中值定理的条件. 故在(a, b)内至少存在一点ξ, 使得

$$F'(\xi) = 0,$$

即

$$\frac{f'(\xi)}{g'(\xi)} = \frac{f(b) - f(a)}{g(b) - g(a)}.$$

注4.3.7　罗尔中值定理是拉格朗日中值定理的特殊情形, 而拉格朗日中值定理是柯西中值定理的特殊情形.

例4.3.1　对任意$\alpha > -1, \alpha \neq 0$, 成立不等式

$$\frac{\alpha}{1 + \alpha} < \ln(1 + \alpha) < \alpha.$$

证　设$f(x) = \ln(1 + x)$, 由拉格朗日中值定理有

$$\ln(1 + \alpha) = \ln(1 + \alpha) - \ln 1 = \frac{\alpha}{1 + \theta\alpha}, \quad 0 < \theta < 1.$$

又由于$\alpha > -1, \alpha \neq 0, 0 < \theta < 1$, 显然有

$$\frac{\alpha}{1 + \alpha} < \frac{\alpha}{1 + \theta\alpha} < \alpha.$$

因此

$$\frac{\alpha}{1 + \alpha} < \ln(1 + \alpha) < \alpha.$$

例4.3.2　证明: $\arcsin x + \arccos x = \dfrac{\pi}{2}, \ x \in (-1, 1)$.

证　由于

$$\left(\arcsin x + \arccos x\right)' = \frac{1}{\sqrt{1 - x^2}} - \frac{1}{\sqrt{1 - x^2}} = 0,$$

所以

$$\arcsin x + \arccos x = C, \ x \in (-1, 1).$$

又

$$\arcsin 0 + \arccos 0 = \frac{\pi}{2},$$

故

$$\arcsin x + \arccos x = \frac{\pi}{2}.$$

例4.3.3　证明: 对任意$0 < \alpha < \beta$, 有

$$\frac{\beta - \alpha}{1 + \beta^2} < \arctan \beta - \arctan \alpha < \frac{\beta - \alpha}{1 + \alpha^2}.$$

证 对函数arctan x在$[\alpha, \beta]$上应用拉格朗日中值定理, 有

$$\arctan\beta - \arctan\alpha = \left(\arctan x\right)'\big|_{x=\xi}(\beta - \alpha) = \frac{\beta - \alpha}{1 + \xi^2}, \quad \alpha < \xi < \beta.$$

又

$$\frac{\beta - \alpha}{1 + \beta^2} < \frac{\beta - \alpha}{1 + \xi^2} < \frac{\beta - \alpha}{1 + \alpha^2},$$

因此

$$\frac{\beta - \alpha}{1 + \beta^2} < \arctan\beta - \arctan\alpha < \frac{\beta - \alpha}{1 + \alpha^2}.$$

例4.3.4 证明: 若函数$\varphi(x)$在$[\alpha, \beta](\alpha > 0)$上连续, 在$(\alpha, \beta)$内可导, 则在$(\alpha, \beta)$上至少存在一点$\xi$, 使

$$\varphi(\beta) - \varphi(\alpha) = \xi\varphi'(\xi)\ln\frac{\beta}{\alpha}.$$

证 对函数$\varphi(x), g(x) = \ln x$在$[\alpha, \beta]$上应用柯西中值定理, 有

$$\frac{\varphi(\beta) - \varphi(\alpha)}{\ln\beta - \ln\alpha} = \frac{\varphi'(\xi)}{1/\xi} = \xi\varphi'(\xi), \quad \alpha < \xi < \beta,$$

即

$$\varphi(\beta) - \varphi(\alpha) = \xi\varphi'(\xi)\ln\frac{\beta}{\alpha}.$$

例4.3.5 证明: 若函数$\varphi(x)$在$[\alpha, \beta]$上可导, 且$\alpha\beta > 0$, 则在(α, β)上至少存在一点ξ, 使

$$\frac{1}{\alpha - \beta}\begin{vmatrix} \alpha & \beta \\ \varphi(\alpha) & \varphi(\beta) \end{vmatrix} = \varphi(\xi) - \xi\varphi'(\xi).$$

证 由于

$$\frac{1}{\alpha - \beta}\begin{vmatrix} \alpha & \beta \\ \varphi(\alpha) & \varphi(\beta) \end{vmatrix} = \frac{\dfrac{\varphi(\beta)}{\beta} - \dfrac{\varphi(\alpha)}{\alpha}}{\dfrac{1}{\beta} - \dfrac{1}{\alpha}}.$$

令

$$f(x) = \frac{\varphi(x)}{x}, \quad g(x) = \frac{1}{x}.$$

由于$\alpha\beta > 0$, 所以闭区间$[\alpha, \beta]$上不含有$x = 0$的点, 于是函数$f(x)$与$g(x)$在$[\alpha, \beta]$上满足柯西中值定理的条件. 因此, 在(α, β)上至少存在一点ξ, 使

$$\frac{1}{\alpha - \beta}\begin{vmatrix} \alpha & \beta \\ \varphi(\alpha) & \varphi(\beta) \end{vmatrix} = \frac{\dfrac{\varphi(\beta)}{\beta} - \dfrac{\varphi(\alpha)}{\alpha}}{\dfrac{1}{\beta} - \dfrac{1}{\alpha}} = \frac{f(\beta) - f(\alpha)}{g(\beta) - g(\alpha)}$$

$$= \frac{f'(\xi)}{g'(\xi)} = \frac{\dfrac{\xi\varphi'(\xi) - \varphi(\xi)}{\xi^2}}{-\dfrac{1}{\xi^2}} = \varphi(\xi) - \xi\varphi'(\xi).$$

习　题　4.6

习题4.6

1. 证明下列不等式:

(1) $\dfrac{\beta-\alpha}{\beta}<\ln\dfrac{\beta}{\alpha}<\dfrac{\beta-\alpha}{\beta}$, $0<\alpha<\beta$;
　　　　　　　　　　(2) $|\sin\alpha-\sin\beta|\leqslant|\alpha-\beta|$;

(3) $\dfrac{1}{x+1}<\ln(x+1)-\ln x<\dfrac{1}{x}$, $x>0$;
　　　　　(4) $0<\dfrac{1}{\ln(1+x)}-\dfrac{1}{x}<1$, $x>0$.

2. 证明: 方程 $x^3-3x+2010=0$ 在 $(0,1)$ 没有两个不同的实根.

3. 设 $a_1-\dfrac{a_2}{3}+\cdots+(-1)^{n-1}\dfrac{a_n}{2n-1}=0$, 证明: 方程

$$a_1\cos x+a_2\cos 3x+\cdots+a_n\cos(2n-1)x=0$$

在 $\left(0,\dfrac{\pi}{2}\right)$ 至少有一个实根.

4. 设 $a_0+\dfrac{a_1}{2}+\dfrac{a_2}{3}+\cdots+\dfrac{a_n}{n+1}=0$, 证明: 方程

$$a_0+a_1x+a_2x^2+\cdots+a_nx^n=0$$

在 $(0,1)$ 至少有一个实根.

5. 证明: 若函数 $f(x)$ 在 (a,b) 内非负, 存在三阶导数, 且方程 $f(x)=0$ 有两个相异的实根, 则方程 $f'''(x)=0$ 在 (a,b) 内至少有一个根.

6. 证明: 若函数 $f(x)$ 在 $(a,+\infty)$ 内可导, 且

$$\lim_{x\to a^+}f(x)=\lim_{x\to+\infty}f(x),$$

则方程 $f'(x)=0$ 在 $(a,+\infty)$ 至少有一个根.

7. 证明: 若 $a>0$, 则方程

$$x^3+x=\dfrac{a^2}{2\arctan a}$$

在 $(0,a)$ 内至少有一个根.

8. 证明: 若 $f(1)=0$, 则方程

$$f''(x)+2f'(x)\cot x=f(x)$$

在 $(0,\pi)$ 内至少有一个根.

9. 证明: 若函数 $f(x)$ 在 $[a,b]$ 上连续, 在 (a,b) 内可导, 且 $a\geqslant 0$, 则在 (a,b) 内存在三点 x_1,x_2,x_3, 使得

$$f'(x_1)=(b+a)\dfrac{f'(x_2)}{2x_2}=(b^2+ba+a^2)\dfrac{f'(x_3)}{3x_3^2}.$$

10. 证明: 若函数 $f(x)$ 在 $[0,1]$ 上可微, 且 $f(0)=0,f(1)=1$, 则在 $(0,1)$ 内存在二点 ξ,η, 使得

$$\dfrac{1}{f'(\xi)}+\dfrac{1}{f'(\eta)}=2.$$

11. 证明: 若函数 $f(x)$ 在 $[a,b](a>0)$ 上连续, 在 (a,b) 内可导, 则在 (a,b) 内存在二点 ξ,η, 使得

$$f'(\xi)=\frac{\eta^2 f'(\eta)}{ab}.$$

12. 证明: 若函数 $f(x)$ 在 $[0,1]$ 上连续, 在 $(0,1)$ 内可导, 则在 $(0,1)$ 内存在一点 ξ, 使得

$$f'(\xi)f(1-\xi)=f(\xi)f'(1-\xi).$$

13. 证明: 若函数 $f(x)$ 在 $[a,b]$ 上连续, 在 (a,b) 内二阶可导, 且 $a<c<b$, 则在 (a,b) 内存在一点 ξ, 使得

$$\frac{f(a)}{(a-c)(a-b)}+\frac{f(c)}{(c-a)(c-b)}+\frac{f(b)}{(b-a)(b-c)}=\frac{f''(\xi)}{2}.$$

14. 若函数 $f(x)$ 在 $[0,1]$ 上连续, 在 $(0,1)$ 内可导, 且 $f(0)=0,f(1)=1$, 又 $\alpha_1,\alpha_2,\cdots,\alpha_n$ 是满足 $\alpha_1+\alpha_2+\cdots+\alpha_n=1$ 的正数, 证明: 在 $(0,1)$ 内存在互不相同的数 $\beta_1,\beta_2,\cdots,\beta_n$, 使得

$$\frac{\alpha_1}{f'(\beta_1)}+\frac{\alpha_2}{f'(\beta_2)}\cdots+\frac{\alpha_n}{f'(\beta_n)}=1.$$

15. 证明: 若函数 $f(x)$ 在 $(a,+\infty)$ 内可导, 且

$$\lim_{x\to+\infty}[f'(x)+f(x)]=0,$$

则 $\lim\limits_{x\to+\infty}f(x)=0$.

16. 证明: 若函数 $f(x)$ 在 $[0,1]$ 上可导, $f(0)=0$, 且对任意 $x\in[0,1]$, 有

$$|f'(x)|\leqslant|f(x)|,$$

则 $f(x)=0,x\in[0,1]$.

17. 证明: 若函数 $f(x)$ 在 $(-\infty,+\infty)$ 上可导, 且存在常数 $0\leqslant L<1$, 使得对任意 $x\in(-\infty,+\infty)$, 有 $|f'(x)|\leqslant L$, 则方程 $f(x)=x$ 有根.

4.3.2 待定式极限

在计算函数的极限时, 经常会遇到分子与分母都是以零为极限或者都是以无穷大为极限的极限问题, 这种情形其极限有可能存在, 也可能不存在. 我们将这种类型的极限称为 $\frac{0}{0}$ 型待定式极限或者 $\frac{\infty}{\infty}$ 型待定式极限. 待定式极限除了上述两种类型外, 还有五种类型:

$$0\cdot\infty,\quad 1^\infty,\quad 0^0,\quad \infty^0,\quad \infty_1-\infty_2.$$

而这五种类型极限又都可化为 $\frac{0}{0}$ 或 $\frac{\infty}{\infty}$ 型待定式极限, 即

$$0\cdot\infty=\frac{0}{\dfrac{1}{\infty}}=\frac{0}{0}\quad\text{或}\quad 0\cdot\infty=\frac{\infty}{\dfrac{1}{0}}=\frac{\infty}{\infty},$$

$$1^\infty=\mathrm{e}^{\infty\ln 1}=\mathrm{e}^{\infty\cdot 0},\qquad 0^0=\mathrm{e}^{0\ln 0}=\mathrm{e}^{0\cdot\infty},\qquad \infty^0=\mathrm{e}^{0\ln\infty}=\mathrm{e}^{0\cdot\infty},$$

$$\infty_1 - \infty_2 = \frac{1}{\dfrac{1}{\infty_1}} - \frac{1}{\dfrac{1}{\infty_2}} = \frac{\dfrac{1}{\infty_2} - \dfrac{1}{\infty_1}}{\dfrac{1}{\infty_1 \infty_2}} = \frac{0}{0}.$$

定理4.3.5　(洛必达(L'Hospital)法则) $\left(\dfrac{0}{0}\text{型}\right)$ 若函数 $f(x), g(x)$ 满足如

下条件:

(1) $\lim\limits_{x \to x_0} f(x) = \lim\limits_{x \to x_0} g(x) = 0$;

(2) 在点 x_0 的某空心邻域 $U^0(x_0)$ 都可导, 且 $g'(x) \neq 0$;

洛必达

(3) $\lim\limits_{x \to x_0} \dfrac{f'(x)}{g'(x)} = \mathscr{A}$($\mathscr{A}$ 可为实数, 也可为 $\pm\infty$ 或 ∞),

则

$$\lim_{x \to x_0} \frac{f(x)}{g(x)} = \lim_{x \to x_0} \frac{f'(x)}{g'(x)} = \mathscr{A}.$$

证　不妨补充定义 $f(x_0) = g(x_0) = 0$, 使得 $f(x)$ 与 $g(x)$ 在点 x_0 处连续. 任取 $x \in U^0(x_0)$, 由柯西中值定理有

$$\lim_{x \to x_0} \frac{f(x)}{g(x)} = \lim_{x \to x_0} \frac{f(x) - f(x_0)}{g(x) - g(x_0)} = \lim_{x \to x_0} \frac{f'(\xi)}{g'(\xi)} = \lim_{\xi \to x_0} \frac{f'(\xi)}{g'(\xi)} = \mathscr{A}.$$

同样地, 我们有:

定理4.3.6　(洛必达(L'Hospital)法则)$\left(\dfrac{\infty}{\infty}\text{型}\right)$若函数 $f(x), g(x)$ 满足如下条件:

(1) $\lim\limits_{x \to x_0} f(x) = \lim\limits_{x \to x_0} g(x) = \infty$;

(2) 在点 x_0 的某空心邻域 $U^0(x_0)$ 都可导, 且 $g'(x) \neq 0$;

(3) $\lim\limits_{x \to x_0} \dfrac{f'(x)}{g'(x)} = \mathscr{A}$($\mathscr{A}$可为实数, 也可为 $\pm\infty$ 或 ∞),

则

$$\lim_{x \to x_0} \frac{f(x)}{g(x)} = \lim_{x \to x_0} \frac{f'(x)}{g'(x)} = \mathscr{A}.$$

注4.3.8　如果将定理4.3.5、定理4.3.6中的 $x \to x_0$ 换成 $x \to x_0^+$, $x \to x_0^-$, $x \to \pm\infty$, $x \to \infty$, 只要相应地改变条件(2), 也可得到同样的结论.

例4.3.6　求极限 $\lim\limits_{x \to 0} \dfrac{\alpha^x - \beta^x}{x}$ $(\alpha > 0, \beta > 0)$.

解　这是 $\dfrac{0}{0}$ 型待定式极限, 由洛必达法则有

$$\lim_{x \to 0} \frac{\alpha^x - \beta^x}{x} = \lim_{x \to 0} \frac{(\alpha^x - \beta^x)'}{(x)'} = \lim_{x \to 0} \frac{\alpha^x \ln\alpha - \beta^x \ln\beta}{1} = \ln\frac{\alpha}{\beta}.$$

例4.3.7　求极限 $\lim\limits_{x \to 0} \dfrac{\sin x - x \cos x}{\sin^3 x}$.

解　这是 $\dfrac{0}{0}$ 型待定式极限, 应用两次洛必达法则有

$$\lim_{x \to 0} \frac{\sin x - x \cos x}{\sin^3 x} = \lim_{x \to 0} \frac{(\sin x - x \cos x)'}{(\sin^3 x)'} = \lim_{x \to 0} \frac{x}{3 \sin x \cos x}$$

$$= \lim_{x \to 0} \frac{(x)'}{(3\sin x \cos x)'} = \lim_{x \to 0} \frac{1}{3(\cos^2 x - \sin^2 x)} = \frac{1}{3}.$$

例4.3.8　求极限 $\lim\limits_{x \to +\infty} \dfrac{\mathrm{e}^x}{x^3}$.

解　这是 $\dfrac{\infty}{\infty}$ 型待定式极限, 应用洛必达法则有

$$\lim_{x \to +\infty} \frac{\mathrm{e}^x}{x^3} = \lim_{x \to +\infty} \frac{\mathrm{e}^x}{3x^2} = \lim_{x \to +\infty} \frac{\mathrm{e}^x}{6x} = \lim_{x \to +\infty} \frac{\mathrm{e}^x}{6} = +\infty.$$

例4.3.9　求极限 $\lim\limits_{x \to \frac{\pi}{2}} \dfrac{\tan x}{\tan 3x}$.

解　这是 $\dfrac{\infty}{\infty}$ 型待定式极限, 应用洛必达法则有

$$\begin{aligned}
\lim_{x \to \frac{\pi}{2}} \frac{\tan x}{\tan 3x} &= \lim_{x \to \frac{\pi}{2}} \frac{\dfrac{1}{\cos^2 x}}{\dfrac{3}{\cos^2 3x}} = \lim_{x \to \frac{\pi}{2}} \frac{\cos^2 3x}{3\cos^2 x} \\
&= \lim_{x \to \frac{\pi}{2}} \frac{-6\cos 3x \sin 3x}{-6\cos x \sin x} = \lim_{x \to \frac{\pi}{2}} \frac{\sin 6x}{\sin 2x} \\
&= \lim_{x \to \frac{\pi}{2}} \frac{6\cos 6x}{2\cos 2x} = 3.
\end{aligned}$$

例4.3.10　求极限 $\lim\limits_{x \to \infty} x\ln\left(\dfrac{x+\beta}{x-\beta}\right)(\beta \neq 0)$.

解　这是 $\infty \cdot 0$ 型待定式极限, 于是

$$\begin{aligned}
\lim_{x \to \infty} x\ln\left(\frac{x+\beta}{x-\beta}\right) &= \lim_{x \to \infty} \frac{\ln\left(\dfrac{x+\beta}{x-\beta}\right)}{\dfrac{1}{x}} = \lim_{x \to \infty} \frac{\dfrac{x-\beta}{x+\beta} \cdot \dfrac{-2\beta}{(x-\beta)^2}}{-\dfrac{1}{x^2}} \\
&= \lim_{x \to \infty} \frac{2\beta x^2}{x^2 - \beta^2} = 2\beta.
\end{aligned}$$

例4.3.11　求极限 $\lim\limits_{x \to 0} (\cos x)^{\frac{1}{x^2}}$.

解　这是 1^∞ 型待定式极限, 由于

$$(\cos x)^{\frac{1}{x^2}} = \mathrm{e}^{\frac{1}{x^2}\ln \cos x},$$

而

$$\lim_{x \to 0} \frac{\ln \cos x}{x^2} = \lim_{x \to 0} \frac{-\tan x}{2x} = -\frac{1}{2},$$

所以

$$\lim_{x \to 0} (\cos x)^{\frac{1}{x^2}} = \mathrm{e}^{-\frac{1}{2}}.$$

例4.3.12　求极限 $\lim\limits_{x \to 0^+} (\tan x)^{\sin x}$.

解　这是 0^0 型待定式极限, 由于

$$(\tan x)^{\sin x} = \mathrm{e}^{\sin x \ln \tan x},$$

而

$$\lim_{x\to 0^+}\sin x\ln\tan x=\lim_{x\to 0^+}\frac{\ln\tan x}{\dfrac{1}{\sin x}}=\lim_{x\to 0^+}\frac{\dfrac{1}{\tan x\cos^2 x}}{-\dfrac{\cos x}{\sin^2 x}}=\lim_{x\to 0^+}\frac{-\sin x}{\cos^2 x}=0,$$

所以

$$\lim_{x\to 0^+}(\tan x)^{\sin x}=\mathrm{e}^0=1.$$

例4.3.13　求极限 $\displaystyle\lim_{x\to+\infty}x^{\frac{1}{x}}$.

解　这是 ∞^0 型待定式极限, 由于

$$x^{\frac{1}{x}}=\mathrm{e}^{\frac{1}{x}\ln x},$$

而

$$\lim_{x\to+\infty}\frac{\ln x}{x}=\lim_{x\to+\infty}\frac{1/x}{1}=0,$$

所以

$$\lim_{x\to+\infty}x^{\frac{1}{x}}=\mathrm{e}^0=1.$$

例4.3.14　求极限 $\displaystyle\lim_{x\to 1}\left(\frac{1}{\ln x}-\frac{1}{x-1}\right)$.

解　这是 $\infty-\infty$ 型待定式极限, 于是

$$\begin{aligned}\lim_{x\to 1}\left(\frac{1}{\ln x}-\frac{1}{x-1}\right)&=\lim_{x\to 1}\frac{x-1-\ln x}{(x-1)\ln x}=\lim_{x\to 1}\frac{1-\dfrac{1}{x}}{\ln x+\dfrac{x-1}{x}}\\&=\lim_{x\to 1}\frac{x-1}{x\ln x+x-1}=\lim_{x\to 1}\frac{1}{\ln x+1+1}=\frac{1}{2}.\end{aligned}$$

习　题　4.7

习题4.7

1. 求下列极限:

(1) $\displaystyle\lim_{x\to 0}\frac{\tan x-x}{x-\sin x}$;

(2) $\displaystyle\lim_{x\to+\infty}\frac{\ln\left(1+\dfrac{1}{x}\right)}{\arctan x}$;

(3) $\displaystyle\lim_{x\to 0^+}\frac{\ln\sin 2x}{\ln\sin x}$;

(4) $\displaystyle\lim_{x\to 1}(1-x)\tan\frac{\pi x}{2}$;

(5) $\displaystyle\lim_{x\to 0^+}\sin x\ln x$;

(6) $\displaystyle\lim_{x\to 0}\left(\frac{1}{x^2}-\frac{1}{\sin^2 x}\right)$;

(7) $\displaystyle\lim_{x\to\beta}\frac{x^\beta-\beta^x}{x^x-\beta^\beta}\ (\beta>0)$;

(8) $\displaystyle\lim_{x\to 0}\left(\frac{a^x+b^x+c^x}{3}\right)^{\frac{1}{x}}\ (a>0,b>0,c>0)$;

(9) $\lim\limits_{x \to 0} \dfrac{(1+x)^{\frac{1}{x}} - \mathrm{e}}{x}$;   (10) $\lim\limits_{x \to +\infty} \left(\dfrac{\pi}{2} - \arctan x \right)^{\frac{1}{\ln x}}$.

2. 证明: 若函数 $\varphi(x)$ 在点 x 存在二阶导数, 则

$$\lim_{\tau \to 0} \frac{\varphi(x+\tau) + \varphi(x-\tau) - 2\varphi(x)}{\tau^2} = \varphi''(x).$$

3. 设 u, v, w 有连续二阶导数, 计算极限

$$\lim_{h \to 0} \frac{1}{h^3} \begin{vmatrix} u(x) & v(x) & w(x) \\ u(x+h) & v(x+h) & w(x+h) \\ u(x+2h) & v(x+2h) & w(x+2h) \end{vmatrix}.$$

4. 问 α 与 β 取何值时, 有极限

$$\lim_{x \to 0} \left(\frac{\sin 3x}{x^3} + \frac{\alpha}{x^2} + \beta \right) = 0.$$

5. 问 δ 取何值时, 有极限

$$\lim_{x \to +\infty} \left(\frac{x+\delta}{x-\delta} \right)^x = 4.$$

6. 设

$$F(x) = \begin{cases} \dfrac{f(x)}{x}, & x \neq 0, \\ 0, & x = 0, \end{cases}$$

其中 $f(0) = f'(0) = 0, f''(0) = 2010$, 求 $F'(0)$.

7. 讨论

$$F(x) = \begin{cases} \left(\dfrac{(1+x)^{\frac{1}{x}}}{\mathrm{e}} \right)^{\frac{1}{x}}, & x > 0, \\ \mathrm{e}^{-\frac{1}{2}}, & x \leqslant 0 \end{cases}$$

在 $x = 0$ 处的连续性.

8. 设函数 $f(x)$ 满足 $f(0) = 0$, 且 $f'(0)$ 存在, 证明: $\lim\limits_{x \to 0^+} x^{f(x)} = 1$.

9. 设函数 $f(x)$ 在 $(\alpha, +\infty)$ 上可微, 且 $\lim\limits_{x \to +\infty} \big(f'(x) + f(x) \big) = \mathscr{B}$, 证明: $\lim\limits_{x \to +\infty} f(x) = \mathscr{B}$.

4.3.3 泰勒公式

在初等函数中, 多项式是最简单的函数. 现考察多项式

$$f(x) = a_0 + a_1(x - x_0) + a_2(x - x_0)^2 + \cdots + a_n(x - x_0)^n, \tag{4.3.2}$$

则

$$a_0 = f(x_0), \ a_1 = f'(x_0), \ a_2 = \frac{f''(x_0)}{2!}, \ \cdots, \ a_n = \frac{f^{(n)}(x_0)}{n!}. \tag{4.3.3}$$

于是多项式 (4.3.2) 可改写为

$$f(x) = f(x_0) + f'(x_0)(x - x_0) + \frac{f''(x_0)}{2!}(x - x_0)^2 + \cdots + \frac{f^{(n)}(x_0)}{n!}(x - x_0)^n.$$

因此, 多项式 $f(x)$ 的各项系数是由各阶导数唯一确定的. 一个自然的问题是: 若函数 $f(x)$ 在点 x_0 处存在直到 n 阶的导数, 则由这些导数按照(4.3.3)式, 相应地总能写出一个多项式

$$P_n(x) = f(x_0) + f'(x_0)(x - x_0) + \frac{f''(x_0)}{2!}(x - x_0)^2 + \cdots + \frac{f^{(n)}(x_0)}{n!}(x - x_0)^n.$$

那么 $f(x)$ 与 $P_n(x)$ 有何关系?

称多项式 $P_n(x)$ 为函数 $f(x)$ 在点 x_0 处的泰勒(Taylor)多项式; 多项式 $P_n(x)$ 的各项系数 $\dfrac{f^{(k)}(x_0)}{k!}(k = 1, 2, \cdots, n)$ 称为泰勒系数.

定理4.3.7　若函数 $f(x)$ 在点 x_0 存在直至 n 阶导数, 则

泰　勒

$$f(x) = f(x_0) + f'(x_0)(x - x_0) + \frac{f''(x_0)}{2!}(x - x_0)^2 + \cdots + \frac{f^{(n)}(x_0)}{n!}(x - x_0)^n + o\big((x - x_0)^n\big). \quad (4.3.4)$$

证　设

$$R_n(x) = f(x) - P_n(x), \quad Q_n(x) = (x - x_0)^n,$$

于是只需证

$$\lim_{x \to x_0} \frac{R_n(x)}{Q_n(x)} = 0.$$

又显然

$$R_n(x_0) = R_n'(x_0) = \cdots = R_n^{(n)}(x_0) = 0$$

与

$$Q_n(x_0) = Q_n'(x_0) = \cdots = Q_n^{(n-1)}(x_0) = 0, \quad Q_n^{(n-1)}(x_0) = n!.$$

由于 $f^{(n)}$ 存在, 所以在点 x_0 的某邻域 $U(x_0)$ 内 $f(x)$ 存在 $n-1$ 阶导函数 $f^{(n-1)}(x)$. 因此当 $x \in U(x_0)$ 且 $x \to x_0$ 时, 可以使用洛必达法则 $n-1$ 次,

$$
\begin{aligned}
\lim_{x \to x_0} \frac{R_n(x)}{Q_n(x)} &= \lim_{x \to x_0} \frac{R_n'(x)}{Q_n'(x)} = \cdots = \lim_{x \to x_0} \frac{R_n^{(n-1)}(x)}{Q_n^{(n-1)}(x)} \\
&= \lim_{x \to x_0} \frac{f^{(n-1)}(x) - f^{(n-1)}(x_0) - f^{(n)}(x_0)(x - x_0)}{n(n-1)\cdots 2(x - x_0)} \\
&= \frac{1}{n!} \lim_{x \to x_0} \left(\frac{f^{(n-1)}(x) - f^{(n-1)}(x_0)}{x - x_0} - f^{(n)}(x_0) \right) \\
&= 0.
\end{aligned}
$$

注4.3.9　公式(4.3.4)称为函数 $f(x)$ 在点 x_0 处的泰勒(Taylor)公式, $R_n(x) = f(x) - P_n(x)$ 称为泰勒公式的余项, 形如 $o\big((x - x_0)^n\big)$ 的余项称为皮亚诺(Peano)型余项. 因此公式(4.3.4)也称为带有皮亚诺型余项的泰勒公式.

注4.3.10　若公式(4.3.4)中 $x_0 = 0$, 则

皮亚诺

$$f(x) = f(0) + f'(0)x + \frac{f''(0)}{2!}x^2 + \cdots + \frac{f^{(n)}(0)}{n!}x^n + o(x^n)$$

称为麦克劳林(Maclaurin)公式.

定理4.3.8 (泰勒定理)若函数$f(x)$在$[a,b]$上存在直至n阶的连续导数，在(a,b)内存在直至$n+1$阶的导函数，则对任意给定的$x, x_0 \in [a,b]$，至少存在一点$\xi \in (a,b)$，使得

麦克劳林

$$
\begin{aligned}
f(x) &= f(x_0) + f'(x_0)(x-x_0) + \frac{f''(x_0)}{2!}(x-x_0)^2 \\
&\quad + \cdots + \frac{f^{(n)}(x_0)}{n!}(x-x_0)^n + \frac{f^{(n+1)}(\xi)}{(n+1)!}(x-x_0)^{n+1}.
\end{aligned} \tag{4.3.5}
$$

证 作函数

$$\mathscr{F}(t) = f(x) - \left(f(t) + f'(t)(x-t) + \frac{f''(t)}{2!}(x-t)^2 + \cdots + \frac{f^{(n)}(t)}{n!}(x-t)^n \right),$$

$$\mathscr{G}(t) = (x-t)^{n+1}.$$

于是只需证

$$\frac{\mathscr{F}(x_0)}{\mathscr{G}(x_0)} = \frac{f^{(n+1)}(\xi)}{(n+1)!}.$$

不妨设$x_0 < x$，那么$\mathscr{F}(t)$和$\mathscr{G}(t)$在$[x_0, x]$上连续，在(x_0, x)内可导，且

$$\mathscr{F}'(t) = -\frac{f^{(n+1)}(t)}{n!}(x-t)^n \quad \text{和} \quad \mathscr{G}'(t) = -(n+1)(x-t)^n \neq 0.$$

由于$\mathscr{F}(x) = \mathscr{G}(x) = 0$，所以由柯西中值定理有

$$\frac{\mathscr{F}(x_0)}{\mathscr{G}(x_0)} = \frac{\mathscr{F}(x_0) - \mathscr{F}(x)}{\mathscr{G}(x_0) - \mathscr{G}(x)} = \frac{\mathscr{F}'(\xi)}{\mathscr{G}'(\xi)} = \frac{f^{(n+1)}(\xi)}{(n+1)!}.$$

其中$\xi \in (x_0, x) \subset (a, b)$.

注4.3.11 在公式(4.3.5)中，若$n = 0$，则为拉格朗日中值公式

$$f(x) = f(x_0) + f'(\xi)(x - x_0).$$

注4.3.12 公式(4.3.5)同样称为函数$f(x)$在点x_0处的泰勒公式，其余项

$$R_n(x) = f(x) - P_n(x) = \frac{f^{(n+1)}(\xi)}{(n+1)!}(x-x_0)^{n+1}, \quad \xi = x_0 + \theta(x-x_0) \ (0 < \theta < 1)$$

称为拉格朗日型余项. 因此公式(4.3.5)也称为带有拉格朗日型余项的泰勒公式.

注4.3.13 若公式(4.3.5)中$x_0 = 0$，则

$$f(x) = f(0) + f'(0)x + \frac{f''(0)}{2!}x^2 + \cdots + \frac{f^{(n)}(0)}{n!}x^n + \frac{f^{(n+1)}(\theta x)}{(n+1)!}x^{n+1} \ (0 < \theta < 1)$$

也称为麦克劳林公式.

注4.3.14 某些常用函数的麦克劳林公式:

(1) $e^x = 1 + x + \dfrac{x^2}{2!} + \cdots + \dfrac{x^n}{n!} + o(x^n)$,

$\quad e^x = 1 + x + \dfrac{x^2}{2!} + \cdots + \dfrac{x^n}{n!} + \dfrac{e^{\theta x}}{(n+1)!}x^{n+1}, \ 0 < \theta < 1, x \in (-\infty, +\infty)$;

(2) $\sin x = x - \dfrac{x^3}{3!} + \dfrac{x^5}{5!} + \cdots + (-1)^{m-1}\dfrac{x^{2m-1}}{(2m-1)!} + o(x^{2m})$,

$$\sin x = x - \frac{x^3}{3!} + \frac{x^5}{5!} + \cdots + (-1)^{m-1}\frac{x^{2m-1}}{(2m-1)!} + (-1)^m\frac{\cos\theta x}{(2m+1)!}x^{2m+1},$$

$$0 < \theta < 1, x \in (-\infty, +\infty);$$

(3) $\cos x = 1 - \dfrac{x^2}{2!} + \dfrac{x^4}{4!} + \cdots + (-1)^m\dfrac{x^{2m}}{(2m)!} + o(x^{2m+1}),$

$$\cos x = 1 - \frac{x^2}{2!} + \frac{x^4}{4!} + \cdots + (-1)^m\frac{x^{2m}}{(2m)!} + (-1)^{m+1}\frac{\cos\theta x}{(2m+2)!}x^{2m+2},$$

$$0 < \theta < 1, x \in (-\infty, +\infty);$$

(4) $\ln(1+x) = x - \dfrac{x^2}{2} + \dfrac{x^3}{3} + \cdots + (-1)^{n-1}\dfrac{x^n}{n} + o(x^n),$

$$\ln(1+x) = x - \frac{x^2}{2} + \frac{x^3}{3} + \cdots + (-1)^{n-1}\frac{x^n}{n} + (-1)^n\frac{x^{n+1}}{(n+1)(1+\theta x)^{n+1}},$$

$$0 < \theta < 1, x > -1;$$

(5) $\dfrac{1}{1-x} = 1 + x + x^2 + \cdots + x^n + o(x^n),$

$$\frac{1}{1-x} = 1 + x + x^2 + \cdots + x^n + \frac{x^{n+1}}{(1-\theta x)^{n+2}}, \quad 0 < \theta < 1, x < 1.$$

例4.3.15　求极限 $\ln x$ 在 $x=2$ 的泰勒公式.

解　由于

$$\ln x = \ln(2 + (x-2)) = \ln 2 + \ln\left(1 + \frac{x-2}{2}\right),$$

所以

$$\ln x = \ln 2 + \frac{1}{2}(x-2) - \frac{1}{2\cdot 2^2}(x-2)^2 + \cdots + (-1)^{n-1}\frac{1}{n\cdot 2^n}(x-2)^n + o((x-2)^n).$$

例4.3.16　证明: 数 e 是无理数.

证　由于

$$\mathrm{e} = 1 + 1 + \frac{1}{2!} + \cdots + \frac{1}{n!} + \frac{\mathrm{e}^\theta}{(n+1)!}, \quad 0 < \theta < 1,$$

所以

$$n!\mathrm{e} - \left(n! + n! + 3\cdot 4\cdots n + \cdots + n + 1\right) = \frac{\mathrm{e}^\theta}{n+1}.$$

如果 $\mathrm{e} = \dfrac{p}{q}(p, q$ 为正整数), 则当 $n > q$ 时, $n!\mathrm{e}$ 为正整数, 从而上式左边是整数. 因为 $\dfrac{\mathrm{e}^\theta}{n+1} <$

$\dfrac{\mathrm{e}}{n+1} < \dfrac{3}{n+1}$, 所以当 $n \geqslant 2$ 时右边为非整数, 矛盾. 故 e 是无理数.

例4.3.17　求极限 $\lim\limits_{x\to 0}\dfrac{\cos x - \mathrm{e}^{-\frac{x^2}{2}}}{x^4}$.

解　由于

$$\cos x = 1 - \frac{x^2}{2} + \frac{x^4}{24} + o(x^5),$$

$$\mathrm{e}^{-\frac{x^2}{2}} = 1 - \frac{x^2}{2} + \frac{x^4}{8} + o(x^5),$$

所以

$$\cos x - \mathrm{e}^{-\frac{x^2}{2}} = -\frac{x^4}{12} + o(x^5).$$

因此

$$\lim_{x \to 0} \frac{\cos x - \mathrm{e}^{-\frac{x^2}{2}}}{x^4} = \lim_{x \to 0} \frac{-\dfrac{x^4}{12} + o(x^5)}{x^4} = -\frac{1}{12}.$$

习题4.8

习 题 4.8

1. 求下列函数在指定点的泰勒公式(展开到指定的n次):

(1) $f(x) = \sin x$, 在$x = \dfrac{\pi}{4}$, $n = 6$;

(2) $f(x) = \mathrm{e}^{\sin x}$, 在$x = 0$, $n = 4$;

(3) $f(x) = \sqrt{3 + \sin x}$, 在$x = 0$, $n = 3$;

(4) $f(x) = x^5 - x^2 + 2x - 1$, 在$x = -1$, $n = 6$;

(5) $f(x) = \sqrt{1 - 2x + x^3} - \sqrt[3]{1 - 3x + x^2}$, 在$x = 0$, $n = 3$;

(6) $f(x) = \tan x$, 在$x = 0$, $n = 5$;

(7) $F(x) = \begin{cases} \mathrm{e}^{\frac{x}{x-1}}, & x \neq 0, \\ 1, & x = 0, \end{cases}$ 在$x = 0$, $n = 4$;

(8) $G(x) = \begin{cases} \ln\dfrac{\sin x}{x}, & x \neq 0, \\ 0, & x = 0, \end{cases}$ 在$x = 0$, $n = 5$.

2. 利用函数的泰勒公式求下列函数极限:

(1) $\displaystyle\lim_{x \to 0} \frac{\mathrm{e}^x \sin x - x(1 + x)}{x^3}$;

(2) $\displaystyle\lim_{x \to 0} \frac{\ln(1 + \sin^2 x) - 6(\sqrt[3]{2 - \cos x} - 1)}{x^4}$;

(3) $\displaystyle\lim_{x \to 0} \left(\frac{1}{x} - \csc x \right)$;

(4) $\displaystyle\lim_{x \to \infty} \left(x - x^2 \ln\left(1 + \frac{1}{x} \right) \right)$.

3. 证明: $\displaystyle\lim_{n \to \infty} n \sin(2\pi \mathrm{e} n!) = 2\pi$.

4. 证明: 若函数$f(x)$在$[\alpha, \beta]$上存在二阶导数, 且$f'(\alpha) = f'(\beta) = 0$, 则在$(\alpha, \beta)$内存在一

点 ξ, 使

$$|f''(\xi)| \geqslant \frac{4}{(\beta - \alpha)^2}|f(\beta) - f(\alpha)|.$$

5. 证明: 若函数 $f(x)$ 在 $[0,1]$ 上存在二阶导数, 且 $f(0) = f(1) = 0$, $\min\{f(x) : x \in [0,1]\} = -1$, 则在 $(0,1)$ 内存在一点 ξ, 使

$$f''(\xi) \geqslant 8.$$

6. 证明: 若函数 $f(x)$ 在 $(\alpha, +\infty)$ 内存在二阶导数, 设

$$\Lambda_k = \sup\{|f^{(k)}(x)| : x \in (\alpha, +\infty)\}, \quad k = 0, 1, 2, \quad f^{(0)}(x) = f(x),$$

则

$$\Lambda_1^2 \leqslant 4\Lambda_0 \Lambda_2.$$

7. 证明: 若函数 $f(x)$ 在 $(-\infty, +\infty)$ 内存在二阶导数, 设

$$\Lambda_k = \sup\{|f^{(k)}(x)| : x \in (-\infty, +\infty)\}, \quad k = 0, 1, 2, \quad f^{(0)}(x) = f(x),$$

则

$$\Lambda_1^2 \leqslant 2\Lambda_0 \Lambda_2.$$

8. 证明: 若函数 $f(x)$ 在 $(-\infty, +\infty)$ 内存在任意阶导数, 则对任意自然数 n 和任意 α, 有

$$\lim_{x \to \alpha} \frac{\mathrm{d}^n}{\mathrm{d}x^n}\left[\frac{f(x) - f(\alpha)}{x - \alpha}\right] = \frac{f^{(n+1)}(\alpha)}{n+1}.$$

9. 证明: 若函数 $f^{(n+1)}(x)$ 在点 α 的邻域内连续,

$$f(\alpha + \tau) = f(\alpha) + \tau f'(\alpha) + \cdots + \frac{\tau^n}{n!}f^{(n)}(\alpha + \theta\tau), \quad 0 < \theta < 1,$$

且 $f^{(n+1)}(x) \neq 0$, 则

$$\lim_{\tau \to 0} \theta = \frac{1}{n+1}.$$

4.3.4　函数的单调性与极值

定理4.3.9　若函数 $f(x)$ 在 (a,b) 内可导, 则 $f(x)$ 在 (a,b) 内单调增加(减少)的必要充分条件是 $f'(x) \geqslant 0(f'(x) \leqslant 0)$.

证　如果 $f(x)$ 是单调增加的, 则对 $\forall \alpha \in (a,b)$, 当 $x \neq \alpha$ 时, 有

$$f'(\alpha) = \lim_{x \to \alpha} \frac{f(x) - f(\alpha)}{x - \alpha} \geqslant 0,$$

即 $f'(\alpha) \geqslant 0$.

如果 $f(x)$ 在 (a,b) 内 $f'(x) \geqslant 0$, 则对 $\forall x_1, x_2 \in (a,b), x_1 < x_2$, 由拉格朗日中值定理有

$$f(x_2) - f(x_1) = f'(\xi)(x_2 - x_1) \geqslant 0,$$

于是 $f(x)$ 在 (a,b) 内单调增加.

定理4.3.10　若函数 $f(x)$ 在 (a,b) 内可导, 则 $f(x)$ 在 (a,b) 内严格单调增加(减少)的必要充分条件是 $f'(x) \geqslant 0(f'(x) \leqslant 0)$, 且在 (a,b) 内任何子区间上 $f'(x) \neq 0$.

证 如果$f(x)$是严格单调增加的, 则由定理4.3.9有

$$f'(x) \geqslant 0.$$

若存在子区间$[\alpha, \beta] \subset (a, b)$, 使得当$x \in [\alpha, \beta]$时, 有

$$f'(x) \equiv 0.$$

则$f(x)$在$[\alpha, \beta]$上是常数, 这与$f(x)$是严格单调增加矛盾.

反之, 若$f'(x) \geqslant 0$, 且在(a, b)内任何子区间上$f'(x) \neq 0$, 则由定理4.3.9知$f(x)$在(a, b)内单调增加, 于是对$\forall x_1, x_2 \in (a, b), x_1 < x_2$, 有

$$f(x_1) \leqslant f(x_2).$$

此时若$f(x_1) = f(x_2)$, 那么$f(x)$在$[x_1, x_2]$上是常数, 从而在$[x_1, x_2]$上$f'(x) \equiv 0$, 矛盾.

注4.3.15 若函数$f(x)$在(a, b)内可导, 且$f'(x) > 0 (f'(x) < 0)$, 则$f(x)$在(a, b)内严格单调增加(减少).

注4.3.16 若函数$\mathscr{A}(x), \mathscr{B}(x)$满足下列条件:

(1) 在闭区间$[a, b]$可导;

(2) 在开区间(a, b)内$\mathscr{A}'(x) > \mathscr{B}'(x) \ \ (\mathscr{A}'(x) < \mathscr{B}'(x))$;

(3) $\mathscr{A}(a) = \mathscr{B}(a) \ \ (\mathscr{A}(b) = \mathscr{B}(b))$,

则在开区间(a, b)内有$\mathscr{A}(x) > \mathscr{B}(x)$.

定理4.3.11 (极值的第一充分条件) 若函数$f(x)$在点x_0连续, 在某邻域$U^0(x_0; \delta)$内可导.

(1) 若对$\forall x \in (x_0 - \delta, x_0) \cup (x_0, x_0 + \delta)$ 有$(x - x_0)f'(x) \geqslant 0$, 则$f(x)$在点$x_0$取得极小值.

(2) 若对$\forall x \in (x_0 - \delta, x_0) \cup (x_0, x_0 + \delta)$ 有$(x - x_0)f'(x) \leqslant 0$, 则$f(x)$在点$x_0$取得极大值.

证 下面仅证(1), 类似地可证(2).

由条件知, $f(x)$在$(x_0 - \delta, x_0)$内单调递减, 在$(x_0, x_0 + \delta)$内单调增加. 由于$f(x)$在点x_0连续, 故对$\forall x \in (x_0 - \delta, x_0 + \delta)$有

$$f(x) \geqslant f(x_0),$$

即$f(x)$在点x_0取得极小值.

定理4.3.12 (极值的第二充分条件) 若函数$f(x)$在x_0的某邻域$U(x_0; \delta)$内一阶可导, 在x_0处二阶可导, 且$f'(x_0) = 0, \ f''(x_0) \neq 0$.

(1) 若$f''(x_0) < 0$, 则$f(x)$在点x_0取得极大值;

(2) 若$f''(x_0) > 0$, 则$f(x)$在点x_0取得极小值.

证 由条件知, $f(x)$在x_0处的二阶泰勒公式为

$$
\begin{aligned}
f(x) - f(x_0) &= \frac{f''(x_0)}{2}(x - x_0)^2 + o((x - x_0)^2) \\
&= \left[\frac{f''(x_0)}{2} + o(1)\right](x - x_0)^2.
\end{aligned}
\tag{4.3.6}
$$

因 $f''(x_0) \neq 0$, 所以存在正数 $\delta' \leqslant \delta$, 当 $x \in U(x_0; \delta')$ 时, $\dfrac{f''(x_0)}{2}$ 与 $\dfrac{f''(x_0)}{2} + o(1)$ 同号. 因此, 当 $f''(x_0) < 0$ 时, 由 (4.3.6) 式, 有 $f(x) - f(x_0) < 0$, 从而 $f(x)$ 在点 x_0 取得极大值. 同样当 $f''(x_0) > 0$ 时, 由 (4.3.6) 式, 有 $f(x) - f(x_0) > 0$, 从而 $f(x)$ 在点 x_0 取得极小值.

注 4.3.17 若函数 $f(x)$ 在 x_0 的某邻域内存在直到 $n-1$ 阶导数, 在 x_0 处 n 阶可导, 且 $f^{(k)}(x_0) = 0 \ (k = 1, 2, \cdots, n-1)$, $f^{(n)}(x_0) \neq 0$.

(1) 当 n 为偶数时, $f(x)$ 在点 x_0 取得极值, 且 $f^{(n)}(x_0) < 0$ 时取得极大值, $f^{(n)}(x_0) > 0$ 时取得极小值;

(2) 当 n 为奇数时, $f(x)$ 在点 x_0 不取得极值.

例 4.3.18 设 $f(x) = (x-1)^2(x-2)^3$, 讨论 $f(x)$ 的单调区间.

注 4.3.17

解 由于

$$
\begin{aligned}
f'(x) &= 2(x-1)(x-2)^3 + 3(x-1)^2(x-2)^2 \\
&= (x-1)(x-2)^2(5x-7).
\end{aligned}
$$

令 $f'(x) = 0$, 得解 $x_1 = 1, x_2 = \dfrac{7}{5}, x_3 = 2$. 因此

x	$(-\infty, 1)$	$(1, \dfrac{7}{5})$	$(\dfrac{7}{5}, 2)$	$(2, +\infty)$
$f'(x)$	$+$	$-$	$+$	$+$
$f(x)$	↗	↘	↗	↗

例 4.3.19 证明不等式 $\mathrm{e}^x > 1 + x, \quad x \neq 0$.

证 设 $f(x) = \mathrm{e}^x - 1 - x$, 则 $f'(x) = \mathrm{e}^x - 1$. 所以 $xf'(x) > 0 \ (x \neq 0)$. 又由于 $f(x)$ 在 $x = 0$ 处连续, 则当 $x \neq 0$ 时, 有 $f(x) > f(0) = 0$, 即

$$
\mathrm{e}^x > 1 + x, \quad x \neq 0.
$$

例 4.3.20 求函数 $f(x) = (2x-5)\sqrt[3]{x^2}$ 的极值点与极值.

解 由于 $f(x) = (2x-5)\sqrt[3]{x^2} = 2x^{\frac{5}{3}} - 5x^{\frac{2}{3}}$ 在 $(-\infty, +\infty)$ 内连续, 且当 $x \neq 0$ 时, 有

$$
f'(x) = \frac{10}{3} \frac{x-1}{\sqrt[3]{x}}.
$$

于是, $x = 1$ 是 $f(x)$ 的稳定点, $x = 0$ 是 $f(x)$ 的不可导点. 故列表如下:

x	$(-\infty, 0)$	0	$(0, 1)$	1	$(1, +\infty)$
$f'(x)$	$+$	不存在	$-$	0	$+$
$f(x)$	↗	0	↘	-3	↗

因此, 点 $x = 0$ 是 $f(x)$ 的极大值点, 且极大值 $f(0) = 0$; 点 $x = 1$ 是 $f(x)$ 的极小值点, 且极小值 $f(1) = -3$.

例 4.3.21 求函数 $f(x) = x^4(x-1)^3$ 的极值.

解 由于

$$f'(x) = x^3(x-1)^2(7x-4),$$

因此 $x = 0, 1, \dfrac{4}{7}$ 是函数 $f(x)$ 的三个稳定点. 又

$$f''(x) = 6x^2(x-1)(7x^2 - 8x + 2),$$

这样, $f''(0) = f''(1) = 0$ 及 $f''\left(\dfrac{4}{7}\right) > 0$. 所以点 $x = \dfrac{4}{7}$ 是 $f(x)$ 的极小值点, 且极小值为

$$f\left(\frac{4}{7}\right) = -\left(\frac{4}{7}\right)^4\left(\frac{3}{7}\right)^3.$$

又由于

$$f'''(x) = 6x(35x^3 - 60x^2 + 30x - 4),$$

所以 $f'''(0) = 0, f'''(1) > 0$. 由于 $n = 3$ 是奇数, 这样点 $x = 1$ 不是 $f(x)$ 的极值点.

又因为

$$f^{(4)}(x) = 24(35x^3 - 45x^2 + 15x - 1),$$

故 $f^{(4)}(0) < 0$. 因 $n = 4$ 是偶数, 这样 $x = 0$ 是 $f(x)$ 的极大值点, 且极大值为

$$f(0) = 0.$$

例4.3.22 求函数 $f(x) = -2x^3 + 6x^2 + 18x - 1$ 在闭区间 $[-2, 4]$ 上的最大值与最小值.

解 由于函数 $f(x)$ 在闭区间 $[-2, 4]$ 上连续, 所以必存在最大值与最小值. 又

$$f'(x) = -6x^2 + 12x + 18 = -6(x+1)(x-3),$$

因此 $x = -1, 3$ 是函数 $f(x)$ 的二个稳定点. $x = -1$ 是 $f(x)$ 的极小值点, 且极小值为 $f(-1) = -11$; $x = 3$ 是 $f(x)$ 的极大值点, 且极大值为 $f(3) = 53$.

由于 $f(-2) = 3, f(4) = 39$. 故 $f(x)$ 在 $x = -1$ 处取最小值 -11, 在 $x = 3$ 处取最大值 53.

习　题　4.9

习题4.9

1. 讨论下列函数的单调区间:

(1) $f(x) = x^3 - 3x + 1$;

(2) $f(x) = 2x^2 - \ln x$;

(3) $f(x) = \dfrac{x}{1+x^2}$;

(4) $f(x) = (x+2)^4(x-1)^3$;

(5) $f(x) = \sqrt{2x - x^2}$;

(6) $f(x) = \mathrm{e}^{-x}\sin x$.

2. 证明下列不等式:

(1) $x - \dfrac{x^3}{6} < \sin x < x, \quad x \in (0, +\infty)$;

(2) $x - \dfrac{x^3}{3} < \tan x, \quad x \in \left(0, \dfrac{\pi}{2}\right)$;

(3) $x - \dfrac{x^2}{2} < \ln(1 + x) < x - \dfrac{x^2}{2(1 + x)}, \quad x \in (0, +\infty)$;

(4) $\dfrac{\tan x}{x} > \dfrac{x}{\sin x}, \quad x \in \left(0, \dfrac{\pi}{2}\right)$;

(5) $\dfrac{2}{\pi} x < \sin x < x, \quad x \in \left(0, \dfrac{\pi}{2}\right)$.

3. 求下列函数的极值:

(1) $f(x) = 2010x^4 - x^3$;　　　　　　　　　(2) $f(x) = x - \sin x$;

(3) $f(x) = \dfrac{2x}{2 + x^2}$;　　　　　　　　　(4) $f(x) = \arctan x + \dfrac{1}{2}x^2$;

(5) $f(x) = xe^{-x}$;　　　　　　　　　　(6) $f(x) = \dfrac{\ln^2 x}{x}$.

4. 求下列函数在给定区间上的最大值与最小值:

(1) $f(x) = 3^x, \ x \in [-1, 4]$;　　　(2) $f(x) = 2\tan x - \sin^2 x, \ x \in \left[0, \dfrac{\pi}{2}\right)$;

(3) $f(x) = x\ln x, \ x \in (0, e]$;　　　(4) $f(x) = \sin^3 x + \cos^3 x, \ x \in \left[0, \dfrac{3\pi}{4}\right]$.

5. 问 $\alpha, \beta, \delta, \gamma$ 取何值时, 函数 $f(x) = \alpha x^3 + \beta x^2 + \delta x + \gamma$ 在 $x = -1$ 有极大值8, 在 $x = 2$ 有极小值 -19.

6. 设函数 $f(x)$ 满足 $xf''(x) + 3x[f'(x)]^2 = 1 - e^x, \ f'(x_0) = 0$, 问 x_0 是否为 $f(x)$ 的极值点.

7. 求最小正数 α, 使得

$$5x^2 + \alpha x^{-5} \geqslant 24 \ (x > 0).$$

8. 求最小正数 α, 使得

$$(1 + x^{-1})^{x + \alpha} > e \ (x > 0).$$

9. 设函数 $f(x)$ 满足

$$f''(x) + f'(x)g(x) - f(x) = 0,$$

其中 $g(x)$ 为任一函数. 证明: 若 $f(x_1) = f(x_2) = 0$, 则 $f(x) \equiv 0, \ \forall x \in [x_1, x_2]$.

10. 构造一整数系数多项式 $\alpha x^2 - \beta x + \delta$, 在 $(0, 1)$ 内有两个相异的根, 并给出满足此条件 α 的最小正整数.

11. 设函数 $f(x)$ 在 (α, β) 内存在二阶导数, 且存在 $\xi \in (\alpha, \beta)$, 使 $f''(\xi) > 0$. 证明: 存在 $x_1, x_2 \in (\alpha, \beta)$, 使得

$$\frac{f(x_2) - f(x_1)}{x_2 - x_1} = f'(\xi).$$

4.3.5　函数的凸性与拐点

定义4.3.2　设函数$f(x)$定义在区间Λ上, 如果对任意$x_1, x_2 \in \Lambda$和任意实数$\lambda \in (0,1)$, 有

$$f(\lambda x_1 + (1-\lambda)x_2) \leqslant \lambda f(x_1) + (1-\lambda)f(x_2), \tag{4.3.7}$$

则称$f(x)$为Λ上的凸函数. 反之, 如果有

$$f(\lambda x_1 + (1-\lambda)x_2) \geqslant \lambda f(x_1) + (1-\lambda)f(x_2), \tag{4.3.8}$$

则称$f(x)$为Λ上的凹函数.

如果(4.3.7)、(4.3.8)式中的不等式改为严格不等式, 则相应的函数称为严格凸函数和严格凹函数(图4.3.4).

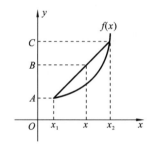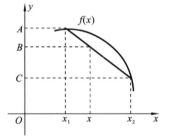

图4.3.4

注4.3.18　函数$f(x)$为区间Λ上凸函数的必要充分条件是: 对于Λ上的任意三点$x_1 < x_2 < x_3$, 总有

$$\frac{f(x_2) - f(x_1)}{x_2 - x_1} \leqslant \frac{f(x_3) - f(x_2)}{x_3 - x_2}.$$

如图4.3.5所示.

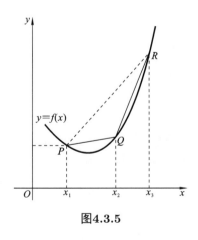

图4.3.5

注4.3.19　函数$f(x)$为区间Λ上凸函数的必要充分条件是: 对于Λ上的任意三点$x_1 < x_2 < x_3$, 总有

$$\frac{f(x_2) - f(x_1)}{x_2 - x_1} \leqslant \frac{f(x_3) - f(x_1)}{x_3 - x_1} \leqslant \frac{f(x_3) - f(x_2)}{x_3 - x_2}.$$

定理4.3.13　若函数 $f(x)$ 为区间 Λ 上的可导函数, 则下述结论等价:

(1) $f(x)$ 为 Λ 上的凸函数;

(2) $f'(x)$ 为 Λ 上的单调增加函数;

(3) 对于 Λ 上的任意二点 x_1, x_2, 有

$$f(x_2) \geqslant f(x_1) + f'(x_1)(x_2 - x_1).$$

证　(1) $\Rightarrow$ (2). 对 $\forall x_1, x_2 \in \Lambda (x_1 < x_2)$ 和充分小的正数 h. 由 $x_1 - h < x_1 < x_2 < x_2 + h$ 及 $f(x)$ 的凸性(注4.3.18), 有

$$\frac{f(x_1) - f(x_1 - h)}{h} \leqslant \frac{f(x_2) - f(x_1)}{x_2 - x_1} \leqslant \frac{f(x_2 + h) - f(x_2)}{h}.$$

又由 $f(x)$ 是可导的, 令 $h \to 0^+$ 得

$$f'(x_1) \leqslant \frac{f(x_2) - f(x_1)}{x_2 - x_1} \leqslant f'(x_2),$$

即 $f'(x)$ 为 Λ 上的单调增加函数.

(2) $\Rightarrow$ (3). 对 $\forall x_1, x_2 \in \Lambda (x_1 < x_2)$, 由拉格朗日中值定理和 $f'(x)$ 为 Λ 上的单调增加函数, 有

$$f(x_2) = f(x_1) + f'(\xi)(x_2 - x_1) \geqslant f(x_1) + f'(x_1)(x_2 - x_1).$$

(3) $\Rightarrow$ (1). 对 $\forall x_1, x_2 \in \Lambda (x_1 < x_2)$, $\forall \lambda \in (0, 1)$, 令 $x_3 = \lambda x_1 + (1 - \lambda)x_2$, 由(3)有

$$\begin{aligned}
f(x_1) &\geqslant f(x_3) + f'(x_3)(x_1 - x_3) \\
&= f(x_3) + (1 - \lambda)f'(x_3)(x_1 - x_2), \\
f(x_2) &\geqslant f(x_3) + f'(x_3)(x_2 - x_3) \\
&= f(x_3) + \lambda f'(x_3)(x_2 - x_1).
\end{aligned}$$

这样由上面两式可推得

$$\lambda f(x_1) + (1 - \lambda)f(x_2) \leqslant f(x_3) = f(\lambda x_1 + (1 - \lambda)x_2).$$

即 $f(x)$ 为 Λ 上的凸函数.

注4.3.20　定理4.3.13中的结论(3)有明显的几何意义: 曲线 $y = f(x)$ 总是在它任一点切线的上方(图4.3.6).

注4.3.21　设函数 $f(x)$ 为区间 Λ 上二阶可导函数, 则 $f(x)$ 为 Λ 上凸(凹)函数的必要充分条件是:

$$f''(x) \geqslant 0 \ (f''(x) \leqslant 0), \quad x \in \Lambda.$$

定义4.3.3　设函数 $y = f(x)$ 定义在点 $(x_0, f(x_0))$ 处有穿过曲线的切线, 且在切点近旁, 曲线在切线的两侧分别是严格凸和严格凹的, 则称点 $(x_0, f(x_0))$ 为曲线 $y = f(x)$ 的拐点(图4.3.7).

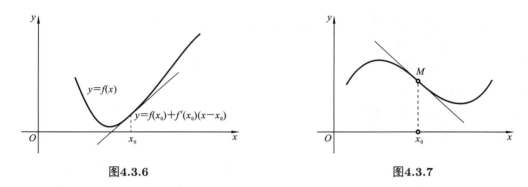

图4.3.6　　　　　　　　　　　　　　图4.3.7

注4.3.22　　若函数$y = f(x)$在点x_0处二阶可导, 则$(x_0, f(x_0))$为曲线$y = f(x)$的拐点的必要充分条件是:

$$f''(x_0) = 0.$$

注4.3.23　　若$(x_0, f(x_0))$是曲线$y = f(x)$的一个拐点, 但$y = f(x)$在点x_0处不一定可导.

例4.3.23　　讨论函数$f(x) = \dfrac{1}{12}x^4 - x^3 - 8x^2 + x + 1$的凸(凹)性和拐点.

解　　由于

$$f'(x) = \frac{1}{3}x^3 - 3x^2 - 16x + 1, \quad f''(x) = x^2 - 6x - 16.$$

令$f''(x) = 0$, 得解$x = -2, 8$. 于是函数$f(x)$在$(-\infty, -2)$与$(8, +\infty)$内是凸的, 在$(-2, 8)$内是凹的. 点$(-2, f(-2))$和点$(8, f(8))$为曲线$y = f(x)$的拐点. 现列表如下:

x	$(-\infty, -2)$	-2	$(-2, 8)$	8	$(8, +\infty)$
$f''(x)$	+	0	−	0	+
$f(x)$	凸	拐点$(-2, f(-2))$	凹	拐点$(8, f(8))$	凸

例4.3.24　　证明: $(\alpha\beta\gamma)^{\frac{\alpha+\beta+\gamma}{3}} \leqslant \alpha^\alpha \beta^\beta \gamma^\gamma$, 其中$\alpha, \beta, \gamma > 0$.

证　　设$f(x) = x \ln x, x > 0$. 由于

$$f''(x) = \frac{1}{x},$$

所以, $f(x) = x \ln x$在$x > 0$时为严格凸函数. 于是

$$f\left(\frac{\alpha + \beta + \gamma}{3}\right) \leqslant \frac{1}{3}\Big(f(\alpha) + f(\beta) + f(\gamma)\Big).$$

从而

$$\frac{\alpha + \beta + \gamma}{3} \ln \frac{\alpha + \beta + \gamma}{3} \leqslant \frac{1}{3}\Big(\alpha \ln \alpha + \beta \ln \beta + \gamma \ln \gamma\Big),$$

即

$$\left(\frac{\alpha + \beta + \gamma}{3}\right)^{\alpha+\beta+\gamma} \leqslant \alpha^\alpha \beta^\beta \gamma^\gamma.$$

因此

$$(\alpha\beta\gamma)^{\frac{\alpha+\beta+\gamma}{3}} \leqslant \left(\frac{\alpha + \beta + \gamma}{3}\right)^{\alpha+\beta+\gamma} \leqslant \alpha^\alpha \beta^\beta \gamma^\gamma.$$

习　题　4.10

1. 讨论下列函数的凸(凹)性和拐点:

(1) $f(x) = \arctan x$;　　　　　　　　　(2) $f(x) = \mathrm{e}^{-x^2}$;

(3) $f(x) = x \arctan \dfrac{1}{x}$;　　　　　　　(4) $f(x) = 2x^2 - 3x + 1$;

(5) $f(x) = \ln(x^2 + 1)$;　　　　　　　(6) $f(x) = \mathrm{e}^{-x} \sin x$.

2. 问 α, β 为何值时, 点 $(2,3)$ 为曲线 $y = \alpha x^3 + \beta x^2$ 的拐点.

3. 证明下列不等式:

(1) $\left(\dfrac{\alpha + \beta}{2} \right)^n \leqslant \dfrac{1}{2}(\alpha^n + \beta^n), \quad \alpha, \beta > 0, n > 1$;

(2) $\mathrm{e}^{\frac{\alpha + \beta}{2}} \leqslant \dfrac{1}{2}(\mathrm{e}^\alpha + \mathrm{e}^\beta), \quad \alpha, \beta \in (-\infty, +\infty)$;

(3) $(\alpha + \beta) \ln \dfrac{\alpha + \beta}{2} \leqslant \alpha \ln \alpha + \beta \ln \beta, \quad \alpha, \beta > 0$;

(4) $2 \arctan \left(\dfrac{\alpha + \beta}{2} \right) \geqslant \arctan \alpha + \arctan \beta, \quad \alpha, \beta > 0$.

4. 证明: 函数为区间 $\varLambda$ 上凸函数的必要充分条件是: 对于 $\varLambda$ 上的任意三点 $x_1 < x_2 < x_3$, 总有

$$\varDelta = \begin{vmatrix} 1 & x_1 & f(x_1) \\ 1 & x_2 & f(x_2) \\ 1 & x_3 & f(x_3) \end{vmatrix} \geqslant 0.$$

5. 证明Hölder不等式:

$$\sum_{k=1}^{n} \alpha_k \beta_k \leqslant \left(\sum_{k=1}^{n} \alpha_k^p \right)^{\frac{1}{p}} \left(\sum_{k=1}^{n} \beta_k^q \right)^{\frac{1}{q}},$$

其中 $\alpha_k, \beta_k > 0 (k = 1, 2, \cdots, n), p > 1, \dfrac{1}{p} + \dfrac{1}{q} = 1$.

4.3.6　曲线的渐近线与函数的图像

定义4.3.4　若曲线 C 上的动点 P 沿着曲线无限地远离原点时, 点 P 与某条定直线 l 的距离趋于0, 则称直线 l 为曲线 C 上的渐近线(图4.3.8).

曲线的渐近线有两类: 垂直渐近线 $x = x_0$ 和斜渐近线 $y = kx + b$.

(1) 垂直渐近线. 若函数 $f(x)$ 满足

$$\lim_{x \to x_0} f(x) = \infty \quad 或 \quad \lim_{x \to x_0^+} f(x) = \infty \quad 或 \quad \lim_{x \to x_0^-} f(x) = \infty,$$

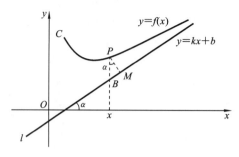

图4.3.8

则直线 $x = x_0$ 为曲线 $y = f(x)$ 上的垂直渐近线.

(2) 斜渐近线. 若曲线 $y = f(x)$ 有斜渐近线 $y = kx + b$, 则

$$\begin{cases} k = \lim\limits_{x \to \infty} \dfrac{f(x)}{x}, \\ b = \lim\limits_{x \to \infty} \big(f(x) - kx \big). \end{cases}$$

事实上, 如图4.3.8所示, 曲线上动点 P 到斜渐近线 $y = kx + b$ 的距离为

$$|PM| = |PB \cos \alpha| = |f(x) - (kx + b)| \frac{1}{\sqrt{1 + k^2}}.$$

由渐近线的定义, 当 $x \to +\infty$ 时, $|PM| \to 0$, 于是

$$\lim_{x \to \infty} \big(f(x) - (kx + b) \big) = 0,$$

即

$$b = \lim_{x \to \infty} \big(f(x) - kx \big).$$

又由

$$\lim_{x \to \infty} \left(\frac{f(x)}{x} - k \right) = \lim_{x \to \infty} \frac{1}{x} \big(f(x) - kx \big) = 0,$$

有

$$k = \lim_{x \to \infty} \frac{f(x)}{x}.$$

在坐标系作出函数的图像, 能直观地研究函数的某些性态. 作函数图像的一般步骤是:

(1) 求函数的定义域;

(2) 考察函数的某些特殊性质, 如周期性、奇偶性;

(3) 考察函数的某些特殊点, 如不连续点、不可导点、与两个坐标轴的交点;

(4) 确定函数的单调区间、极值点、凸性区间和拐点;

(5) 确定函数的渐近线;

(6) 作出函数的图像.

例4.3.25 求曲线 $f(x) = \dfrac{(x-3)^2}{4(x-1)}$ 的渐近线.

解 由于 $\lim\limits_{x \to 1} f(x) = \infty$, 所以 $x = 1$ 是曲线的垂直渐近线.

由于

$$k = \lim_{x \to \infty} \frac{f(x)}{x} = \lim_{x \to \infty} \frac{(x-3)^2}{4x(x-1)} = \frac{1}{4},$$

$$b = \lim_{x \to \infty} \left(f(x) - kx \right) = \lim_{x \to \infty} \left(\frac{(x-3)^2}{4(x-1)} - \frac{1}{4}x \right) = -\frac{5}{4}.$$

所以直线 $y = \frac{1}{4}x - \frac{5}{4}$ 是曲线的斜渐近线.

例4.3.26　讨论函数 $f(x) = \dfrac{x^3 - 3x^2 + 3x + 1}{x-1}$ 的性态, 并作出其图像.

解　由于

$$f(x) = (x-1)^2 + \frac{2}{x-1},$$

所以函数 $f(x)$ 的定义域为 $(-\infty, 1) \cup (1, +\infty)$.

求一阶导数:

$$f'(x) = \frac{2[(x-1)^3 - 1]}{(x-1)^2},$$

由此得到稳定点 $x = 2$.

求二阶导数:

$$f''(x) = \frac{2[(x-1)^3 + 2]}{(x-1)^3}.$$

解得 $\alpha = 1 + \sqrt[3]{-2}$.

求渐近线: 由于 $\lim\limits_{x \to 1} f(x) = \infty$, 所以 $x = 1$ 是曲线的垂直渐近线.

现列表如下, 并说明函数的性态.

x	$(-\infty, \alpha)$	α	$(\alpha, 1)$	$(1, 2)$	2	$(2, +\infty)$
$f'(x)$	$-$	$-$	$-$	$-$	0	$+$
$f''(x)$	$+$	0	$-$	$+$	$+$	$+$
$f(x)$	凹 ↗	拐点 $(\alpha, 0)$	凸 ↘	凹 ↘	极小值 3	凹 ↗

此函数的图像如图4.3.9所示.

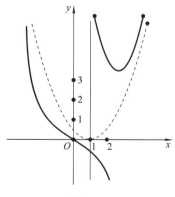

图4.3.9

习题4.11

习　题　4.11

1. 求下列曲线的渐近线:

(1) $f(x) = \dfrac{x^3}{x^2 + 2x - 3}$;

(2) $f(x) = \dfrac{x^2 + 2x - 1}{x}$;

(3) $\dfrac{x^2}{\alpha^2} - \dfrac{y^2}{\beta^2} = 1$;

(4) $f(x) = x \ln\left(\mathrm{e} + \dfrac{1}{x}\right)$.

2. 讨论下列函数的性态, 并作出其图像:

(1) $f(x) = \mathrm{e}^{-x^2}$;

(2) $f(x) = \dfrac{x^2}{2(x+1)^2}$;

(3) $\ln\dfrac{1+x}{1-x}$;

(4) $f(x) = \sqrt[3]{x^3 - x^2 - x + 1}$.

4.3.7　应用事例与探究课题

1. 应用事例

例4.3.27　设 $0 < \alpha_1 < \pi$, $\alpha_{n+1} = \sin \alpha_n (n = 1, 2, \ldots)$, 证明: $\lim\limits_{n\to\infty} \sqrt{n}\,\alpha_n = \sqrt{3}$.

证　易知 $\{\alpha_n\}$ 为递减收敛于零的数列. 由L'Hospital法则, 有

$$\lim_{x\to 0} \frac{x^2 - \sin^2 x}{x^2 \sin^2 x} = \frac{1}{3}.$$

由此即知

$$\lim_{n\to\infty}\left(\frac{1}{\alpha_{n+1}^2} - \frac{1}{\alpha_n^2}\right) = \frac{1}{3}, \quad \lim_{n\to\infty}\frac{1}{n}\sum_{k=1}^{n}\left(\frac{1}{\alpha_{k+1}^2} - \frac{1}{\alpha_k^2}\right) = \frac{1}{3}.$$

从而得证.

例4.3.28　证明不等式

$$\frac{1}{\ln 2} - 1 < \frac{1}{\ln(1+x)} - \frac{1}{x} < \frac{1}{2}, \quad \forall x \in (0, 1).$$

证　令

$$f(x) = \frac{1}{\ln(1+x)} - \frac{1}{x}.$$

由于

$$f'(x) = \frac{(1+x)\ln^2(1+x) - x^2}{(1+x)(x\ln(1+x))^2}.$$

又令

$$h(x) = x^2 - (1+x)\ln^2(1+x),$$

有 $h(0) = 0$ 和

$$h^{(3)}(x) = 2\frac{\ln(1+x)}{(1+x)^2} > 0 \;\Rightarrow\; h''(x) > h''(0) = 0 \;\Rightarrow\; h'(x) > h'(0) = 0.$$

这样

$$h'(x) > 0, \quad \forall x \in (0, 1).$$

于是

$$f'(x) < 0, \quad \forall x \in (0, 1).$$

又由于

$$f(1) = \frac{1}{\ln 2} - 1$$

$$\lim_{x \to 0^+}\left[\frac{1}{\ln(1+x)} - \frac{1}{x}\right] = \lim_{x \to 0^+}\frac{x - \ln(1+x)}{x\ln(1+x)} = \lim_{x \to 0^+}\frac{\dfrac{x^2}{2} + o(x^2)}{x^2 + o(x^2)} = \frac{1}{2}.$$

因此, 有

$$f(0^+) > f(x) > f(1), \quad \forall x \in (0, 1).$$

例 4.3.29　设 $f(x)$ 在 $[\alpha, \beta]$ 上二阶可导, $f(\alpha) = A, f(\beta) = B$, 且 $\min\limits_{x \in [\alpha,\beta]} f(x) = f(\xi) = C < \min\{A, B\}$. 证明

$$\max_{x \in [\alpha,\beta]} f''(x) \geqslant \frac{A-C}{(\alpha-\xi^*)^2} + \frac{B-C}{(\beta-\xi^*)^2}, \quad \xi^* = \frac{\alpha + \beta\sqrt[3]{\dfrac{A-C}{B-C}}}{1 + \sqrt[3]{\dfrac{A-C}{B-C}}}.$$

证　由于

$$\begin{cases} A = C + \dfrac{f''(\xi + \theta_1(\alpha - \xi))}{2}(\alpha - \xi)^2, \\ B = C + \dfrac{f''(\xi + \theta_2(\beta - \xi))}{2}(\beta - \xi)^2 \end{cases} \Rightarrow \begin{cases} f''(\xi + \theta_1(\alpha - \xi)) = \dfrac{2(A-C)}{(\alpha-\xi)^2}, \\ f''(\xi + \theta_2(\beta - \xi)) = \dfrac{2(B-C)}{(\beta-\xi)^2}. \end{cases}$$

其中 $\theta_1, \theta_2 \in (0, 1)$. 因此, 有

$$\max_{x \in [\alpha,\beta]} f''(x) \geqslant \frac{(A-C)}{(\alpha-\xi)^2} + \frac{(B-C)}{(\beta-\xi)^2} \geqslant \inf_{\xi \in (\alpha,\beta)}\left[\frac{(A-C)}{(\alpha-\xi)^2} + \frac{(B-C)}{(\beta-\xi)^2}\right].$$

令

$$\phi(\xi) = \frac{(A-C)}{(\alpha-\xi)^2} + \frac{(B-C)}{(\beta-\xi)^2}, \quad \forall \xi \in (\alpha, \beta).$$

有

$$\begin{cases} \phi'(\xi) = -2\left[\dfrac{(A-C)}{(\alpha-\xi)^3} + \dfrac{(B-C)}{(\beta-\xi)^3}\right], \\ \phi(\alpha + 0) = \phi(\beta - 0) = +\infty \end{cases} \Rightarrow \quad \xi^* = \frac{\alpha + \beta\sqrt[3]{\dfrac{A-C}{B-C}}}{1 + \sqrt[3]{\dfrac{A-C}{B-C}}}.$$

则 ξ^* 为 $\phi(\xi)$ 在 (α, β) 上的最小值点, 且

$$\inf_{\xi \in (\alpha,\beta)} \phi(\xi) = \phi(\xi^*).$$

2. 探究课题

探究4.3.1 设$f(x)$在$[\alpha,\beta]$上有定义, 且连续、可微. 证明: 在$[\alpha,\beta]$上有

$$\frac{1}{x-\beta}\left(\frac{f(x)-f(\alpha)}{x-\alpha}-\frac{f(\beta)-f(\alpha)}{\beta-\alpha}\right)=\frac{1}{2}f''(\xi),$$

其中ξ是α与β之间的某数.

探究4.3.2 设$f(x)$在$(0,+\infty)$上可导, $\alpha>0$. 若

$$\lim_{x\to+\infty}[\alpha f(x)+2\sqrt{x}f'(x)]=\beta.$$

证明$\lim\limits_{x\to+\infty}f(x)=\dfrac{\beta}{\alpha}$.

探究4.3.3 探究下列问题:

(1) 已知$5^2+5+2=2^5$, 问是否存在其他正整数n,m, 使得$n^m+n+m=m^n$?

(2) 求一切满足$0<p<q$且$p^q=q^p$的p,q之值.

(3) 设$\alpha\ne\beta$, $\dfrac{e^\beta-e^\alpha}{\beta-\alpha}$与$\dfrac{e^\beta+e^\alpha}{2}$哪一个大?

(4) 求给定圆内接等腰三角形中周长最大者.

(5) 设Λ是函数

$$f(x)=\frac{ax^2+bx+c}{\alpha x^2+\beta x+\gamma},$$

的极值, 问方程$ax^2+bx+c-\Lambda(\alpha x^2+\beta x+\gamma)=0$是否有重根?

探究4.3.4 对于所有整数$n>1$, 证明

$$\frac{1}{2ne}<\frac{1}{e}-(1-\frac{1}{n})^n<\frac{1}{ne}.$$

探究4.3.5 设$f(x)$在$U(0)$上二次连续可微, 且$f'(x)\to1(x\to0)$. 定义数列$\{a_n\}$如下:

$$a_1\ne0,\ a_1\in U(0),\ a_{n+1}=f(a_n)(n=1,2,\ldots),\ \lim_{n\to\infty}a_n=0,$$

证明

$$\lim_{n\to\infty}\frac{1}{na_n}=-\frac{f''(0)}{2}.$$

探究4.3.6 设数列$\{a_n\}$满足$a_{n+1}=f(a_n)(n=1,2,\ldots)$, 且

$$\lim_{n\to\infty}a_n=0,\quad f(x)=x+\alpha x^k+o(x^k)(x\to0),$$

其中$k>1,\alpha=\alpha(x)\to\beta\ne0(x\to0)$, 证明: 存在$b>0$, 有极限$\lim\limits_{n\to\infty}na_n^b=A$.

探究4.3.7 设$0<\theta_i<\pi(i=1,2,\ldots,n)$, $\theta=\dfrac{1}{n}\sum\limits_{i=1}^{n}\theta_i$, 则

$$\frac{\sin\theta_1}{\theta_1}\cdot\frac{\sin\theta_2}{\theta_2}\cdot\ldots\cdot\frac{\sin\theta_n}{\theta_n}\leqslant(\frac{\sin\theta}{\theta})^n.$$

探究4.3.8 设$f(x)$在$(-\infty,+\infty)$上递增, 且$f(x)-x$是周期为1的周期函数, 又记n次复合为

$$f^{\langle n\rangle}(x)=\underbrace{f[f[\cdots[f(x)]\cdots]]}_{n}.$$

若存在极限 $\lim\limits_{n\to\infty}\dfrac{f^{\langle n\rangle}(0)}{n}$, 则

$$\lim_{n\to\infty}\frac{f^{\langle n\rangle}(x)}{n}=\lim_{n\to\infty}\frac{f^{\langle n\rangle}(0)}{n},\ x\in(-\infty,+\infty).$$

探究4.3.9 定性作出下列曲线的图像:

(1) $y=[(x-2)(x+1)^2]^{\frac{1}{3}},\ x\in(-\infty,+\infty)$;

(2) $x(t)=t\ln t,\ y(t)=\dfrac{\ln t}{t}$.

第5章 一元积分学及其应用

不定积分和定积分是微积分学中的基本概念, 前者是微分的逆运算, 后者则是计算具有特定结构的和式的极限. 本章主要讨论不定积分、定积分和非正常积分的概念、性质、计算及应用.

5.1 不定积分及其应用

5.1.1 不定积分的概念

定义5.1.1 设函数 $F(x), f(x)$ 在区间 Λ 上有定义, 若

$$F'(x) = f(x) \text{ 或 } \mathrm{d}(F(x)) = f(x)\mathrm{d}x, \quad x \in \Lambda,$$

则称 $F(x)$ 是 $f(x)$ 在区间 Λ 上的一个原函数.

注5.1.1 若 $f(x)$ 在区间 Λ 上连续, 则 $f(x)$ 在区间 Λ 上存在原函数.

注5.1.2 若 $F(x)$ 是 $f(x)$ 在区间 Λ 上的一个原函数, 则 $f(x)$ 的全体原函数为 $F(x) + C$(C 为任意常数), 即

(1) $F(x) + C$ 是 $f(x)$ 在区间 Λ 上的原函数;

(2) $f(x)$ 在区间 Λ 上的任意两个原函数之间, 只可能相差一个常数.

定义5.1.2 $f(x)$ 在区间 Λ 上的全体原函数, 称为 $f(x)$ 在区间 Λ 上的不定积分, 记作

$$\int f(x)\mathrm{d}x,$$

其中称 $\int$ 为积分号, $f(x)$ 为被积分函数, $f(x)\mathrm{d}x$ 为被积表达式, x 为积分变量.

注5.1.3 若 $F(x)$ 是 $f(x)$ 的一个原函数, 则 $f(x)$ 的不定积分是一个函数族 $\{F(x)+C\}$(C 为任意常数), 即

$$\int f(x)\mathrm{d}x = F(x) + C.$$

于是又有

$$\left(\int f(x)\mathrm{d}x\right)' = \left(F(x) + C\right)' = f(x),$$

$$\mathrm{d}\left(\int f(x)\mathrm{d}x\right) = \mathrm{d}\left(F(x) + C\right) = f(x)\mathrm{d}x.$$

注5.1.4 不定积分有明显的几何意义: 若 $F(x)$ 是 $f(x)$ 的一个原函数, 则称 $y = F(x)$ 的图像为 $f(x)$ 的一条积分曲线. 因此, $f(x)$ 的不定积分在几何上表示 $f(x)$ 的某一积分曲线沿纵轴

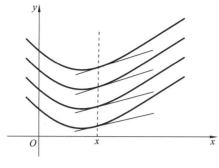

图5.1.1

方向任意平移所得的所有积分曲线所组成的积分曲线族(图5.1.1). 显然, 所有积分曲线上横坐标相同的点处的切线平行.

注5.1.5　因为求不定积分的运算是求导数运算的逆运算, 所以由基本导数公式就得到了下列基本不定积分公式:

(1) $\displaystyle\int 0\mathrm{d}x = C$.

(2) $\displaystyle\int 1\mathrm{d}x = x + C$.

(3) $\displaystyle\int x^{\alpha}\mathrm{d}x = \dfrac{x^{\alpha+1}}{\alpha+1} + C\ (\alpha \neq -1, x > 0)$.

(4) $\displaystyle\int \dfrac{1}{x}\mathrm{d}x = \ln|x| + C\ (x \neq 0)$.

(5) $\displaystyle\int \mathrm{e}^{x}\mathrm{d}x = \mathrm{e}^{x} + C$.

(6) $\displaystyle\int a^{x}\mathrm{d}x = \dfrac{a^{x}}{\ln a} + C\ (a > 0, a \neq 1)$.

(7) $\displaystyle\int \cos\beta x\mathrm{d}x = \dfrac{1}{\beta}\sin\beta x + C\ (\beta \neq 0)$.

(8) $\displaystyle\int \sin\beta x\mathrm{d}x = -\dfrac{1}{\beta}\cos\beta x + C\ (\beta \neq 0)$.

(9) $\displaystyle\int \sec^{2}x\mathrm{d}x = \tan x + C$.

(10) $\displaystyle\int \csc^{2}x\mathrm{d}x = -\cot x + C$.

(11) $\displaystyle\int \sec x \cdot \tan x\mathrm{d}x = \sec x + C$.

(12) $\displaystyle\int \csc x \cdot \cot x\mathrm{d}x = -\csc x + C$.

(13) $\displaystyle\int \dfrac{1}{\sqrt{1-x^{2}}}\mathrm{d}x = \arcsin x + C$.

(14) $\displaystyle\int \dfrac{1}{1+x^{2}}\mathrm{d}x = \arctan x + C$.

注5.1.6　若函数 $f_{i}(x)(i = 1, 2, \cdots, n)$ 在区间 $\varLambda$ 上的原函数都存在, $\alpha_{i}(i = 1, 2, \cdots, n)$ 是

任意常数, 则函数 $\sum\limits_{i=1}^{n} \alpha_i f_i(x)$ 的原函数也存在, 且

$$\int\left(\sum_{i=1}^{n} \alpha_i f_i(x)\right)\mathrm{d}x = \sum_{i=1}^{n} \alpha_i\left(\int f_i(x)\mathrm{d}x\right).$$

例5.1.1 求 $\displaystyle\int (5x^4 - 6x^3 + 5x^2 - 2x + 4)\mathrm{d}x$.

解 $\displaystyle\int (5x^4 - 6x^3 + 5x^2 - 2x + 4)\mathrm{d}x = x^5 - \frac{3}{2}x^4 + \frac{5}{3}x^3 - x^2 + 4x + C$.

例5.1.2 求 $\displaystyle\int \frac{1}{\cos^2 x \sin^2 x}\mathrm{d}x$.

解

$$\begin{aligned}
\int \frac{1}{\cos^2 x \sin^2 x}\mathrm{d}x &= \int \frac{\cos^2 x + \sin^2 x}{\cos^2 x \sin^2 x}\mathrm{d}x \\
&= \int (\csc^2 x + \sec^2 x)\mathrm{d}x = -\cot x + \tan x + C.
\end{aligned}$$

例5.1.3 求 $\displaystyle\int \frac{(x - \sqrt{x})(1 + \sqrt{x})}{\sqrt[3]{x}}\mathrm{d}x$.

解

$$\begin{aligned}
\int \frac{(x - \sqrt{x})(1 + \sqrt{x})}{\sqrt[3]{x}}\mathrm{d}x &= \int \frac{x\sqrt{x} - \sqrt{x}}{\sqrt[3]{x}}\mathrm{d}x = \int (x^{\frac{7}{6}} - x^{\frac{1}{6}})\mathrm{d}x \\
&= \frac{6}{13}x^{\frac{13}{6}} - \frac{6}{7}x^{\frac{7}{6}} + C.
\end{aligned}$$

例5.1.4 求 $\displaystyle\int \frac{x^2}{1 + x^2}\mathrm{d}x$.

解 $\displaystyle\int \frac{x^2}{1 + x^2}\mathrm{d}x = \int \frac{1 + x^2 - 1}{1 + x^2}\mathrm{d}x = \int \left(1 - \frac{1}{1 + x^2}\right)\mathrm{d}x = x - \arctan x + C$.

例5.1.5 求 $\displaystyle\int (3^x - 3^{-x})^2\mathrm{d}x$.

解 $\displaystyle\int (3^x - 3^{-x})^2\mathrm{d}x = \int (3^{2x} + 3^{-2x} - 2)\mathrm{d}x = \frac{1}{2\ln 3}(3^{2x} - 3^{-2x}) - 2x + C$.

习 题 5.1

1. 求下列不定积分:

(1) $\displaystyle\int \left(\frac{3}{x} + \frac{x}{3}\right)^3\mathrm{d}x$;

(2) $\displaystyle\int \left(4\cos x + 2 - 3x^2 + \frac{1}{x} - \frac{7}{1 + x^2}\right)\mathrm{d}x$;

(3) $\displaystyle\int 3^x \mathrm{e}^x\mathrm{d}x$;

(4) $\displaystyle\int \frac{\cos 2x}{\cos x - \sin x}\mathrm{d}x$;

(5) $\displaystyle\int \frac{1}{(x + 3)(x + 7)}\mathrm{d}x$;

(6) $\displaystyle\int \frac{x^4}{1 + x^2}\mathrm{d}x$;

(7) $\displaystyle\int\sqrt{x\sqrt{x\sqrt{x}}}\mathrm{d}x$;　　　　　(8) $\displaystyle\int\left(\sqrt{\dfrac{1+x}{1-x}}+\sqrt{\dfrac{1-x}{1+x}}\right)\mathrm{d}x$;

(9) $\displaystyle\int\dfrac{\cos 2x}{\cos x-\sin x}\mathrm{d}x$;　　　　　(10) $\displaystyle\int\mathrm{e}^x\left(2^x-\dfrac{\mathrm{e}^{-x}}{\sqrt{1-x^2}}\right)\mathrm{d}x$;

(11) $\displaystyle\int\tan^2 x\mathrm{d}x$;　　　　　(12) $\displaystyle\int\cos x\cdot\cos 2x\mathrm{d}x$.

2. 设 $F'(x)=\left(\sin\dfrac{x}{2}-\cos\dfrac{x}{2}\right)^2,\ F\left(\dfrac{\pi}{2}\right)=0$, 求函数 $F(x)$.

3. 求一曲线 $y=f(x)$, 使得在曲线上任一点 (x,y) 处的切线斜率为 $2x-2$, 且通过点 $(1,0)$.

4. 求一曲线 $y=f(x)$, 使得在曲线上任一点 (x,y) 处的切线斜率与 x^3 成正比例, 且通过点 $(1,6)$ 和 $(2,-9)$.

5.1.2　换元积分法与分部积分法

1. 换元积分法

由于求不定积分是微分运算的逆运算, 所以在不定积分的计算中往往需要通过变量代换进行积分, 这种方法称为换元积分法.

换元积分法通常分为两类:

(1) 第一换元积分法. 在计算不定积分 $\displaystyle\int f(x)\mathrm{d}x$ 时, 如果 $f(x)=g(\varphi(x))\varphi'(x)$, 而函数 $g(u)(u=\varphi(x))$ 有原函数 $F(u)$, 则

$$\begin{aligned}\int f(x)\mathrm{d}x&=\int g(\varphi(x))\varphi'(x)\mathrm{d}x=\int g(\varphi(x))\mathrm{d}\varphi(x)=\int g(u)\mathrm{d}u\\&=F(u)+C=F(\varphi(x))+C.\end{aligned}$$

(2) 第二换元积分法. 在计算不定积分 $\displaystyle\int f(x)\mathrm{d}x$ 时, 如果作变换 $x=\varphi(t)$(要求 $x=\varphi(t)$ 有反函数 $t=\varphi^{-1}(x)$), 那么

$$\int f(x)\mathrm{d}x=\int f(\varphi(t))\mathrm{d}\varphi(t)=\int f(\varphi(t))\varphi'(t)\mathrm{d}t,$$

而 $f(\varphi(t))\varphi'(t)$ 有原函数 $\bar{F}(t)$, 于是

$$\begin{aligned}\int f(x)\mathrm{d}x&=\int f(\varphi(t))\mathrm{d}\varphi(t)=\int f(\varphi(t))\varphi'(t)\mathrm{d}t=\bar{F}(t)+C\\&=\bar{F}(\varphi^{-1}(x))+C.\end{aligned}$$

例5.1.6　求 $\displaystyle\int\dfrac{1}{x^2}\mathrm{e}^{-\frac{1}{x}}\mathrm{d}x$.

解　$\displaystyle\int\dfrac{1}{x^2}\mathrm{e}^{-\frac{1}{x}}\mathrm{d}x=\int\mathrm{e}^{-\frac{1}{x}}\mathrm{d}\left(-\dfrac{1}{x}\right)=\mathrm{e}^{-\frac{1}{x}}+C$.

例5.1.7　求 $\displaystyle\int\sqrt[3]{2x+1}\mathrm{d}x$.

解　$\displaystyle\int\sqrt[3]{2x+1}\mathrm{d}x=\dfrac{1}{2}\int\sqrt[3]{2x+1}\mathrm{d}(2x+1)=\dfrac{3}{8}(2x+1)^{\frac{4}{3}}+C$.

例5.1.8 求 $\int \tan x \mathrm{d}x$.

解 $\int \tan x \mathrm{d}x = \int \dfrac{\sin x}{\cos x}\mathrm{d}x = -\int \dfrac{1}{\cos x}\mathrm{d}\cos x = -\ln|\cos x| + C$.

例5.1.9 求 $\int \dfrac{1}{a^2 + x^2}\mathrm{d}x$.

解 $\int \dfrac{1}{a^2 + x^2}\mathrm{d}x = \dfrac{1}{a}\int \dfrac{1}{1 + (\frac{x}{a})^2}\mathrm{d}\left(\dfrac{x}{a}\right) = \dfrac{1}{a}\arctan\dfrac{x}{a} + C$.

例5.1.10 求 $\int \dfrac{1}{\sqrt{a^2 - x^2}}\mathrm{d}x$ $(a > 0)$.

解 $\int \dfrac{1}{\sqrt{a^2 - x^2}}\mathrm{d}x = \int \dfrac{1}{\sqrt{1 - \left(\frac{x}{a}\right)^2}}\mathrm{d}\left(\dfrac{x}{a}\right) = \arcsin\dfrac{x}{a} + C$.

例5.1.11 求 $\int \sec x \mathrm{d}x$.

解 方法一:
$$
\begin{aligned}
\int \sec x \mathrm{d}x &= \int \dfrac{\sec x(\sec x + \tan x)}{\sec x + \tan x}\mathrm{d}x = \int \dfrac{1}{\sec x + \tan x}\mathrm{d}(\sec x + \tan x) \\
&= \ln|\sec x + \tan x| + C.
\end{aligned}
$$

方法二:
$$
\begin{aligned}
\int \sec x \mathrm{d}x &= \int \dfrac{\cos x}{\cos^2 x}\mathrm{d}x = \int \dfrac{1}{1 - \sin^2 x}\mathrm{d}(\sin x) \\
&= -\dfrac{1}{2}\int \left(\dfrac{1}{\sin x - 1} - \dfrac{1}{\sin x + 1}\right)\mathrm{d}(\sin x) = \dfrac{1}{2}\ln\left|\dfrac{1 + \sin x}{1 - \sin x}\right| + C.
\end{aligned}
$$

例5.1.12 求 $\int \sqrt{a^2 - x^2}\mathrm{d}x$ $(a > 0)$.

解 令 $x = a\sin t$ $\left(-\dfrac{\pi}{2} \leqslant t \leqslant \dfrac{\pi}{2}\right)$, 于是 $\mathrm{d}x = a\cos t\mathrm{d}t$, 因此

$$
\begin{aligned}
\int \sqrt{a^2 - x^2}\mathrm{d}x &= a^2\int \cos^2 t\mathrm{d}t = \dfrac{a^2}{2}\int (1 + \cos 2t)\mathrm{d}t \\
&= \dfrac{a^2}{2}\left(t + \dfrac{\sin 2t}{2}\right) + C = \dfrac{a^2}{2}\arcsin\dfrac{x}{a} + \dfrac{x}{2}\sqrt{a^2 - x^2} + C.
\end{aligned}
$$

例5.1.13 求 $\int \dfrac{1}{\sqrt{x^2 - a^2}}\mathrm{d}x$ $(a > 0)$.

解 令 $x = a\sec t$ $\left(0 < t < \dfrac{\pi}{2}\right)$, 于是

$$
\int \dfrac{1}{\sqrt{x^2 - a^2}}\mathrm{d}x = a^2\int \sec t\mathrm{d}t = \ln|\sec t + \tan t| + C'
$$

$$= \ln \left| \frac{x}{a} + \frac{\sqrt{x^2 - a^2}}{a} \right| + C' = \ln |x + \sqrt{x^2 - a^2}| + C.$$

例5.1.14　求 $\displaystyle\int \frac{1}{x^2 \sqrt{1 + x^2}} \mathrm{d}x.$

解　方法一: 令 $x = \dfrac{1}{t}$, 则 $\mathrm{d}x = -\dfrac{1}{t^2}\mathrm{d}t$, 于是

$$\begin{aligned}
\int \frac{1}{x^2 \sqrt{1 + x^2}} \mathrm{d}x &= -\int \frac{t}{\sqrt{1 + t^2}} \mathrm{d}t = -\sqrt{1 + t^2} + C \\
&= -\sqrt{1 + \frac{1}{x^2}} + C = -\frac{\sqrt{1 + x^2}}{x} + C.
\end{aligned}$$

方法二: 令 $x = \tan t$, 则 $\mathrm{d}x = \sec^2 t\,\mathrm{d}t$, 于是

$$\begin{aligned}
\int \frac{1}{x^2 \sqrt{1 + x^2}} \mathrm{d}x &= \int \frac{\sec^2 t}{\tan^2 t \sec t} \mathrm{d}t \\
&= \int \frac{\cos t}{\sin^2 t} \mathrm{d}t = \int \frac{1}{\sin^2 t} \mathrm{d}(\sin t) \\
&= -\frac{1}{\sin t} + C = -\frac{\sqrt{1 + x^2}}{x} + C.
\end{aligned}$$

方法三: 不妨设 $x > 0$, 于是

$$\begin{aligned}
\int \frac{1}{x^2 \sqrt{1 + x^2}} \mathrm{d}x &= \int \frac{1}{x^3 \sqrt{1 + \dfrac{1}{x^2}}} \mathrm{d}x = -\frac{1}{2} \int \frac{1}{\sqrt{1 + \dfrac{1}{x^2}}} \mathrm{d}\left(\frac{1}{x^2}\right) \\
&= -\frac{1}{2} \int \frac{1}{\sqrt{1 + \dfrac{1}{x^2}}} \mathrm{d}\left(1 + \frac{1}{x^2}\right) \\
&= -\sqrt{1 + \frac{1}{x^2}} + C = -\frac{\sqrt{1 + x^2}}{x} + C.
\end{aligned}$$

2. 分部积分法

由于对任意两个可导函数 $u(x), v(x)$, 成立

$$\big(u(x)v(x)\big)' = u'(x)v(x) + u(x)v'(x)$$

或

$$u(x)v'(x) = \big(u(x)v(x)\big)' - u'(x)v(x).$$

于是, 对上式两边求不定积分, 就有

$$\int u(x)v'(x)\mathrm{d}x = u(x)v(x) - \int u'(x)v(x)\mathrm{d}x,$$

即

$$\int u(x)\mathrm{d}v(x) = u(x)v(x) - \int v(x)\mathrm{d}u(x).$$

这就是分部积分法. 也常简写为

$$\int u\,\mathrm{d}v = uv - \int v\,\mathrm{d}u.$$

例5.1.15　求 $\displaystyle\int \ln x \mathrm{d}x$.

解　由分部积分法有

$$\int \ln x \mathrm{d}x = x \ln x - \int x \cdot \frac{1}{x}\mathrm{d}x = x \ln x - \int \mathrm{d}x = x \ln x - x + C.$$

例5.1.16　求 $\displaystyle\int \sqrt{x^2 + a^2}\mathrm{d}x$.

解　由分部积分法有

$$\begin{aligned}
\int \sqrt{x^2 + a^2}\mathrm{d}x &= x\sqrt{x^2 + a^2} - \int \frac{x^2}{\sqrt{x^2 + a^2}}\mathrm{d}x \\
&= x\sqrt{x^2 + a^2} - \int \frac{x^2 + a^2 - a^2}{\sqrt{x^2 + a^2}}\mathrm{d}x \\
&= x\sqrt{x^2 + a^2} + \int \frac{a^2}{\sqrt{x^2 + a^2}}\mathrm{d}x - \int \sqrt{x^2 + a^2}\mathrm{d}x.
\end{aligned}$$

于是

$$\begin{aligned}
\int \sqrt{x^2 + a^2}\mathrm{d}x &= \frac{1}{2}\left(x\sqrt{x^2 + a^2} + \int \frac{a^2}{\sqrt{x^2 + a^2}}\mathrm{d}x \right) \\
&= \frac{x}{2}\sqrt{x^2 + a^2} + \frac{a^2}{2}\ln|x + \sqrt{x^2 + a^2}| + C.
\end{aligned}$$

例5.1.17　求 $\displaystyle\int \frac{\ln \cos x}{\cos^2 x}\mathrm{d}x$.

解　由分部积分法有

$$\begin{aligned}
\int \frac{\ln \cos x}{\cos^2 x}\mathrm{d}x &= \int \ln \cos x \mathrm{d}(\tan x) \\
&= \tan x \ln \cos x - \int \tan x \mathrm{d}(\ln \cos x) \\
&= \tan x \ln \cos x + \int \tan^2 x \mathrm{d}x \\
&= \tan x \ln \cos x + \int \left(\frac{1}{\cos^2 x} - 1 \right)\mathrm{d}x \\
&= \tan x \ln \cos x + \tan x - x + C.
\end{aligned}$$

例5.1.18　求 $\displaystyle\int x^2 \mathrm{e}^{-x}\mathrm{d}x$.

解　由分部积分法有

$$\begin{aligned}
\int x^2 \mathrm{e}^{-x}\mathrm{d}x &= \int x^2 \mathrm{d}(-\mathrm{e}^{-x}) = -x^2\mathrm{e}^{-x} + 2\int x\mathrm{e}^{-x}\mathrm{d}x \\
&= -x^2\mathrm{e}^{-x} + 2\int x\mathrm{d}(-\mathrm{e}^{-x}) \\
&= -x^2\mathrm{e}^{-x} - 2x\mathrm{e}^{-x} + 2\int \mathrm{e}^{-x}\mathrm{d}x \\
&= -\mathrm{e}^{-x}(x^2 + 2x + 2) + C.
\end{aligned}$$

习 题 5.2

习题5.2

1. 应用换元积分法求下列不定积分:

$(1) \displaystyle\int \frac{\ln x}{x}\mathrm{d}x;$

$(2) \displaystyle\int (1+x)^{2010}\mathrm{d}x;$

$(3) \displaystyle\int \left(\frac{1}{\sqrt{3-x^2}}+\frac{1}{\sqrt{1-3x^2}}\right)\mathrm{d}x;$

$(4) \displaystyle\int \frac{1}{\cos^2 5x}\mathrm{d}x;$

$(5) \displaystyle\int \frac{1}{1+\cos x}\mathrm{d}x;$

$(6) \displaystyle\int \frac{1}{x\ln^3 x}\mathrm{d}x;$

$(7) \displaystyle\int \frac{\tan x}{\cos^2 x}\mathrm{d}x;$

$(8) \displaystyle\int \frac{\sin 2x}{(1+\cos 2x)^2}\mathrm{d}x;$

$(9) \displaystyle\int \frac{\arcsin x}{\sqrt{1-x^2}}\mathrm{d}x;$

$(10) \displaystyle\int \frac{1}{\mathrm{e}^x+\mathrm{e}^{-x}}\mathrm{d}x;$

$(11) \displaystyle\int \frac{1}{\sqrt{x^2+a^2}}\mathrm{d}x \ (a>0);$

$(12) \displaystyle\int \frac{x}{\sqrt{1-x^4}}\mathrm{d}x;$

$(13) \displaystyle\int \frac{\sin \sqrt{x}}{\sqrt{x}}\mathrm{d}x;$

$(14) \displaystyle\int \frac{\sin x+\cos x}{\sqrt[3]{\sin x-\cos x}}\mathrm{d}x;$

$(15) \displaystyle\int \frac{\sqrt{x}}{1-\sqrt[3]{x}}\mathrm{d}x;$

$(16) \displaystyle\int \frac{1}{x\sqrt{1-\ln^2 x}}\mathrm{d}x;$

$(17) \displaystyle\int \frac{\sqrt{1+\ln x}}{x}\mathrm{d}x;$

$(18) \displaystyle\int \frac{\sin x\cos x}{1+\sin^4 x}\mathrm{d}x;$

$(19) \displaystyle\int \frac{1}{(\arcsin x)^2\sqrt{1-x^2}}\mathrm{d}x;$

$(20) \displaystyle\int \frac{\sqrt{1+x}-1}{\sqrt{1+x}+1}\mathrm{d}x;$

$(21) \displaystyle\int \frac{x}{\sqrt{1+x^2}}\tan \sqrt{1+x^2}\mathrm{d}x;$

$(22) \displaystyle\int \sqrt{(x-\alpha)(\beta-x)}\mathrm{d}x.$

2. 应用分部积分法求下列不定积分:

$(1) \displaystyle\int x^n \ln x\mathrm{d}x;$

$(2) \displaystyle\int \mathrm{e}^x \cos x\mathrm{d}x;$

$(3) \displaystyle\int (\ln x)^2\mathrm{d}x;$

$(4) \displaystyle\int x\arctan x\mathrm{d}x;$

$(5) \displaystyle\int \sqrt{x}\ln^2 x\mathrm{d}x;$

$(6) \displaystyle\int \ln(x+\sqrt{1+x^2})\mathrm{d}x;$

$(7) \displaystyle\int \frac{\arcsin \sqrt{x}}{\sqrt{x}}\mathrm{d}x;$

$(8) \displaystyle\int \frac{x^2}{\sqrt{16-x^2}}\mathrm{d}x;$

$(9) \displaystyle\int \left(\ln(\ln x)+\frac{1}{\ln x}\right)\mathrm{d}x;$

$(10) \displaystyle\int x^2\mathrm{e}^x \sin x\mathrm{d}x;$

(11) $\displaystyle\int x\sqrt{1+x^2}\ln\sqrt{x^2-1}\mathrm{d}x$;　　　　　(12) $\displaystyle\int\left(\frac{\ln x}{x}\right)^3\mathrm{d}x$;

(13) $\displaystyle\int\frac{\ln(1+\mathrm{e}^{-x})}{1+\mathrm{e}^x}\mathrm{d}x$;　　　　　(14) $\displaystyle\int\mathrm{e}^{\alpha x}\cos\beta x\mathrm{d}x$;

(15) $\displaystyle\int\frac{1-\ln x}{(x-\ln x)^2}\mathrm{d}x$;　　　　　(16) $\displaystyle\int\frac{\ln x}{\sqrt{(1+x^2)^3}}\mathrm{d}x$.

3. 求下列不定积分:

(1) $\displaystyle\int\frac{1}{\sqrt{\mathrm{e}^x-1}}\mathrm{d}x$;　　　　　(2) $\displaystyle\int\frac{1}{\sqrt{\mathrm{e}^x+1}}\mathrm{d}x$;

(3) $\displaystyle\int\frac{1}{x(x^4+1)}\mathrm{d}x$;　　　　　(4) $\displaystyle\int\frac{x^2\arctan x}{1+x^2}\mathrm{d}x$;

(5) $\displaystyle\int\frac{1}{1-x^2}\ln\frac{1+x}{1-x}\mathrm{d}x$;　　　　　(6) $\displaystyle\int\frac{1}{1+\mathrm{e}^x}\mathrm{d}x$;

(7) $\displaystyle\int x\ln\frac{1+x}{1-x}\mathrm{d}x$;　　　　　(8) $\displaystyle\int\frac{x\ln(1+\sqrt{1+x^2})}{\sqrt{1+x^2}}\mathrm{d}x$;

(9) $\displaystyle\int\cos^5 x\sqrt{\sin x}\mathrm{d}x$;　　　　　(10) $\displaystyle\int x^2\sqrt[3]{1-x}\mathrm{d}x$.

5.1.3　有理函数与可化为有理函数的不定积分

1. 有理函数的不定积分

有理函数的一般形式为

$$R(x)=\frac{P(x)}{Q(x)}=\frac{a_0x^n+a_1x^{n-1}+\cdots+a_{n-1}x+a_n}{b_0x^m+b_1x^{m-1}+\cdots+b_{m-1}x+b_m},\tag{5.1.1}$$

其中 m,n 为非负整数; $a_i(i=1,2,\cdots,n)$, $b_j(j=1,2,\cdots,m)$ 都是常数, 且 $a_0b_0\neq0$. 如果 $m>n$,则称(5.1.1)式为真分式; 如果 $m\leqslant n$, 则称(5.1.1)式为假分式. 根据多项式除法, 假分式一定可以化为一个多项式与一个真分式之和. 而多项式的不定积分是易求出的, 所以下面不妨设(5.1.1)式为有理真分式.

为了求出真分式(5.1.1)的不定积分, 考虑如下几个步骤.

第一步: 在实系数内对分母 $Q(x)$ 作标准分解, 即

$$Q(x)=(x-\alpha_1)^{k_1}\cdots(x-\alpha_s)^{k_s}\cdot(x^2+\beta_1 x+\gamma_1)^{\mu_1}\cdots(x^2+\beta_t x+\gamma_t)^{\mu_t},\tag{5.1.2}$$

其中 $b_0=1$, $k_i(i=1,2,\cdots,s)$, $\mu_j(j=1,2,\cdots,t)$ 是自然数, 且

$$\sum_{i=1}^{s}k_i+2\sum_{j=1}^{t}\mu_j=m,\quad(\beta_j)^2-4\gamma_j<0\ (j=1,2,\cdots,t).$$

第二步: 写出分母中的所有因式所对应的部分分式, 即形如 $(x-\alpha)^k$ 的因式所对应的部分分式为

$$\frac{A_1}{x-\alpha}+\frac{A_2}{(x-\alpha)^2}+\cdots+\frac{A_k}{(x-\alpha)^k};$$

而形如 $(x^2+\beta x+\gamma)^\mu$ 的因式所对应的部分分式为

$$\frac{B_1 x + C_1}{x^2 + \beta x + \gamma} + \frac{B_2 x + C_2}{(x^2 + \beta x + \gamma)^2} + \cdots + \frac{B_\mu x + C_\mu}{(x^2 + \beta x + \gamma)^\mu}.$$

第三步: 确定待定系数. 将所有部分分式相加等于$R(x)$, 即

$$
\begin{aligned}
R(x) =\ & \left[\frac{A_1^1}{x - \alpha_1} + \frac{A_2^1}{(x - \alpha_1)^2} + \cdots + \frac{A_k^1}{(x - \alpha_1)^{k_1}} \right] \\
& + \cdots \\
& + \left[\frac{A_1^s}{x - \alpha_s} + \frac{A_2^s}{(x - \alpha_s)^2} + \cdots + \frac{A_k^s}{(x - \alpha_s)^{k_s}} \right] \\
& + \left[\frac{B_1^1 x + C_1^1}{x^2 + \beta_1^1 x + \gamma_1^1} + \frac{B_2^1 x + C_2^1}{(x^2 + \beta_1^1 x + \gamma_1^1)^2} + \cdots + \frac{B_{\mu_1}^1 x + C_{\mu_1}^1}{(x^2 + \beta_1^1 x + \gamma_1^1)^{\mu_1}} \right] \\
& + \cdots \\
& + \left[\frac{B_1^t x + C_1^t}{x^2 + \beta_1^t x + \gamma_1^t} + \frac{B_2^t x + C_2^t}{(x^2 + \beta_1^t x + \gamma_1^t)^2} + \cdots + \frac{B_{\mu_t}^t x + C_{\mu_t}^t}{(x^2 + \beta_1^t x + \gamma_1^t)^{\mu_t}} \right].
\end{aligned}
$$

于是上式右边相加所得到的分子应是原分子$P(x)$,相加所得到的分母应是原分母$Q(x)$. 利用同次幂系数相等的性质, 得到一组关于待定系数的线性方程, 解这组方程就得到所待定的系数.

第四步: 求出各个部分分式的不定积分. 由于部分分式只有两类, 因此求有理真分式的不定积分可归为求如下两类形式的不定积分:

(I) $\displaystyle\int \frac{1}{(x - \alpha)^k} \mathrm{d}x$;

(II) $\displaystyle\int \frac{Lx + M}{(x^2 + \beta x + \gamma)^\mu} \mathrm{d}x$　$(\beta^2 - 4\gamma < 0)$.

关于(I), 显然有

$$\int \frac{1}{(x - \alpha)^k} \mathrm{d}x = \begin{cases} \ln|x - \alpha| + C, & k = 1, \\[2mm] \dfrac{1}{(1 - k)(x - \alpha)^{k-1}} + C, & k > 1. \end{cases}$$

关于(II), 作变换$t = x + \dfrac{\beta}{2}$, 便化为

$$
\begin{aligned}
\int \frac{Lx + M}{(x^2 + \beta x + \gamma)^\mu} \mathrm{d}x &= \int \frac{Lt + N}{(t^2 + r^2)^\mu} \mathrm{d}t \\
&= L \int \frac{t}{(t^2 + r^2)^\mu} \mathrm{d}t + N \int \frac{1}{(t^2 + r^2)^\mu} \mathrm{d}t. \tag{5.1.3}
\end{aligned}
$$

对于(5.1.3)式右边第一个不定积分, 显然有

$$\int \frac{t}{(t^2 + r^2)^\mu} \mathrm{d}t = \begin{cases} \dfrac{1}{2} \ln(t^2 + r^2) + C, & \mu = 1, \\[2mm] \dfrac{1}{2(1 - \mu)(t^2 + r^2)^{\mu-1}} + C, & \mu \geqslant 2. \end{cases}$$

对于(5.1.3)式右边第二个不定积分, 记

$$I_\mu = \int \frac{1}{(t^2 + r^2)^\mu} \mathrm{d}t.$$

当$\mu = 1$时, 显然有

$$I_1 = \int \frac{1}{t^2 + r^2} \mathrm{d}t = \frac{1}{r} \arctan \frac{t}{r} + C.$$

当$\mu \geqslant 2$时, 有

$$
\begin{aligned}
I_\mu &= \int \frac{1}{(t^2 + r^2)^\mu} \mathrm{d}t = \frac{1}{r^2} \int \frac{(t^2 + r^2) - t^2}{(t^2 + r^2)^\mu} \mathrm{d}t \\
&= \frac{1}{r^2} I_{\mu-1} - \frac{1}{r^2} \int \frac{t^2}{(t^2 + r^2)^\mu} \mathrm{d}t \\
&= \frac{1}{r^2} I_{\mu-1} + \frac{1}{2r^2(\mu-1)} \int t \mathrm{d}\left(\frac{1}{(t^2 + r^2)^{\mu-1}} \right) \\
&= \frac{1}{r^2} I_{\mu-1} + \frac{1}{2r^2(\mu-1)} \left[\frac{t}{(t^2 + r^2)^{\mu-1}} - I_{\mu-1} \right] \\
&= \frac{t}{2r^2(\mu-1)(t^2 + r^2)^{\mu-1}} + \frac{2\mu - 3}{2r^2(\mu-1)} I_{\mu-1}.
\end{aligned}
$$

重复使用上面递推关系式, 最后归为计算I_1, 而I_1由上面是已知的.

例5.1.19 求 $\displaystyle\int \frac{x(x^2 + 3)}{(x^2 - 1)(x^2 + 1)} \mathrm{d}x$.

解 由于

$$\frac{x(x^2 + 3)}{(x^2 - 1)(x^2 + 1)} = \frac{1}{2(x - 1)} + \frac{1}{2(x + 1)} - \frac{x}{x^2 + 1} - \frac{x}{(x + 1)^2},$$

于是

$$
\begin{aligned}
\int \frac{x(x^2 + 3)}{(x^2 - 1)(x^2 + 1)} \mathrm{d}x &= \frac{1}{2} \int \frac{1}{x - 1} \mathrm{d}x + \frac{1}{2} \int \frac{1}{x + 1} \mathrm{d}x - \int \frac{x}{x^2 + 1} \mathrm{d}x - \int \frac{x}{(x + 1)^2} \mathrm{d}x \\
&= \frac{1}{2} \ln|x - 1| + \frac{1}{2} \ln|x + 1| - \frac{1}{2} \ln(x^2 + 1) + \frac{1}{2} \frac{1}{x^2 + 1} + C \\
&= \frac{1}{2} \ln \frac{|x^2 - 1|}{x^2 + 1} + \frac{1}{2} \frac{1}{x^2 + 1} + C.
\end{aligned}
$$

2. 可化为有理函数的不定积分

记$R(u(x), v(x))$表示由$u(x), v(x)$及常数经过有限次四则运算所得到的函数.

(1) 形如$\displaystyle\int R(\sin x, \cos x) \mathrm{d}x$的三角函数有理式的不定积分.

作变换$t = \tan \dfrac{x}{2}$, 则

$$
\begin{cases}
\mathrm{d}x = \dfrac{2}{1 + t^2} \mathrm{d}t, \\
\sin x = \dfrac{2t}{1 + t^2}, \\
\cos x = \dfrac{1 - t^2}{1 + t^2},
\end{cases}
$$

于是

$$\int R(\sin x, \cos x) \mathrm{d}x = \int R\left(\frac{2t}{1 + t^2}, \frac{1 - t^2}{1 + t^2} \right) \frac{2}{1 + t^2} \mathrm{d}t.$$

注5.1.7 若$R(\sin x, -\cos x) = -R(\sin x, \cos x)$, 则作变换$t = \sin x$.

若 $R(-\sin x, \cos x) = -R(\sin x, \cos x)$, 则作变换 $t = \cos x$.

若 $R(-\sin x, -\cos x) = R(\sin x, \cos x)$, 则作变换 $t = \tan x$.

例5.1.20　求 $\displaystyle\int \frac{\cot x}{\sin x + \cos x + 1}\mathrm{d}x$.

解　作变换 $t = \tan\dfrac{x}{2}$, 则

$$\mathrm{d}x = \frac{2}{1+t^2}\mathrm{d}t, \quad \sin x = \frac{2t}{1+t^2}, \quad \cos x = \frac{1-t^2}{1+t^2}, \quad \cot x = \frac{1-t^2}{2t},$$

于是

$$
\begin{aligned}
\int \frac{\cot x}{\sin x + \cos x + 1}\mathrm{d}x &= \int \frac{\dfrac{1-t^2}{2t}}{\dfrac{2t}{1+t^2} + \dfrac{1-t^2}{1+t^2} + 1} \cdot \frac{2}{1+t^2}\mathrm{d}t = \int \frac{1-t}{2t}\mathrm{d}t \\
&= \frac{1}{2}(\ln|t| - t) + C = \frac{1}{2}\left(\ln\left|\tan\frac{x}{2}\right| - \tan\frac{x}{2}\right) + C.
\end{aligned}
$$

例5.1.21　求 $\displaystyle\int \frac{\tan x \cos^6 x}{\sin^4 x}\mathrm{d}x$.

解　作变换 $t = \sin x$, 则 $\mathrm{d}t = \cos x\mathrm{d}x$, 于是

$$
\begin{aligned}
\int \frac{\tan x \cos^6 x}{\sin^4 x}\mathrm{d}x &= \int \frac{\cos^4 x}{\sin^3 x}\cdot \cos x\mathrm{d}x = \int \frac{(1-t^2)^2}{t^3}\mathrm{d}t \\
&= \int \frac{1}{t^3}\mathrm{d}t - 2\int \frac{1}{t}\mathrm{d}t + \int t\mathrm{d}t = -\frac{1}{2t^2} - 2\ln|t| + \frac{t^2}{2} + C \\
&= -\frac{1}{2\sin^2 x} - 2\ln|\sin x| + \frac{\sin^2 x}{2} + C.
\end{aligned}
$$

例5.1.22　求 $\displaystyle\int \frac{\sin^2 x + 1}{\cos^4 x}\mathrm{d}x$.

解　作变换 $t = \tan x$, 则 $\mathrm{d}t = \dfrac{1}{\cos^2 x}\mathrm{d}x$, 于是

$$
\begin{aligned}
\int \frac{\sin^2 x + 1}{\cos^4 x}\mathrm{d}x &= \int \frac{\sin^2 x + 1}{\cos^2 x}\cdot \frac{1}{\cos^2 x}\mathrm{d}x = \int (\tan^2 x + \sec^2 x)\cdot \frac{1}{\cos^2 x}\mathrm{d}x \\
&= \int (2\tan^2 x + 1)\cdot \frac{1}{\cos^2 x}\mathrm{d}x = \int (2t^2 + 1)\mathrm{d}t \\
&= \frac{2}{3}t^3 + t + C = \frac{2}{3}\tan^3 x + \tan x + C.
\end{aligned}
$$

(2) 形如 $\displaystyle\int R\left(x, \sqrt[n]{\frac{\alpha x + \beta}{\gamma x + \delta}}\right)\mathrm{d}x$ 的不定积分 ($\alpha\delta - \beta\gamma \neq 0$).

作变换 $t = \sqrt[n]{\dfrac{\alpha x + \beta}{\gamma x + \delta}}$, 则

$$
\begin{cases}
x = \dfrac{\delta t^n - \beta}{\alpha - \gamma t^n} = \varphi(t), \\
\mathrm{d}x = \varphi'(t)\mathrm{d}t,
\end{cases}
$$

于是

$$\int R\left(x, \sqrt[n]{\frac{\alpha x + \beta}{\gamma x + \delta}}\right)\mathrm{d}x = \int R(\varphi(t), t)\varphi'(t)\mathrm{d}t.$$

例5.1.23 求 $\displaystyle\int \frac{1}{x}\sqrt{\frac{1+x}{1-x}}\mathrm{d}x$.

解 作变换 $t = \sqrt{\dfrac{1+x}{1-x}}$, 则 $x = \dfrac{t^2 - 1}{t^2 + 1}$, $\mathrm{d}x = \dfrac{4t}{(t^2 + 1)^2}\mathrm{d}t$, 于是

$$\begin{aligned}
\int \frac{1}{x}\sqrt{\frac{1+x}{1-x}}\mathrm{d}x &= \int \frac{t^2 + 1}{t^2 - 1}\cdot t \cdot \frac{4t}{(t^2 + 1)^2}\mathrm{d}t = 4\int \frac{t^2}{(t^2 - 1)(t^2 + 1)}\mathrm{d}t \\
&= \int \frac{1}{t - 1}\mathrm{d}t - \int \frac{1}{t + 1}\mathrm{d}t + 2\int \frac{1}{t^2 + 1}\mathrm{d}t \\
&= \ln\left|\frac{t - 1}{t + 1}\right| + 2\arctan t + C \\
&= \ln\left|\frac{\sqrt{1+x} - \sqrt{1-x}}{\sqrt{1+x} + \sqrt{1-x}}\right| + 2\arctan\sqrt{\frac{1+x}{1-x}} + C.
\end{aligned}$$

例5.1.24 求 $\displaystyle\int \frac{1}{x(\sqrt[3]{x} - \sqrt{x})}\mathrm{d}x$.

解 作变换 $x = t^6$, 则 $\mathrm{d}x = 6t^5\mathrm{d}t$. 于是

$$\begin{aligned}
\int \frac{1}{x(\sqrt[3]{x} - \sqrt{x})}\mathrm{d}x &= 6\int \frac{1}{t^3(1 - t)}\mathrm{d}t = 6\int\left(\frac{1}{t} + \frac{1}{t^2} + \frac{1}{t^3} - \frac{1}{t - 1}\right)\mathrm{d}t \\
&= 6\left[\ln\left|\frac{\sqrt[6]{x}}{\sqrt[6]{x} - 1}\right| - \frac{1}{\sqrt[6]{x}} - \frac{1}{2\sqrt[3]{x}}\right] + C.
\end{aligned}$$

(3) 形如 $\displaystyle\int R(x, \sqrt{\alpha x^2 + \beta x + \gamma})\mathrm{d}x$ 的不定积分($\alpha > 0$时$\beta^2 - 4\alpha\gamma \neq 0$, $\alpha < 0$时$\beta^2 - 4\alpha\gamma > 0$).

根据

$$\alpha x^2 + \beta x + \gamma = \alpha\left[\left(x + \frac{\beta}{2\alpha}\right)^2 + \frac{4\alpha\gamma - \beta^2}{4\alpha^2}\right],$$

如果作变换 $u = x + \dfrac{\beta}{2\alpha}$, 并记 $\Lambda^2 = \left|\dfrac{4\alpha\gamma - \beta^2}{4\alpha^2}\right|$, 则此二次三项式为下列三种情形之一:

$$|\alpha|(u^2 \pm \Lambda^2), \qquad |\alpha|(\Lambda^2 - u^2).$$

因此上述不定积分可转化为如下三种类型不定积分之一:

$$\int R(u, \sqrt{u^2 \pm \Lambda^2})\mathrm{d}u, \qquad \int R(u, \sqrt{\Lambda^2 - u^2})\mathrm{d}u.$$

而上面三种类型不定积分分别作变换$u = \Lambda\tan\theta$, $u = \Lambda\sec\theta$, $u = \Lambda\sin\theta$后, 都可化为三角有理式的不定积分.

例5.1.25 求 $\displaystyle\int \frac{1}{x\sqrt{x^2 - 2x - 3}}\mathrm{d}x$.

解 依次作变换$x = u + 1$, $u = 2\sec\theta$, $t = \tan\dfrac{\theta}{2}$, 于是

$$\int \frac{1}{x\sqrt{x^2 - 2x - 3}}\mathrm{d}x = \int \frac{1}{(u + 1)\sqrt{u^2 - 4}}\mathrm{d}u$$

$$= \int \frac{2\sec\theta \cdot \tan\theta}{(2\sec\theta + 1) \cdot 2\tan\theta}\mathrm{d}\theta$$

$$= \int \frac{1}{2 + \cos\theta}\mathrm{d}\theta$$

$$= \int \frac{1}{2 + \dfrac{1 - t^2}{1 + t^2}} \cdot \frac{2}{1 + t^2}\mathrm{d}t$$

$$= \int \frac{2}{t^2 + 3}\mathrm{d}t$$

$$= \frac{2}{\sqrt{3}}\arctan\frac{t}{\sqrt{3}} + C$$

$$= \frac{2}{\sqrt{3}}\arctan\left(\frac{1}{\sqrt{3}}\tan\frac{\theta}{2}\right) + C$$

$$= \frac{2}{\sqrt{3}}\arctan\left(\frac{1}{\sqrt{3}} \cdot \frac{\tan\theta}{\sec\theta + 1}\right) + C$$

$$= \frac{2}{\sqrt{3}}\arctan\left(\frac{1}{\sqrt{3}} \cdot \frac{\sqrt{\left(\frac{u}{2}\right)^2 - 1}}{\dfrac{u}{2} + 1}\right) + C$$

$$= \frac{2}{\sqrt{3}}\arctan\frac{\sqrt{x^2 - 2x - 3}}{\sqrt{3}(x + 1)} + C.$$

习　题　5.3

习题5.3

1. 求下列有理函数的不定积分:

(1) $\displaystyle\int \frac{2x^2 + 2x + 13}{(x - 2)(x^2 + 1)^2}\mathrm{d}x$;

(2) $\displaystyle\int \frac{3x - 7}{x^3 + x^2 + 4x + 4}\mathrm{d}x$;

(3) $\displaystyle\int \frac{1}{(x + 1)(x^2 + x + 1)^2}\mathrm{d}x$;

(4) $\displaystyle\int \frac{1}{x^4 + 1}\mathrm{d}x$;

(5) $\displaystyle\int \frac{1}{x(1 + x^2)^2}\mathrm{d}x$;

(6) $\displaystyle\int \frac{2x^4 - x^3 + 4x^2 + 9x - 10}{x^5 + x^4 - 5x^3 - 2x^2 + 4x - 8}\mathrm{d}x$.

2. 求下列不定积分:

(1) $\displaystyle\int \sin^4 x\mathrm{d}x$;

(2) $\displaystyle\int \frac{\sin^3 x}{\sqrt[3]{\cos^4 x}}\mathrm{d}x$;

(3) $\displaystyle\int \frac{1}{4 - \sin x}\mathrm{d}x$;

(4) $\displaystyle\int \frac{\cos x}{1 + \cos x}\mathrm{d}x$;

(5) $\displaystyle\int \frac{1 - \sin x + \cos x}{1 + \sin x - \cos x}\mathrm{d}x$;

(6) $\displaystyle\int \frac{1}{\sqrt{\sin x \cos^7 x}}\mathrm{d}x$;

$(7) \displaystyle\int \frac{\sqrt{x}-1}{\sqrt[3]{x}+1}\mathrm{d}x;$

$(8) \displaystyle\int \frac{\sqrt[4]{x}}{\sqrt[3]{x}+\sqrt{x}}\mathrm{d}x;$

$(9) \displaystyle\int \frac{x+1}{x\sqrt{x-2}}\mathrm{d}x;$

$(10) \displaystyle\int \frac{1}{x^2}\sqrt{\frac{1-x}{1+x}}\mathrm{d}x;$

$(11) \displaystyle\int \sqrt{\frac{2-x}{2+x}}\cdot\frac{1}{(2-x)^2}\mathrm{d}x;$

$(12) \displaystyle\int \frac{x-2}{\sqrt{2x^2+4x+5}}\mathrm{d}x;$

$(13) \displaystyle\int \frac{1}{x+\sqrt{x^2-x+1}}\mathrm{d}x;$

$(14) \displaystyle\int \frac{(1-\sqrt{1+x+x^2})^2}{x^2\sqrt{1+x+x^2}}\mathrm{d}x;$

$(15) \displaystyle\int \frac{x+3}{\sqrt{1+4x-5x^2}}\mathrm{d}x;$

$(16) \displaystyle\int \frac{1}{\sqrt{x}(1+\sqrt[4]{x})^3}\mathrm{d}x.$

5.1.4　应用事例与探究课题

1. 应用事例

例5.1.26　设$f(x)$具有可微的反函数$f^{-1}(x)$，$F(x)$是$f(x)$的一个原函数. 证明
$$\int f^{-1}(x)\mathrm{d}x = xf^{-1}(x)-F[f^{-1}(x)]+C.$$

证　由于
$$\frac{\mathrm{d}}{\mathrm{d}x}\left\{xf^{-1}(x)-F[f^{-1}(x)]+C\right\}$$
$$= f^{-1}(x)+x\cdot\frac{\mathrm{d}}{\mathrm{d}x}(f^{-1}(x))-f[f^{-1}(x)]\frac{\mathrm{d}}{\mathrm{d}x}(f^{-1}(x))$$
$$= f^{-1}(x)+x\cdot\frac{\mathrm{d}}{\mathrm{d}x}(f^{-1}(x))-x\cdot\frac{\mathrm{d}}{\mathrm{d}x}(f^{-1}(x))$$
$$= f^{-1}(x).$$

因此
$$\int f^{-1}(x)\mathrm{d}x = xf^{-1}(x)-F[f^{-1}(x)]+C.$$

例5.1.27　设$f(x)$是$(-\infty,+\infty)$上的可微函数，且满足
$$f(x+y)=f(x)+f(y)+2xy,\quad x,y\in(-\infty,+\infty),$$
则$f(x)=x^2+f'(0)x.$

证　取$x=y=0$，可得$f(0)=2f(0)$，即$f(0)=0$. 又由于
$$\frac{f(x+y)-f(x)}{y}=\frac{f(y)}{y}+2x,\quad y\neq0,$$
得
$$f'(x)=\lim_{y\to0}\frac{f(x+y)-f(x)}{y}=\lim_{y\to0}\frac{f(y)-f(0)}{y}+2x=2x+f'(0).$$
由此有
$$\int f'(x)\mathrm{d}x=\int[2x+f'(0)]\mathrm{d}x=x^2+f'(0)x+C.$$

即 $f(x)$ 的一般表达式为

$$f(x) = x^2 + f'(0)x + C,$$

又 $f(0) = 0$, 所以 $f(x) = x^2 + f'(0)x$.

例5.1.28　设 $f(x^2 - 1) = \ln\dfrac{x^2}{x^2 - 2}$, 又 $f[\varphi(x)] = \ln x$, 求 $\displaystyle\int \varphi(x)\mathrm{d}x$.

解　令 $t = \dfrac{x^2}{x^2 - 2}$, 则 $t > 1$ 且有

$$x^2 - 1 = \frac{2t}{t - 1} - 1 = \frac{t + 1}{t - 1},$$

以及

$$f\left(\frac{t + 1}{t - 1}\right) = \ln t, \quad \varphi(t) = \frac{t + 1}{t - 1}.$$

由此知

$$\int \varphi(x)\mathrm{d}x = \int \frac{x + 1}{x - 1}\mathrm{d}x = \int \frac{x - 1}{x - 1}\mathrm{d}x + 2\int \frac{1}{x - 1}\mathrm{d}x = x + 2\ln|x - 1| + C.$$

例5.1.29　一辆小汽车在高速公路上以108 km/h的速度均匀行驶, 在500 m处看见前方出现了事故, 立即刹车. 求小汽车以匀加速度刹车时需要多长时间才能在离事故现场50 m处停车.

解　设加速度为常数 $\alpha(\mathrm{m/s}^2)(\alpha > 0)$, 则

$$\frac{\mathrm{d}v}{\mathrm{d}t} = -\alpha,$$

积分得

$$v(t) = \int (-\alpha)\mathrm{d}t = -\alpha t + C_1.$$

又 $v(0) = 108\ \mathrm{km/h} = 30\ \mathrm{m/s}$, 得 $C_1 = 30$, 从而

$$v(t) = -\alpha t + 30.$$

又 $\dfrac{\mathrm{d}S}{\mathrm{d}t} = v(t)$, 则

$$S(t) = \int (-\alpha t + 30)\mathrm{d}t = -\frac{\alpha}{2}t^2 + 30t + C_2.$$

由于 $S(0) = 0$, 得 $C_2 = 0$, 于是

$$S(t) = -\frac{\alpha}{2}t^2 + 30t.$$

当小汽车停车时, $v = 0\ \mathrm{m/s}$, $S = 450\ \mathrm{m}$, 则由上述两式得

$$t = 30(\mathrm{s}), \quad \alpha = 1(\mathrm{m/s}^2).$$

所以, 当小汽车以 $1(\mathrm{m/s}^2)$ 的匀加速度刹车时, 经过30 s后能在离事故现场50 m处停车.

2. 探究课题

探究5.1.1　探究下列各题:

(1)设 $f(x)$ 在 $(-\infty, +\infty)$ 上可导. 若 $f'\left(\dfrac{x + y}{2}\right) = \dfrac{f(y) - f(x)}{y - x}(x \neq y)$, 则 $f(x) = \alpha x^2 + \beta x + \gamma$.

(2)设$f(x)$在$(-\infty,+\infty)$上二次可导. 若$f^2(x)-f^2(y)=f(x+y)f(x-y)(x,y\in(-\infty,+\infty))$, 求$f(x)$.

(3)设$f(x),g(x)$定义在$(-\infty,+\infty)$上, 且在$x=0$处可导, 又

$$f(x+y)=f(x)+\frac{f(y)g(x)}{1-f(x)f(y)},\quad g(x+y)=\frac{g(x)g(y)}{1-f(x)f(y)},$$

求$f(x),g(x)$.

探究5.1.2　探究下列各题:

(1) 设$F(x)$是$f(x)$在$(0,+\infty)$上的一个原函数, $F(1)=\frac{\sqrt{2}\pi}{4}$. 若有$f(x)F(x)=\frac{\arctan\sqrt{x}}{\sqrt{x}(1+x)}$ $(x\in(0,+\infty))$, 求$f(x)$.

(2) 求不定积分

$$\int\sqrt{2+\sqrt{2+\cdots+\sqrt{2+x}}}\mathrm{d}x,$$

其中根号有n重.

(3) 求不定积分

$$\int\frac{x^2}{(x\sin x+\cos x)^2}\mathrm{d}x.$$

5.2　定　积　分

5.2.1　定积分的概念与可积条件

1. 定积分的定义

定积分是一元分析学的重要组成部分之一, 它是为了计算平面上封闭曲线所围成的图形的面积而产生的. 为了计算这一类图形面积, 最后都归结为计算一个特定形式和式的极限. 而且在科学技术中如水的压力、变力做功、立体的体积等这类实际问题的计算都是同一数学形式, 解决这类问题的思想方法概括起来就是"分割、近似求和、取极限". 下面先从一个实例来看定积分概念是如何提出的.

曲边梯形的面积　设$f(x)$为定义在$[a,b]$上的连续函数, 且$f(x)\geqslant 0$, 求由曲线$y=f(x)$, 直线$x=a$, $x=b$以及x轴所围成的平面图形的面积(图5.2.1).

首先, 在$[a,b]$内任取$n-1$个分点, 它们依次为

$$a=x_0<x_1<x_2<\cdots<x_{n-1}<x_n=b,$$

这些分点将$[a,b]$分割成n个小区间$[x_{i-1},x_i](i=1,2,\cdots,n)$, 再用直线$x=x_i(i=1,2,\cdots,n-1)$将曲边梯形分割成$n$个小曲边梯形(图5.2.2).

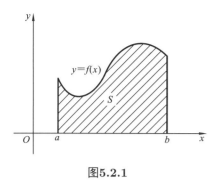

图5.2.1

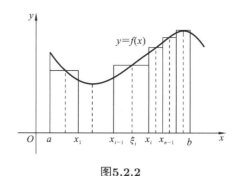

图5.2.2

其次, 在每个小区间$[x_{i-1}, x_i]$上任取一点ξ_i, 作以$f(\xi_i)$为高, $[x_{i-1}, x_i]$为底的小矩形. 用这些小矩形的面积近似替代相应的小曲边梯形的面积. 于是, 这n个小曲边梯形的面积之和就可作为该曲边梯形面积S的近似值, 即

$$S \approx \sum_{i=1}^{n} f(\xi_i)\Delta x_i,$$

其中$\Delta x_i = x_i - x_{i-1}$.

最后, 当分点无限增加, 且对$[a, b]$分割无限细分时, 此和式的极限如果是某一常数, 而且与分点x_i和中间点ξ_i的选取无关, 则将此常数定义为该曲边梯形的面积S.

定义5.2.1　设函数$f(x)$在区间$[a, b]$上有定义, 在$[a, b]$上任取$n-1$个分点$x_1, x_2, \cdots, x_{n-1}$, 与$x_0 = a, x_n = b$一起构成分割

$$T: \quad a = x_0 < x_1 < x_2 < \cdots < x_{n-1} < x_n = b.$$

任取$\xi_i \in [x_{i-1}, x_i]$, 记小区间的长度为$\Delta x_i = x_i - x_{i-1}$, 作积分和(黎曼和)

$$\sum_{i=1}^{n} f(\xi_i)\Delta x_i.$$

令分割T的模为$\|T\| = \max_{1 \leqslant i \leqslant n} \{\Delta x_i\}$, 若极限

$$\lim_{\|T\| \to 0} \sum_{i=1}^{n} f(\xi_i)\Delta x_i$$

存在, 且极限值与分割T和ξ_i的选取均无关, 则称函数$f(x)$在$[a, b]$上可积(黎曼可积), 其极限值J称为$f(x)$在$[a, b]$上的定积分, 记为

$$J = \int_a^b f(x)\mathrm{d}x,$$

其中, $f(x)$称为被积函数, x称为积分变量, $[a, b]$称为积分区间, a, b分别称为定积分下限和上限.

注5.2.1　定积分的定义可以用"ε-δ语言"表述如下:

设函数$f(x)$在区间$[a,b]$上有定义, J是一个确定的实数. 若对任意$\varepsilon > 0$, 存在$\delta > 0$, 使得对任意分割

$$T:\quad a = x_0 < x_1 < x_2 < \cdots < x_{n-1} < x_n = b$$

和任意$\xi_i \in [x_{i-1}, x_i]$, 当$\|T\| < \delta$时, 有

$$\left| \sum_{i=1}^{n} f(\xi_i) \Delta x_i - J \right| < \varepsilon,$$

则称函数$f(x)$在$[a,b]$上可积, 称J为$f(x)$在$[a,b]$上的定积分.

注5.2.2　当$a \geqslant b$时, 规定

$$\int_a^b f(x)\mathrm{d}x = -\int_b^a f(x)\mathrm{d}x,$$

并由此得到

$$\int_a^a f(x)\mathrm{d}x = 0.$$

注5.2.3　定积分的几何意义: 对于定义在$[a,b]$上的连续函数$f(x)$, 当$f(x) \geqslant 0$时, 其定积分$J = \displaystyle\int_a^b f(x)\mathrm{d}x$的几何意义就是曲边梯形的面积; 当$f(x) \leqslant 0$时, $J = -\displaystyle\int_a^b [-f(x)]\mathrm{d}x$是位于$x$轴下方的曲边梯形面积的相反数, 不妨称为负面积; 而对于一般的非定号函数$f(x)$而言(图5.2.3), $J = \displaystyle\int_a^b f(x)\mathrm{d}x$的值则是曲线$y = f(x)$在$x$轴上方部分所有曲边梯形的正面积与下方部分所有曲边梯形的负面积的代数和.

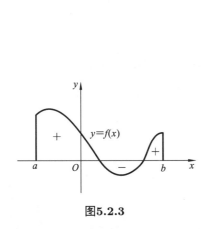

图5.2.3

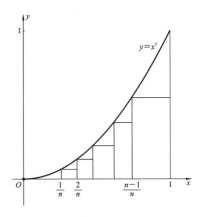

图5.2.4

例5.2.1　求在区间$[0,1]$上, 以曲线$y = x^3$为曲边的曲边三角形的面积(图5.2.4).

解　将$[0,1]$进行n等分, 作分割:

$$T : 0 < \frac{1}{n} < \frac{2}{n} < \cdots < \frac{n-1}{n} < 1,\ \| T \| = \frac{1}{n}.$$

首先, 取$\xi_i = \dfrac{i-1}{n} \in \left[\dfrac{i-1}{n}, \dfrac{i}{n} \right]$, $i = 1, 2, \cdots, n$, 则有

$$S_T(n) = \sum_{i=1}^{n} f(\xi_i) \Delta x_i = \sum_{i=1}^{n} \left(\frac{i-1}{n} \right)^3 \cdot \frac{1}{n} = \frac{1}{n^4} \sum_{i=1}^{n} (i-1)^3 = \frac{(n-1)^2}{4n^2}.$$

其次, 取 $\xi_i = \dfrac{i}{n} \in \left[\dfrac{i-1}{n}, \dfrac{i}{n}\right]$, $i = 1, 2, \cdots, n$, 则有

$$
\begin{aligned}
S^T(n) &= \sum_{i=1}^{n} f(\xi_i)\Delta x_i \\
&= \sum_{i=1}^{n} \left(\frac{i}{n}\right)^3 \cdot \frac{1}{n} \\
&= \frac{1}{n^4}\sum_{i=1}^{n} i^3 = \frac{(n+1)^2}{4n^2}.
\end{aligned}
$$

设曲边三角形的面积为 S, 则有

$$
S_T(n) < S < S^T(n).
$$

显然有

$$
\lim_{n\to\infty} S_T(n) = \lim_{n\to\infty} S^T(n) = \frac{1}{4},
$$

所以, 曲边三角形的面积为

$$
S = \frac{1}{4}.
$$

2.　可积条件

定理5.2.1　(可积的必要条件) 若函数 $f(x)$ 在 $[a,b]$ 上可积, 则 $f(x)$ 在 $[a,b]$ 上有界.

证　反证法. 如果 $f(x)$ 在 $[a,b]$ 上无界, 则对于 $[a,b]$ 上的任一分割

$$
T : a = x_0 < x_1 < x_2 < \cdots < x_{n-1} < x_n = b,
$$

存在分割 T 的某个小区间 $[x_{i_0-1}, x_{i_0}]$, $f(x)$ 在 $[x_{i_0-1}, x_{i_0}]$ 上无界. 任取 $\xi_i \in [x_{i_0-1}, x_{i_0}](i \neq i_0)$, 记

$$
\Lambda = \left|\sum_{i\neq i_0} f(\xi_i)\Delta x_i\right|.
$$

现对任意大的 $M(M > 0)$, 由于 $f(x)$ 在 $[x_{i_0-1}, x_{i_0}]$ 上无界, 存在 $\xi_{i_0} \in [x_{i_0-1}, x_{i_0}]$, 使得

$$
|f(\xi_{i_0})| > \frac{M+\Lambda}{\Delta x_{i_0}}.
$$

于是

$$
\begin{aligned}
\left|\sum_{i=1}^{n} f(\xi_i)\Delta x_i\right| &\geqslant \left|f(\xi_{i_0})\Delta x_{i_0}\right| - \left|\sum_{i\neq i_0} f(\xi_i)\Delta x_i\right| \\
&> \frac{M+\Lambda}{\Delta x_{i_0}} \cdot \Delta x_{i_0} - \Lambda = M.
\end{aligned}
$$

因此, 对无论多小的 $\|T\|$, 由上述方法总可选取点集 $\{\xi_i\}$, 使得积分和的绝对值大于预先给定的正数, 这与 $f(x)$ 在 $[a,b]$ 上可积相矛盾.

注5.2.4　有界函数不一定可积. 如狄利克雷函数

$$
D(x) = \begin{cases} 1, & x\text{为有理数}, \\ 0, & x\text{为无理数} \end{cases}
$$

在$[0,1]$上有界但不可积.

　　设函数$f(x)$在$[a,b]$上有界, 由确界原理, 它在$[a,b]$上有上确界M与下确界m, 则有

$$m \leqslant f(x) \leqslant M.$$

又设T为任一分割, 记$f(x)$在$[x_{i-1},x_i]$上的上确界与下确界分别为M_i和$m_i(i=1,2,\cdots,n)$, 即

$$M_i = \sup\{f(x): \ x \in [x_{i-1},x_i]\}, \quad m_i = \inf\{f(x): \ x \in [x_{i-1},x_i]\}.$$

作函数$f(x)$关于分割T的上和与下和, 即

$$S(T) = \sum_{i=1}^{n} M_i \Delta x_i, \quad s(T) = \sum_{i=1}^{n} m_i \Delta x_i.$$

任取$\xi \in [x_{i-1},x_i](i=1,2,\cdots,n)$, 显然有

$$m(b-a) \leqslant s(T) \leqslant \sum_{i=1}^{n} f(\xi_i)\Delta x_i \leqslant S(T) \leqslant M(b-a).$$

　　注5.2.5　若分割T确定, 则上和与下和完全被确定.

　　注5.2.6　对于$[a,b]$上同一分割T, 相对于任何点集$\{\xi_i\}$而言, 上和是所有积分和的上确界, 下和是所有积分和的下确界, 即

$$\begin{aligned} S(T) &= \sup_{\{\xi_i\}}\left\{\sum_{i=1}^{n} f(\xi_i)\Delta x_i\right\}, \\ s(T) &= \inf_{\{\xi_i\}}\left\{\sum_{i=1}^{n} f(\xi_i)\Delta x_i\right\}. \end{aligned}$$

　　注5.2.7　在$[a,b]$某一分割T上增加某些新的分点, 得到$[a,b]$一个新的分割$\overline{T}$, 则

$$s(T) \leqslant s(\overline{T}), \quad S(\overline{T}) \leqslant S(T).$$

注5.2.7

　　注5.2.8　对于$[a,b]$上任意两个分割T_1,T_2, 有

$$s(T_1) \leqslant S(T_2), \quad s(T_2) \leqslant S(T_1).$$

因此, 对$[a,b]$所有分割而言, 所有上和有下界, 所有下和有上界, 从而分别存在下确界与上确界, 记作

$$S = \inf_T S(T), \quad s = \sup_T s(T),$$

分别称为$f(x)$在$[a,b]$上的上积分与下积分, 且显然有

$$s(T) \leqslant s \leqslant S \leqslant S(T).$$

注5.2.8

　　注5.2.9　(达布(Darboux)定理)上积分与下积分分别是上和与下和在$\|T\| \to 0$时的极限, 即

$$\lim_{\|T\| \to 0} S(T) = S, \quad \lim_{\|T\| \to 0} s(T) = s.$$

　　定理5.2.2　有界函数$f(x)$在$[a,b]$上可积的必要充分条件是: $f(x)$在$[a,b]$上的上积分与下积分相等, 即

$$S = s.$$

注5.2.9

证　必要性. 设$f(x)$在$[a,b]$上可积, $J = \displaystyle\int_a^b f(x)\mathrm{d}x$. 由定积分定义知, 对任意$\varepsilon > 0$, 存在$\delta > 0$, 当$\|T\| < \delta$时, 就有

$$\left|\sum_{i=1}^n f(\xi_i)\Delta x_i - J\right| \leqslant \varepsilon.$$

又由注5.2.6, $S(T)$与$s(T)$分别为积分和关于点集$\{\xi\}$的上、下确界, 所以当$\|T\| < \delta$时, 有

$$|S(T) - J| \leqslant \varepsilon, \quad |s(T) - J| \leqslant \varepsilon.$$

于是当$\|T\| \to 0$时, $S(T)$与$s(T)$都以J为极限. 从而由注5.2.9的达布定理知

$$S = s = J.$$

设$S = s = J$, 由达布定理得

$$\lim_{\|T\| \to 0} S(T) = \lim_{\|T\| \to 0} s(T) = J.$$

由于

$$s(T) \leqslant \sum_{i=1}^n f(\xi_i)\Delta x_i \leqslant S(T),$$

所以对任意$\varepsilon > 0$, 存在$\delta > 0$, 当$\|T\| < \delta$时, 就有

$$J - \varepsilon < s(T) \leqslant \sum_{i=1}^n f(\xi_i)\Delta x_i \leqslant S(T) < J + \varepsilon.$$

从而$f(x)$在$[a,b]$上可积.

推论5.2.1　有界函数$f(x)$在$[a,b]$上可积的必要充分条件是: 对任意$\varepsilon > 0$, 存在分割T, 使得

$$S(T) - s(T) < \varepsilon \quad 或 \quad \sum_{i=1}^n \omega_i \Delta x_i < \varepsilon.$$

其中$\omega_i = M_i - m_i (i = 1, 2, \cdots, n)$称为$f(x)$在$[x_{i-1}, x_i]$上的振幅.

推论5.2.2　若函数$f(x)$在$[a,b]$上连续, 则$f(x)$在$[a,b]$上可积.

注5.2.10　若函数$f(x)$在$[a,b]$上可积, 则$f(x)$在$[a,b]$内必有无限多个处处稠密的连续点.

推论5.2.3　若函数$f(x)$是$[a,b]$上的单调函数, 则$f(x)$在$[a,b]$上可积.

推论5.2.4　若函数$f(x)$是$[a,b]$上只有有限个间断点的有界函数, 则$f(x)$在$[a,b]$上可积.

注5.2.10　　　　　　　　推论5.2.3　　　　　　　　推论5.2.4

注5.2.11　推论5.2.2、推论5.2.3和推论5.2.4是函数可积的充分条件, 也称为可积的函数类.

习　题　5.4

习题5.4

1. 证明函数

$$f(x) = \begin{cases} 0, & x = 0, \\ \dfrac{1}{n}, & \dfrac{1}{n+1} < x \leqslant \dfrac{1}{n}, \ n = 1, 2, \cdots \end{cases}$$

在$[0,1]$上可积.

2. 证明黎曼函数

$$R(x) = \begin{cases} \dfrac{1}{q}, & x = \dfrac{p}{q} \left(p, q \text{为正整数}, \dfrac{p}{q} \text{为既约真分数} \right), \\ 0, & x = 0, 1 \text{和} (0,1) \text{内的无理数} \end{cases}$$

在$[0,1]$上可积, 且

$$\int_0^1 R(x)\mathrm{d}x = 0.$$

3. 证明函数

$$f(x) = \begin{cases} \dfrac{1}{x} - \left[\dfrac{1}{x} \right], & x \neq 0, \\ 0, & x = 0 \end{cases}$$

与

$$g(x) = \begin{cases} \mathrm{sgn}\left(\sin \dfrac{\pi}{x} \right), & x \neq 0, \\ 0, & x = 0 \end{cases}$$

在$[0,1]$上可积.

4. 证明函数

$$f(x) = \begin{cases} 1, & x \text{ 是有理数}, \\ -1, & x \text{ 是无理数} \end{cases}$$

在$[0,1]$上不可积, 而$|f(x)|$在$[0,1]$上可积.

5. 证明: 若函数$f(x)$在$[0,1]$上可积, 且

$$\int_0^1 f(x) > 0,$$

则存在闭区间$[\alpha, \beta] \subset [0,1]$, 对任意$x \in [\alpha, \beta]$, 有$f(x) > 0$.

6. 证明: 若函数$f(x)$在$[a,b]$上可积, 且存在$\Lambda > 0$, 有

$$f(x) \geqslant \Lambda, \quad x \in [a,b],$$

则函数$\dfrac{1}{f(x)}$在$[a,b]$上可积.

5.2.2　定积分的性质

1. 定积分的基本性质

性质1　(线性性)若函数$f(x), g(x)$在$[a,b]$上可积, λ_1, λ_2是常数, 则函数$\lambda_1 f(x) + \lambda_2 g(x)$在$[a,b]$上也可积, 且

$$\int_a^b [\lambda_1 f(x) + \lambda_2 g(x)]\mathrm{d}x = \lambda_1 \int_a^b f(x)\mathrm{d}x + \lambda_2 \int_a^b g(x)\mathrm{d}x.$$

证　对$[a,b]$上任意一个分割

$$T: \quad a = x_0 < x_1 < x_2 < \cdots < x_{n-1} < x_n = b$$

和任取$\xi_i \in [x_{i-1}, x_i]$, 有

$$\sum_{i=1}^n [\lambda_1 f(\xi_i) + \lambda_2 g(\xi_i)]\Delta x_i = \lambda_1 \sum_{i=1}^n f(\xi_i)\Delta x_i + \lambda_2 \sum_{i=1}^n g(\xi_i)\Delta x_i.$$

由于$f(x), g(x)$在$[a,b]$上可积, 所以

$$\lim_{\|T\|\to 0} \sum_{i=1}^n [\lambda_1 f(\xi_i) + \lambda_2 g(\xi_i)]\Delta x_i = \lambda_1 \lim_{\|T\|\to 0} \sum_{i=1}^n f(\xi_i)\Delta x_i + \lambda_2 \lim_{\|T\|\to 0} \sum_{i=1}^n g(\xi_i)\Delta x_i$$

$$= \lambda_1 \int_a^b f(x)\mathrm{d}x + \lambda_2 \int_a^b g(x)\mathrm{d}x.$$

因此, $\lambda_1 f(x) + \lambda_2 g(x)$在$[a,b]$上可积,且

$$\int_a^b [\lambda_1 f(x) + \lambda_2 g(x)]\mathrm{d}x = \lambda_1 \int_a^b f(x)\mathrm{d}x + \lambda_2 \int_a^b g(x)\mathrm{d}x.$$

同样地, 我们可证明下列性质:

性质2　(乘积性)若函数$f(x), g(x)$在$[a,b]$上可积, 则函数$f(x) \cdot g(x)$在$[a,b]$上也可积.

性质3　(保序性)若函数$f(x), g(x)$在$[a,b]$上可积,且$f(x) \leqslant g(x), x \in [a,b]$, 则有

$$\int_a^b f(x)\mathrm{d}x \leqslant \int_a^b g(x)\mathrm{d}x.$$

性质4　(绝对可积性)若函数$f(x)$在$[a,b]$上可积,则函数$|f(x)|$在$[a,b]$上也可积, 且

$$\left| \int_a^b f(x)\mathrm{d}x \right| \leqslant \int_a^b |f(x)|\mathrm{d}x.$$

性质5　(区间可加性)若函数$f(x)$在$[a,b]$上可积,则对任意$c \in [a,b]$, 函数$f(x)$在$[a,c]$与$[c,b]$上都可积, 且

$$\int_a^b f(x)\mathrm{d}x = \int_a^c f(x)\mathrm{d}x + \int_c^b f(x)\mathrm{d}x.$$

例5.2.2　证明: 若函数$f(x)$在$[a,b]$上连续, 且$f(x) \geqslant 0$, $\int_a^b f(x)\mathrm{d}x = 0$, 则

$$f(x) \equiv 0, \quad x \in [a,b].$$

证　反证法. 若存在$x_0 \in [a,b]$, 使$f(x_0) > 0$, 则由函数的连续性, 存在x_0的某邻域$(x_0 - \delta, x_0 + \delta)$ (当$x_0 = a$或$x_0 = b$时, 相应为右邻域或左邻域), 使得

$$f(x) \geqslant \frac{f(x_0)}{2} > 0,$$

于是

$$\int_a^b f(x)\mathrm{d}x = \int_a^{x_0-\delta} f(x)\mathrm{d}x + \int_{x_0-\delta}^{x_0+\delta} f(x)\mathrm{d}x + \int_{x_0+\delta}^b f(x)\mathrm{d}x$$

$$\geqslant 0 + \int_{x_0-\delta}^{x_0+\delta} \frac{f(x_0)}{2}\mathrm{d}x + 0 = f(x_0)\delta > 0,$$

这与题设 $\int_a^b f(x)\mathrm{d}x = 0$ 相矛盾. 所以 $f(x) \equiv 0,\ x \in [a,b]$.

注5.2.12　更好的结论是: 设 $f(x)$ 为 $[a,b]$ 上非负可积函数, 若存在连续点 $x_0 \in [a,b]$, 使得 $f(x_0) > 0$, 则有 $\int_a^b f(x)\mathrm{d}x > 0$(注意到: 注5.2.10告诉我们可积函数必有连续点).

2. 积分中值定理

定理5.2.3　(积分第一中值定理)若函数 $f(x), g(x)$ 在 $[a,b]$ 上连续, 且 $g(x)$ 在 $[a,b]$ 上不变号, 则至少存在一点 $\xi \in [a,b]$, 使得

$$\int_a^b f(x)g(x)\mathrm{d}x = f(\xi)\int_a^b g(x)\mathrm{d}x. \tag{5.2.1}$$

证　不妨设 $g(x) \geqslant 0,\ x \in [a,b]$. 由于

$$mg(x) \leqslant f(x)g(x) \leqslant Mg(x), \quad x \in [a,b],$$

其中 M, m 分别是 $f(x)$ 在 $[a,b]$ 上的最大值与最小值. 由定积分的保序性, 有

$$m\int_a^b g(x)\mathrm{d}x \leqslant \int_a^b f(x)g(x)\mathrm{d}x \leqslant M\int_a^b g(x)\mathrm{d}x. \tag{5.2.2}$$

若 $\int_a^b g(x)\mathrm{d}x = 0$, 则由(5.2.2)式知

$$\int_a^b f(x)g(x)\mathrm{d}x = 0,$$

从而存在一点 $\xi \in [a,b]$, 使得(5.2.1)式成立.

若 $\int_a^b g(x)\mathrm{d}x > 0$, 由(5.2.2)式有

$$m \leqslant \frac{\int_a^b f(x)g(x)\mathrm{d}x}{\int_a^b g(x)\mathrm{d}x} \leqslant M,$$

于是由连续函数的介值性知, 必存在一点 $\xi \in [a,b]$, 使得

$$f(\xi) = \frac{\int_a^b f(x)g(x)\mathrm{d}x}{\int_a^b g(x)\mathrm{d}x},$$

即(5.2.1)式成立.

注5.2.13　特别地, 若函数 $f(x)$ 在 $[a,b]$ 上连续, 则至少存在一点 $\xi \in [a,b]$, 使得

$$\int_a^b f(x)\mathrm{d}x = f(\xi)(b-a).$$

它有明显的几何意义(图5.2.5): 若函数$f(x)$在$[a,b]$上非负连续, 则$y=f(x)$在$[a,b]$上的曲边梯形的面积等于以$[a,b]$为底, $f(\xi)$为高的矩形面积. 而

$$\frac{1}{b-a}\int_a^b f(x)\mathrm{d}x$$

通常理解为$f(x)$在$[a,b]$上所有函数值的平均值. 它是有限个数的算术平均值的推广.

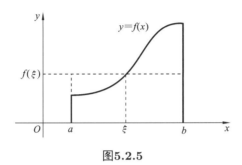

图5.2.5

注5.2.14　(积分第二中值定理) 设函数$f(x)$在$[a,b]$上可积.

(1) 若函数$g(x)$在$[a,b]$上单调减少, 且$g(x) \geqslant 0$, 则存在一点$\xi \in [a,b]$, 使得

$$\int_a^b f(x)g(x)\mathrm{d}x = g(a)\int_a^\xi f(x)\mathrm{d}x;$$

(2) 若函数$g(x)$在$[a,b]$上单调增加, 且$g(x) \geqslant 0$, 则存在一点$\eta \in [a,b]$, 使得

$$\int_a^b f(x)g(x)\mathrm{d}x = g(b)\int_\eta^b f(x)\mathrm{d}x.$$

注5.2.14

(3) 特别地, 若$g(x)$在$[a,b]$上是单调函数, 则存在一点$\xi \in [a,b]$, 使得

$$\int_a^b f(x)g(x)\mathrm{d}x = g(a)\int_a^\xi f(x)\mathrm{d}x + g(b)\int_\xi^b f(x)\mathrm{d}x.$$

例5.2.3　证明: $\displaystyle\lim_{n\to\infty}\int_0^{\frac{\pi}{2}}\sin^n x\mathrm{d}x = 0.$

证　$\forall \varepsilon > 0, \exists \delta > 0$, 使$\delta \leqslant \varepsilon$. 由于

$$\int_0^{\frac{\pi}{2}}\sin^n x\mathrm{d}x = \int_0^{\frac{\pi}{2}-\delta}\sin^n x\mathrm{d}x + \int_{\frac{\pi}{2}-\delta}^{\frac{\pi}{2}}\sin^n x\mathrm{d}x$$

$$= \sin^n\xi\cdot\left(\frac{\pi}{2}-\delta\right) + \int_{\frac{\pi}{2}-\delta}^{\frac{\pi}{2}}\sin^n x\mathrm{d}x \quad \left(0 \leqslant \xi \leqslant \frac{\pi}{2}-\delta\right),$$

所以

$$\left|\int_0^{\frac{\pi}{2}}\sin^n x\mathrm{d}x\right| \leqslant \left|\sin\left(\frac{\pi}{2}-\delta\right)\right|^n\cdot\frac{\pi}{2} + \int_{\frac{\pi}{2}-\delta}^{\frac{\pi}{2}}|\sin x|^n\mathrm{d}x$$

$$\leqslant \frac{\pi}{2}\left|\sin\left(\frac{\pi}{2}-\delta\right)\right|^n + \delta.$$

又已知

$$\lim_{n\to\infty}\left|\sin\left(\frac{\pi}{2}-\delta\right)\right|^n = 0,$$

即对上述$\varepsilon > 0$, $\exists N, \forall n > N$, 有

$$\left|\sin\left(\frac{\pi}{2}-\delta\right)\right|^n < \varepsilon,$$

于是

$$\left|\int_0^{\frac{\pi}{2}}\sin^n x\mathrm{d}x\right| \leqslant \frac{\pi}{2}\cdot\varepsilon + \varepsilon = \left(\frac{\pi}{2}+1\right)\varepsilon.$$

因此

$$\lim_{n\to\infty}\int_0^{\frac{\pi}{2}}\sin^n x\mathrm{d}x = 0.$$

例5.2.4 证明: 若函数$f(x)$在$[\alpha,\beta]$上连续, 函数$\varphi(x)$在$(-\infty,+\infty)$上存在二阶导数, 且$\varphi''(x) > 0$,则

$$\varphi\left(\frac{1}{\beta-\alpha}\int_\alpha^\beta f(x)\mathrm{d}x\right) \leqslant \frac{1}{\beta-\alpha}\int_\alpha^\beta \varphi(f(x))\mathrm{d}x.$$

证 将$[\alpha,\beta]$等分成n个小区间, 并令分点

$$x_i = \alpha + \frac{i}{n}(\beta-\alpha), \quad i = 0,1,2,\cdots,n,$$

于是$\Delta x_i = \dfrac{\beta-\alpha}{n}$. 由于$\varphi''(x) > 0$, $\varphi(x)$在$(-\infty,+\infty)$上是凸函数, 故由Jenson不等式, 有

$$\varphi\left[\frac{1}{n}\sum_{i=1}^n f(x_i)\right] \leqslant \frac{1}{n}\sum_{i=1}^n \varphi(f(x_i)),$$

即

$$\varphi\left(\frac{1}{\beta-\alpha}\sum_{i=1}^n f(x_i)\cdot\frac{\beta-\alpha}{n}\right) \leqslant \frac{1}{\beta-\alpha}\sum_{i=1}^n \varphi(f(x_i))\cdot\frac{\beta-\alpha}{n}.$$

或

$$\varphi\left(\frac{1}{\beta-\alpha}\sum_{i=1}^n f(x_i)\cdot\Delta x_i\right) \leqslant \frac{1}{\beta-\alpha}\sum_{i=1}^n \varphi(f(x_i))\cdot\Delta x_i.$$

这样, 由假设条件知, $f(x)$和$\varphi(f(x))$在$[\alpha,\beta]$上连续, 因此它们可积. 在上式中令$n\to\infty$, 则由定积分的定义和函数$\varphi(x)$的连续性得

$$\varphi\left(\frac{1}{\beta-\alpha}\int_\alpha^\beta f(x)\mathrm{d}x\right) \leqslant \frac{1}{\beta-\alpha}\int_\alpha^\beta \varphi(f(x))\mathrm{d}x.$$

注5.2.15 特别地, 若函数$f(x)$在$[\alpha,\beta]$上连续, 且$f(x) > 0$,则

$$\frac{1}{\beta-\alpha}\int_\alpha^\beta \ln f(x)\mathrm{d}x \leqslant \ln\left(\frac{1}{\beta-\alpha}\int_\alpha^\beta f(x)\mathrm{d}x\right).$$

习　题　5.5

习题5.5

1. 证明: 若函数 $f(x)$ 在 $[\alpha, \beta]$ 上连续, 且对 $[\alpha, \beta]$ 上任意可积函数 $\varphi(x)$, 有

$$\int_{\alpha}^{\beta} f(x)\varphi(x)\mathrm{d}x = 0,$$

则 $f(x) \equiv 0,\ x \in [\alpha, \beta]$.

2. 证明: $\displaystyle\lim_{n\to\infty}\int_{n^2}^{n^2+n} \frac{1}{\sqrt{x}}\mathrm{e}^{-\frac{1}{x}}\mathrm{d}x = 1$.

3. 证明下列不等式:

(1) $\displaystyle 0 < \int_0^{\frac{\pi}{2}} \sin^{n+1}x\mathrm{d}x < \int_0^{\frac{\pi}{2}} \sin^n x\mathrm{d}x$;　　　　　(2) $\displaystyle 1 < \int_0^{\frac{\pi}{2}} \frac{\sin x}{x}\mathrm{d}x < \frac{\pi}{2}$;

(3) $\displaystyle \frac{\pi}{2} < \int_0^{\frac{\pi}{2}} \frac{1}{\sqrt{1 - \frac{1}{2}\sin^2 x}}\mathrm{d}x < \frac{\pi}{\sqrt{2}}$;　　　　　(4) $\displaystyle 3\sqrt{\mathrm{e}} < \int_{\mathrm{e}}^{4\mathrm{e}} \frac{\ln x}{\sqrt{x}}\mathrm{d}x < 6$.

4. 证明: 若函数 $f(x)$ 在 $[0,1]$ 上单调减少, 对任意 $\alpha \in (0,1)$, 则

$$\alpha \int_0^1 f(x)\mathrm{d}x \leqslant \int_0^{\alpha} f(x)\mathrm{d}x.$$

5. 证明: 若函数 $f(x)$ 在 $[\alpha, \beta]$ 上连续, 在 (α, β) 上可导, 且

$$\frac{2}{\beta - \alpha}\int_{\alpha}^{\frac{\alpha+\beta}{2}} f(x)\mathrm{d}x = f(\beta),$$

则存在 $\xi \in (\alpha, \beta)$, 使得 $f'(\xi) = 0$.

6. 证明: 若函数 $f(x)$ 在 $[0, \pi]$ 上连续, 且

$$\int_0^{\pi} f(\theta)\cos\theta\mathrm{d}\theta = \int_0^{\pi} f(\theta)\sin\theta\mathrm{d}\theta = 0,$$

则存在 $\alpha, \beta \in [0, \pi]$, 使得 $f(\alpha) = f(\beta) = 0$.

7. 若函数 $f(x), g(x)$ 在 $[\alpha, \beta]$ 上可积, 证明 Schwarz 不等式:

$$\left(\int_{\alpha}^{\beta} f(x)g(x)\mathrm{d}x\right)^2 \leqslant \int_{\alpha}^{\beta} f^2(x)\mathrm{d}x \cdot \int_{\alpha}^{\beta} g^2(x)\mathrm{d}x.$$

并由此证明 Minkowski 不等式:

$$\left(\int_{\alpha}^{\beta} [f(x) + g(x)]^2\mathrm{d}x\right)^{\frac{1}{2}} \leqslant \left(\int_{\alpha}^{\beta} f^2(x)\mathrm{d}x\right)^{\frac{1}{2}} + \left(\int_{\alpha}^{\beta} g^2(x)\mathrm{d}x\right)^{\frac{1}{2}}.$$

8. 证明: 若函数 $f(x)$ 在 $[0,1]$ 上可积, 且对任意 $\alpha, \beta \in [0,1]$, 满足李普希茨条件

$$|f(\alpha) - f(\beta)| \leqslant L|\alpha - \beta|,$$

其中L是常数, 则

$$\left| \int_0^1 f(x)\mathrm{d}x - \frac{1}{n}\sum_{i=1}^n f\left(\frac{i}{n}\right) \right| \leqslant \frac{L}{n}.$$

9. 证明:若函数$f(x)$在$[0,1]$上单调减少, 则

$$\int_0^1 f(x)\mathrm{d}x - \frac{1}{n}\sum_{i=1}^n f\left(\frac{i}{n}\right) \leqslant \frac{f(0)-f(1)}{n}.$$

10. 证明:若函数$f(x)$在$[0,1]$上连续, 且$1 \leqslant f(x) \leqslant 2$, 则

$$\int_0^1 f(x)\mathrm{d}x \int_0^1 \frac{1}{f(x)}\mathrm{d}x \leqslant \frac{9}{8}.$$

11. 证明:若$f(x)$与$\varphi(x)$在$[\alpha,\beta]$上是正的连续函数, 则

$$\lim_{n\to\infty}\left(\int_\alpha^\beta \varphi(x)[f(x)]^n\mathrm{d}x\right)^{\frac{1}{n}} = \max_{\alpha\leqslant x\leqslant\beta}\{f(x)\}.$$

12. 定义实数序列$\{\alpha_n\}$和$\{\beta_n\}$如下:

$$\begin{cases} \alpha_n = \int_0^1 \max\{x,\beta_{n-1}\}\mathrm{d}x, \\ \beta_n = \int_0^1 \min\{x,\alpha_{n-1}\}\mathrm{d}x, \end{cases} \quad n=2,3,\cdots,$$

求$\lim\limits_{n\to\infty}\alpha_n$和$\lim\limits_{n\to\infty}\beta_n$.

13. 证明: 若$f(x)$与$\varphi(x)$在$[\alpha,\beta]$上是正的连续函数, 设

$$\Lambda_n = \int_\alpha^\beta \varphi(x)[f(x)]^n\mathrm{d}x,$$

则数列$\left\{\dfrac{\Lambda_{n+1}}{\Lambda_n}\right\}$收敛, 且

$$\lim_{n\to\infty}\frac{\Lambda_{n+1}}{\Lambda_n} = \max_{\alpha\leqslant x\leqslant\beta}\{f(x)\}.$$

5.2.3 微积分学基本定理

1. 牛顿-莱布尼茨公式

设函数$f(x)$在$[a,b]$上可积,则对任意$x\in[a,b]$, 积分$\int_a^x f(t)\mathrm{d}t$存在, 于是

$$F(x) = \int_a^x f(t)\mathrm{d}t, \quad x\in[a,b]$$

牛 顿

是一个定义在$[a,b]$上以积分上限x为变量的函数, 称为变上限的定积分. 同样地, 我们可定义变下限的定积分

$$G(x) = \int_x^b f(t)\mathrm{d}t, \quad x\in[a,b].$$

由于

$$\int_x^b f(t)\mathrm{d}t = -\int_b^x f(t)\mathrm{d}t,$$

莱布尼茨

所以下面只讨论变上限的定积分情形.

注5.2.16　若函数$f(x)$在$[a,b]$上可积, 则
$$F(x) = \int_a^x f(t)\mathrm{d}t, \quad x \in [a,b]$$
在$[a,b]$上连续.

注5.2.16

注5.2.17　函数$\int_a^x f(t)\mathrm{d}t$不一定是初等函数, 它是函数的另一种表示形式, 与我们熟悉的初等函数的形式不同, 使我们对函数的认识冲出了初等函数的束缚.

定理5.2.4　(原函数存在定理) 若函数$f(x)$在$[a,b]$上连续, 则
$$F(x) = \int_a^x f(t)\mathrm{d}t, \quad x \in [a,b]$$
在$[a,b]$上可微, 且
$$F'(x) = f(x).$$

证　当x, $\Delta x \in [a,b]$时, 由于
$$\begin{aligned}\frac{F(x+\Delta x) - F(x)}{\Delta x} &= \frac{1}{\Delta x}\left(\int_a^{x+\Delta x} f(t)\mathrm{d}t - \int_a^x f(t)\mathrm{d}t\right)\\ &= \frac{1}{\Delta x}\int_x^{x+\Delta x} f(t)\mathrm{d}t = f(x + \theta\Delta x),\end{aligned}$$
其中$0 \leqslant \theta \leqslant 1$. 因此, 由$f(x)$在$x$处连续, 有
$$F'(x) = \lim_{\Delta x \to 0}\frac{F(x+\Delta x) - F(x)}{\Delta x} = \lim_{\Delta x \to 0} f(x + \theta\Delta x) = f(x).$$

注5.2.18　原函数存在定理沟通了导数与定积分的内在联系; 断言了"连续函数必存在原函数", 并给出连续函数的一个原函数表达式. 因此, 原函数存在定理被誉为微积分学基本定理.

定理5.2.5　(牛顿-莱布尼茨公式) 若函数$f(x)$在$[a,b]$上连续, $F(x)$是$f(x)$在$[a,b]$上的一个原函数, 则
$$\int_a^b f(t)\mathrm{d}t = F(b) - F(a).$$
也常记为
$$\int_a^b f(t)\mathrm{d}t = F(x)\bigg|_a^b.$$

证　由于$F(x)$是$f(x)$在$[a,b]$上的一个原函数, 而函数$\int_a^x f(t)\mathrm{d}t$也是$f(x)$在$[a,b]$上的一个原函数, 因而两者之间只相差一个常数. 记
$$\int_a^x f(t)\mathrm{d}t = F(x) + C,$$

令 $x = a$, 得 $C = -F(a)$, 于是

$$\int_a^x f(t)\mathrm{d}t = F(x) - F(a),$$

又在上式令 $x = b$, 得

$$\int_a^b f(t)\mathrm{d}t = F(b) - F(a).$$

例5.2.5 求下列定积分:

(1) $\displaystyle\int_0^{\frac{\pi}{2}} \cos x \mathrm{d}x$;   (2) $\displaystyle\int_1^{\mathrm{e}} \frac{1}{x} \mathrm{d}x$;

(3) $\displaystyle\int_0^1 \frac{1}{1+x^2} \mathrm{d}x$;   (4) $\displaystyle\int_a^b \mathrm{e}^x \mathrm{d}x$.

解 由牛顿-莱布尼茨公式, 有

(1) $\displaystyle\int_0^{\frac{\pi}{2}} \cos x \mathrm{d}x = \sin x \Big|_0^{\frac{\pi}{2}} = \sin \frac{\pi}{2} - \sin 0 = 1$;

(2) $\displaystyle\int_1^{\mathrm{e}} \frac{1}{x} \mathrm{d}x = \ln x \Big|_1^{\mathrm{e}} = \ln \mathrm{e} - \ln 1 = 1$;

(3) $\displaystyle\int_0^1 \frac{1}{1+x^2} \mathrm{d}x = \arctan x \Big|_0^1 = \arctan 1 - \arctan 0 = \frac{\pi}{4}$;

(4) $\displaystyle\int_a^b \mathrm{e}^x \mathrm{d}x = \mathrm{e}^x \Big|_a^b = \mathrm{e}^b - \mathrm{e}^a$.

例5.2.6 求极限:

$$\lim_{n \to \infty} \sum_{k=1}^n \frac{k}{n^3} \sqrt{n^2 - k^2}.$$

解 由于

$$\sum_{k=1}^n \frac{k}{n^3} \sqrt{n^2 - k^2} = \sum_{k=1}^n \frac{k}{n} \sqrt{1 - \left(\frac{k}{n}\right)^2} \cdot \frac{1}{n},$$

所以

$$\begin{aligned}
\lim_{n \to \infty} \sum_{k=1}^n \frac{k}{n^3} \sqrt{n^2 - k^2} &= \lim_{n \to \infty} \sum_{k=1}^n \frac{k}{n} \sqrt{1 - \left(\frac{k}{n}\right)^2} \cdot \frac{1}{n} = \int_0^1 x\sqrt{1 - x^2}\mathrm{d}x \\
&= -\frac{1}{2} \int_0^1 \sqrt{1 - x^2}\mathrm{d}(1 - x^2) = -\frac{1}{3}(1 - x^2)^{\frac{3}{2}} \Big|_0^1 = \frac{1}{3}.
\end{aligned}$$

例5.2.7 证明: 若函数 $f(x)$ 在 $[0, 1]$ 上有连续的导数, 且 $f(1) - f(0) = 1$, 则

$$\int_0^1 [f'(x)]^2 \mathrm{d}x \geqslant 1.$$

证 由于

$$\begin{aligned}
\int_0^1 [f'(x) - 1]^2 \mathrm{d}x &= \int_0^1 [f'(x)]^2 \mathrm{d}x - 2\int_0^1 f'(x)\mathrm{d}x + 1 \\
&= \int_0^1 [f'(x)]^2 \mathrm{d}x - 2[f(1) - f(0)] + 1
\end{aligned}$$

$$= \int_0^1 [f'(x)]^2 \mathrm{d}x - 1 \geqslant 0,$$

所以

$$\int_0^1 [f'(x)]^2 \mathrm{d}x \geqslant 1.$$

例5.2.8　证明: 若$f(x)$在$[0,1]$上为单调增加的连续函数, 则

$$\int_0^1 f(x)\mathrm{d}x \leqslant 2\int_0^1 xf(x)\mathrm{d}x.$$

证　作函数

$$F(t) = 2\int_0^t xf(x)\mathrm{d}x - t\int_0^t f(x)\mathrm{d}x, \quad t \in [0,1].$$

由于

$$F'(t) = 2tf(t) - \int_0^t f(x)\mathrm{d}x - tf(t) = tf(t) - \int_0^t f(x)\mathrm{d}x \geqslant 0,$$

所以$F(t)$在$[0,1]$上单调增加. 因此$F(t) \geqslant F(0) = 0$, $\forall t \in [0,1]$, 特别有$F(1) \geqslant F(0)$, 即

$$\int_0^1 f(x)\mathrm{d}x \leqslant 2\int_0^1 xf(x)\mathrm{d}x.$$

2. 定积分的换元积分法与分部积分法

定理5.2.6　(定积分的换元积分法)若函数$f(x)$在$[a,b]$上连续, 函数$\varphi(t)$在$[\alpha,\beta]$上连续可微, 且

$$\varphi(\alpha) = a, \ \varphi(\beta) = b, \ a \leqslant \varphi(t) \leqslant b, \ t \in [\alpha,\beta],$$

则

$$\int_a^b f(x)\mathrm{d}x = \int_\alpha^\beta f(\varphi(t))\varphi'(t)\mathrm{d}t.$$

证　设函数$F(x)$是$f(x)$的一个原函数, 于是由复合函数的求导法则可知, 函数$F(\varphi(t))$是$f(\varphi(t))\varphi'(t)\mathrm{d}t$的原函数, 所以

$$\int_a^b f(x)\mathrm{d}x = F(x)\Big|_a^b = F(b) - F(a),$$

$$\int_\alpha^\beta f(\varphi(t))\varphi'(t)\mathrm{d}t = F(\varphi(t))\Big|_\alpha^\beta = F(\varphi(\beta)) - F(\varphi(\alpha)) = F(b) - F(a).$$

因此

$$\int_a^b f(x)\mathrm{d}x = \int_\alpha^\beta f(\varphi(t))\varphi'(t)\mathrm{d}t.$$

定理5.2.7　(定积分的分部积分法)若函数$u(x), v(x)$在$[a,b]$上连续可微, 则

$$\int_a^b u(x)v'(x)\mathrm{d}x = u(x)v(x)\Big|_a^b - \int_a^b u'(x)v(x)\mathrm{d}x.$$

证　因函数$u(x)v(x)$是$u(x)v'(x) + u'(x)v(x)$的一个原函数, 所以

$$\int_a^b u(x)v'(x)\mathrm{d}x + \int_a^b u'(x)v(x)\mathrm{d}x = u(x)v(x)\Big|_a^b.$$

例5.2.9 求定积分 $\displaystyle\int_0^1 x^2\sqrt{1-x^2}\mathrm{d}x$.

解 作变换 $x = \cos t$, 则 $\mathrm{d}x = -\sin t\,\mathrm{d}t$, 因此

$$
\begin{aligned}
\int_0^1 x^2\sqrt{1-x^2}\mathrm{d}x &= -\int_{\frac{\pi}{2}}^0 \sin^2 t\cos^2 t\,\mathrm{d}t = \frac{1}{4}\int_0^{\frac{\pi}{2}}\sin^2 2t\,\mathrm{d}t \\
&= \frac{1}{8}\int_0^{\frac{\pi}{2}}(1-\cos 4t)\mathrm{d}t = \frac{\pi}{16}.
\end{aligned}
$$

例5.2.10 求定积分 $I = \displaystyle\int_0^1 \frac{\ln(1+x)}{1+x^2}\mathrm{d}x$.

解 作变换 $x = \tan t$, 则 $\mathrm{d}t = \dfrac{1}{1+x^2}\mathrm{d}x$, 因此

$$
\begin{aligned}
I &= \int_0^{\frac{\pi}{4}}\ln(1+\tan t)\mathrm{d}t = \int_0^{\frac{\pi}{4}}\ln\frac{\cos t+\sin t}{\cos t}\mathrm{d}t \\
&= \int_0^{\frac{\pi}{4}}\ln\frac{\sqrt{2}\cos\left(\dfrac{\pi}{4}-t\right)}{\cos t}\mathrm{d}t \\
&= \int_0^{\frac{\pi}{4}}\ln\sqrt{2}\,\mathrm{d}t + \int_0^{\frac{\pi}{4}}\ln\cos\left(\frac{\pi}{4}-t\right)\mathrm{d}t - \int_0^{\frac{\pi}{4}}\ln\cos t\,\mathrm{d}t \\
&= \int_0^{\frac{\pi}{4}}\ln\sqrt{2}\,\mathrm{d}t = \frac{\pi}{8}\ln 2.
\end{aligned}
$$

例5.2.11 求定积分 $\displaystyle\int_0^{\frac{\pi}{2}}\sin^n x\,\mathrm{d}x$ $(n = 1, 2, \cdots)$.

解 设

$$
I_n = \int_0^{\frac{\pi}{2}}\sin^n x\,\mathrm{d}x, \quad n = 0, 1, 2, \cdots,
$$

于是

$$
I_0 = \int_0^{\frac{\pi}{2}}\mathrm{d}x = \frac{\pi}{2}, \quad I_1 = \int_0^{\frac{\pi}{2}}\sin x\,\mathrm{d}x = 1.
$$

当 $n \geqslant 2$ 时, 由于

$$
\begin{aligned}
I_n &= \int_0^{\frac{\pi}{2}}\sin^n x\,\mathrm{d}x = -\sin^{n-1}x\cos x\Big|_0^{\frac{\pi}{2}} + (n-1)\int_0^{\frac{\pi}{2}}\sin^{n-2}x\cos^2 x\,\mathrm{d}x \\
&= (n-1)\int_0^{\frac{\pi}{2}}\sin^{n-2}x\,\mathrm{d}x - (n-1)\int_0^{\frac{\pi}{2}}\sin^n x\,\mathrm{d}x \\
&= (n-1)I_{n-2} - (n-1)I_n,
\end{aligned}
$$

所以

$$
I_n = \frac{n-1}{n}I_{n-2}, \quad n \geqslant 2.
$$

这样

$$
I_{2m} = \frac{2m-1}{2m}\cdot\frac{2m-3}{2m-2}\cdot\cdots\cdot\frac{1}{2}\cdot\frac{\pi}{2} = \frac{(2m-1)!!}{(2m)!!}\cdot\frac{\pi}{2},
$$

$$I_{2m+1} = \frac{2m}{2m+1} \cdot \frac{2m-2}{2m-1} \cdot \cdots \cdot \frac{2}{3} \cdot 1 = \frac{(2m)!!}{(2m+1)!!}.$$

<h1 style="text-align:center">习　题　5.6</h1>

习题5.6

1. 求下列极限:

(1) $\lim\limits_{n\to\infty} \int_0^{\frac{2}{3}} \frac{x^n}{1+x}\mathrm{d}x$;

(2) $\lim\limits_{n\to\infty} \int_n^{n+1} \frac{\sin x}{x}\mathrm{d}x$;

(3) $\lim\limits_{x\to\infty} \dfrac{\displaystyle\int_0^x \mathrm{e}^{t^2}\mathrm{d}t}{\displaystyle\int_0^x \mathrm{e}^{2t^2}\mathrm{d}t}$;

(4) $\lim\limits_{x\to+\infty} \int_x^{x+1} \sin t^2 \mathrm{d}t$;

(5) $\lim\limits_{x\to+\infty} \dfrac{\displaystyle\int_0^x |\cos t|\mathrm{d}t}{x}$.

2. 求下列极限:

(1) $\lim\limits_{n\to\infty} \left(\frac{1}{n^2} + \frac{2}{n^2} + \cdots + \frac{n-1}{n^2} \right)$;

(2) $\lim\limits_{n\to\infty} \frac{1}{n} \left(\sin\frac{\pi}{n} + \sin\frac{2\pi}{n} + \cdots + \sin\frac{(n-1)\pi}{n} \right)$;

(3) $\lim\limits_{x\to\infty} \frac{1}{n^4} \left(1 + 2^3 + \cdots + n^3 \right)$.

3. 求下列定积分:

(1) $\int_{\ln 2}^1 \frac{1}{\sqrt{\mathrm{e}^x - 1}}\mathrm{d}x$;

(2) $\int_0^{\frac{\pi}{2}} \frac{\sin^2 x}{\cos x + \sin x}\mathrm{d}x$;

(3) $\int_0^1 \arcsin x \mathrm{d}x$;

(4) $\int_1^{\mathrm{e}} \sin(\ln x)\mathrm{d}x$;

(5) $\int_1^2 \frac{1}{x\sqrt{1+x^2}}\mathrm{d}x$;

(6) $\int_0^1 \frac{1+x^2}{1+x^4}\mathrm{d}x$;

(7) $\int_1^{\mathrm{e}} x\ln^n x \mathrm{d}x$;

(8) $\int_0^2 (2^x + 3^x)^2 \mathrm{d}x$;

(9) $\int_0^1 \mathrm{e}^{\sqrt{x}}\mathrm{d}x$;

(10) $\int_0^{\frac{\pi}{2}} \frac{\cos\theta}{\cos\theta + \sin\theta}\mathrm{d}x$;

(11) $\int_0^1 x|x - \alpha|\mathrm{d}x$;

(12) $\int_0^2 [\mathrm{e}^x]\mathrm{d}x$.

4. 证明:

(1) 若函数$f(x)$在$[-a, a]$上连续, 且是偶函数, 则 $\int_{-a}^a f(x)\mathrm{d}x = 2\int_0^a f(x)\mathrm{d}x$;

(2) 若函数$f(x)$在$[-a, a]$上连续, 且是奇函数, 则 $\int_{-a}^a f(x)\mathrm{d}x = 0$;

(3) 若函数$f(x)$在$(-\infty, +\infty)$上是周期为T的连续函数, 则$\displaystyle\int_a^{a+T} f(x)\mathrm{d}x = \int_0^T f(x)\mathrm{d}x$;

(4) 若函数$f(x)$在$(-\infty, +\infty)$上连续, 则$\displaystyle\int_0^{\frac{\pi}{2}} f(\cos x)\mathrm{d}x = \int_0^{\frac{\pi}{2}} f(\sin x)\mathrm{d}x$;

(5) 若函数$f(x)$在$(-\infty, +\infty)$上连续, 则$\displaystyle\int_0^{\pi} xf(\sin x)\mathrm{d}x = \frac{\pi}{2}\int_0^{\pi} f(\sin x)\mathrm{d}x$, 并计算

$$\int_0^{\pi} \frac{x\sin x}{1+\cos^2 x}\mathrm{d}x.$$

5. 证明: 对任何正整数n, 有

$$\frac{2}{3}n\sqrt{n} < \sqrt{1} + \sqrt{2} + \cdots + \sqrt{n} < \frac{4n+3}{6}\sqrt{n}.$$

6. 证明: 若$f(x)$在$[0,1]$上有二阶连续的导数, 则

$$\int_0^1 x^n f(x)\mathrm{d}x = \frac{1}{n} - \frac{f(1)+f'(1)}{n^2} + o\left(\frac{1}{n^2}\right) \quad (n\to\infty).$$

7. 证明: 设$0 \leqslant a < b$, 函数$f(x)$连续、单调增加, 则

$$2\int_a^b xf(x)\mathrm{d}x \geqslant b\int_0^b f(x)\mathrm{d}x - a\int_0^a f(x)\mathrm{d}x.$$

8. 证明: 设$a > 0$, 函数$f(x)$在$[0,a]$上连续可微, 则

$$f(0) \leqslant \frac{1}{a}\int_0^a |f(x)|\mathrm{d}x + \int_0^a |f'(x)|\mathrm{d}x.$$

9. 证明: 设函数$f(x)$在$[0,1]$上连续可微, 则

$$|f(x)| \leqslant \int_0^1 [|f(t)| + |f'(t)|]\mathrm{d}t, \quad x\in[0,1].$$

10. 证明: 设函数$f(x)$在$[0,1]$上可微, 且$f(1) - 2\displaystyle\int_0^{\frac{1}{2}} xf(x)\mathrm{d}x = 0$, 则存在$\xi\in(0,1)$, 使得

$$f'(\xi) = -\frac{f(\xi)}{\xi}.$$

11. 证明: 若函数$f(x)$连续, $u(x)$与$v(x)$可导, 则$F(x) = \displaystyle\int_{u(x)}^{v(x)} f(t)\mathrm{d}t$可导, 并求导数.

12. 证明: 若函数$f(x)$在$(-\infty, +\infty)$的任意有界区间$[\alpha,\beta]$上可积, 且对任意$x,y\in[\alpha,\beta]$, 有$f(x+y) = f(x) + f(y)$, 则$f(x) = Cx$, 其中$C = f(1)$.

13. 证明: 若函数$f(x)$在$[0,2\pi]$上连续, 则

$$\lim_{n\to\infty} \int_0^{2\pi} f(x)|\sin nx|\mathrm{d}x = \frac{2}{\pi}\int_0^{2\pi} f(x)\mathrm{d}x.$$

14. 证明: 若函数 $f(x)$ 在 $[-1,1]$ 上连续, 则

$$\lim_{h\to 0}\int_{-1}^{1}\frac{h}{h^2+x^2}f(x)\mathrm{d}x = \pi f(0).$$

15. 证明: 当 $n\geqslant 2$ 时, 成立不等式

$$\int_{\pi}^{n\pi}\frac{|\sin x|}{x}\mathrm{d}x \geqslant \frac{2}{\pi}\ln\frac{n+1}{2}.$$

16. 证明:

$$\int_{-1}^{1}P_m(x)P_n(x)\mathrm{d}x = \begin{cases} 0, & n\neq m, \\ \dfrac{2}{2n+1}, & n = m, \end{cases}$$

其中 $P_n(x) = \dfrac{1}{2^n n!}\dfrac{\mathrm{d}^n}{\mathrm{d}x^n}(x^2-1)^n.$

5.2.4　应用事例与探究课题

1. 应用事例

例5.2.12　设 $\rho\in C([0,1])$, 且 $\displaystyle\int_0^1\rho(x)\mathrm{d}x = 1$, 则积分

$$\Lambda = \int_0^1(1+x^2)\rho^2(x)\mathrm{d}x$$

之值在 $\rho(x) = \dfrac{4}{\pi(1+x^2)}$ 时达到最小值 $\dfrac{4}{\pi}$.

解　由于

$$\begin{aligned}
1 &= \left|\int_0^1\rho(x)\mathrm{d}x\right| \\
&= \left|\int_0^1\rho(x)\frac{\sqrt{1+x^2}}{\sqrt{1+x^2}}\mathrm{d}x\right| \\
&\leqslant \left(\int_0^1(1+x^2)\rho(x)\mathrm{d}x\right)^{\frac{1}{2}}\cdot\left(\frac{1}{1+x^2}\right)^{\frac{1}{2}} \\
&= \left(\int_0^1(1+x^2)\rho(x)\mathrm{d}x\right)^{\frac{1}{2}}\cdot\frac{\sqrt{\pi}}{2},
\end{aligned}$$

所以 Λ 最小值为 $\dfrac{4}{\pi}$, 且实际上取 $\rho(x) = \dfrac{4}{\pi(1+x^2)}$ 就使 $\Lambda = \dfrac{4}{\pi}$.

例5.2.13　设 $f\in C([0,1])$, 求极限

$$\lim_{n\to\infty}\int_0^1\frac{nf(x)}{1+n^2x^2}\mathrm{d}x.$$

解　令 $M = \sup\limits_{x\in[0,1]}\{|f(x^n)|\}$, 则有 $0 < \xi_n < \dfrac{1}{\sqrt{n}}$,

$$\lim_{n\to\infty}\int_0^1\frac{nf(x)}{1+n^2x^2}\mathrm{d}x = \lim_{n\to\infty}\left(\int_0^{\frac{1}{\sqrt{n}}}+\int_{\frac{1}{\sqrt{n}}}^1\right)\frac{nf(x)}{1+n^2x^2}\mathrm{d}x$$

$$= \lim_{n\to\infty} f(\xi_n) \int_0^{\frac{1}{\sqrt{n}}} \frac{n}{1+n^2x^2} \mathrm{d}x + \lim_{n\to\infty} \int_{\frac{1}{\sqrt{n}}}^1 \frac{nf(x)}{1+n^2x^2} \mathrm{d}x$$

$$\triangleq I_1 + I_2.$$

因为

$$I_1 = \lim_{n\to\infty} f(\xi_n) \arctan\sqrt{n} = \frac{\pi}{2} f(0),$$

$$I_2 \leqslant \lim_{n\to\infty} (M|\arctan n - \arctan\sqrt{n}|) = 0,$$

因此

$$\lim_{n\to\infty} \int_0^1 \frac{nf(x)}{1+n^2x^2} \mathrm{d}x = \frac{\pi}{2} f(0).$$

例5.2.14 设$f(x)$在$(0,+\infty)$上可导, $f'(x)$在$(\beta,+\infty)(\beta>0)$上单调, 且$f'(x)\to 0(x\to +\infty)$, 则

$$\lim_{n\to+\infty}\left[\frac{1}{2}f(1)+f(2)+f(3)+\cdots+f(n-1)+\frac{f(n)}{2}-\int_1^n f(x)\mathrm{d}x\right]$$

存在.

解 令$F(x)=\int_1^x f(t)\mathrm{d}t$, 由Taylor展开式知, 存在$x_k:\ k<x_k<k+\frac{1}{2}$及$y_k:\ k+\frac{1}{2}<y_k<k+1$, 使得

$$F\left(k+\frac{1}{2}\right)-F(k)=\frac{1}{2}f(k)+\frac{1}{8}f'(x_k),$$

$$-F\left(k+\frac{1}{2}\right)+F(k+1)=\frac{1}{2}f(k+1)-\frac{1}{8}f'(y_k).$$

将上两式从$k=1$到$k=n-1$相加, 有

$$\frac{1}{2}f(1)+f(2)+f(3)+\cdots+f(n-1)+\frac{n}{2}-F(n)$$

$$=\ \frac{1}{8}[f'(y_1)-f'(x_1)+f'(y_2)-f'(x_2)+\cdots+f'(y_{n-1})-f'(x_{n-1})].$$

当$n\to\infty$时, 上式右端是收敛的(因为$f'(x)$是单调的, 且$f'(x)\to 0(x\to+\infty)$).

例5.2.15 设$\varphi_n\in C([\alpha,\beta])$, $\int_\alpha^\beta \varphi_n^2(x)\mathrm{d}x=1(n=1,2,\cdots)$, 则存在$m$ 个实数$\lambda_i(i=1,2,\ldots,m)$, 使得

$$\sum_{i=1}^m \lambda_i^2=1, \quad \max_{x\in[\alpha,\beta]}\left|\sum_{i=1}^m \lambda_i\varphi_i(x)\right|>100.$$

解 取$m>10000(\beta-\alpha)$, 则

$$\int_\alpha^\beta \sum_{i=1}^m \varphi_i^2(x)\mathrm{d}x=m.$$

由中值公式, 存在$\xi\in(\alpha,\beta)$, 使得

$$\sum_{i=1}^m \varphi_i^2(\xi)=\frac{m}{\beta-\alpha}.$$

令

$$\lambda_i = \frac{\varphi_i(\xi)}{\sqrt{\sum\limits_{i=1}^{m} \varphi_i^2(\xi)}},$$

则 $\sum\limits_{i=1}^{m} \lambda_i^2 = 1$, 且

$$\left| \sum_{i=1}^{m} \lambda_i \varphi_i(x) \right| = \left| \sum_{i=1}^{m} \frac{\varphi_i^2(\xi)}{\sqrt{\sum_{i=1}^{m} \varphi_i^2(\xi)}} \right| = \sqrt{\sum_{i=1}^{m} \varphi_i^2(\xi)} = \sqrt{\frac{m}{\beta - \alpha}} > \sqrt{10000} = 100.$$

2. 探究课题

探究5.2.1　假设 $\Phi(x)$ 是 n 次多项式, 且有 $\int_0^1 x^i \Phi(x)\mathrm{d}x = 0 (i = 1, 2, \ldots, n)$, 则

$$\int_0^1 \Phi^2(x)\mathrm{d}x = (n+1)^2 \left(\int_0^1 \Phi(x)\mathrm{d}x \right)^2.$$

探究5.2.2　设 $f(x)$ 在 $(0, +\infty)$ 上二阶连续可微, $f(0) = f'(0) = 0$, 且 $f''(x) > 0 (0 \leqslant x < +\infty)$. 若 $\psi(x)$ 表示曲线 $y = f(x)$ 过切点 $(x, f(x))$ 的切线在 x 轴上的截距, 探究极限

$$\lim_{x \to 0^+} \frac{\int_0^{\psi(x)} f(t)\mathrm{d}t}{\int_0^x f(t)\mathrm{d}t}.$$

探究5.2.3　设 $f(x)$ 在 $[\alpha, \beta]$ 上二次可导, 且 $f'(\alpha) = 0, f''(\alpha) \neq 0$, 证明: 对中值公式 $\int_0^x f(t)\mathrm{d}t = f(\theta(x))(x - \alpha)$ 中的 $\theta(x)$, 有

$$\lim_{x \to \alpha} \frac{\theta(x) - \alpha}{x - \alpha} = \frac{1}{\sqrt{3}}.$$

探究5.2.4　设 $f(x)$ 在 $[\alpha, \beta]$ 上 $2n$ 次连续可导, 记 $\Lambda = \max\limits_{x \in [\alpha, \beta]} |f^{(2n)}(x)|$, $f^{(k)}(\alpha) = f^{(k)}(\beta) = 0 (k = 0, 1, 2, \ldots, n-1)$, 则

$$\left| \int_\alpha^\beta f(x)\mathrm{d}x \right| \leqslant \frac{(n!)^2 (\beta - \alpha)^{2n+1}}{(2n)!(2n+1)!} \Lambda.$$

5.3　定积分的应用

5.3.1　微元法

众所周知, 如果

$$F(x) = \int_a^x f(t)\mathrm{d}t,$$

则当 $f(x)$ 连续时, 有

$$\mathrm{d}F(x) = f(x)\mathrm{d}x,$$

且

$$F(a) = 0,$$

$$F(b) = \int_a^b f(t)\mathrm{d}t.$$

现在刚好将问题逆回去: 若所求量$F(x)$是均匀地分布在区间$[a, x]$上, 即$F(x)$是端点x的函数, 且当$x = b$时, $F(b)$为最终所求的值.

微元法　任取小区间$[x, x + \Delta x] \subset [a, b]$, 将$F$的增量$\Delta F$近似地表示为$\Delta x$的线性形式

$$\Delta F \approx f(x)\Delta x, \tag{5.3.1}$$

其中$f(x)$为某一连续函数, 且

$$\Delta F - f(x)\Delta x = o(\Delta x) \ (\Delta x \to 0),$$

即

$$\mathrm{d}F = f(x)\mathrm{d}x,$$

因此, 只要计算定积分

$$\int_a^b f(x)\mathrm{d}x,$$

就得到了该问题的结果.

注5.3.1　在使用微元法时, 必须注意:

(1) 所求量F关于分布区间$[a, b]$是代数可加的;

(2) 正确给出ΔF的近似表达式(5.3.1), 并注意其合理性.

5.3.2　平面图形的面积

1. 直角坐标系下的平面图形面积

(1) 由连续曲线$y = f(x)$, 直线$x = a, x = b(a < b)$和x轴所围成区域的面积为

$$A = \begin{cases} \displaystyle\int_a^b f(x)\mathrm{d}x, & f(x) \geqslant 0, \\ -\displaystyle\int_a^b f(x)\mathrm{d}x, & f(x) < 0, \\ \displaystyle\int_a^b |f(x)|\mathrm{d}x, & f(x)\text{不是保持定号时}, \end{cases}$$

如图5.3.1、图5.3.2和图5.3.3所示.

(2) 由两条连续曲线$y = f_1(x), y = f_2(x)$, 直线$x = a, x = b(a < b)$所围成区域的面积为

$$A = \int_a^b |f_2(x) - f_1(x)|\mathrm{d}x,$$

如图5.3.4所示.

例5.3.1　求由抛物线$y^2 = x$与直线$x - y - 2 = 0$所围成区域的面积.

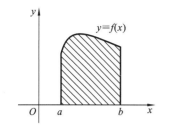

图5.3.1

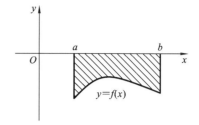

图5.3.2

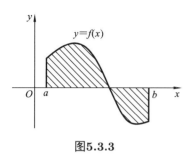

图5.3.3

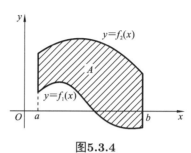

图5.3.4

解 抛物线$y^2 = x$与直线$x - y - 2 = 0$的交点为$A(1, -1)$和$B(4, 2)$, 用$x = 1$将图形分为左右两部分(图5.3.5), 于是

$$S_1 = \int_0^1 [\sqrt{x} - (-\sqrt{x})]\mathrm{d}x = 2\int_0^1 \sqrt{x}\mathrm{d}x = \frac{4}{3},$$

$$S_2 = \int_1^4 \left(\sqrt{x} - (x-2)\right)\mathrm{d}x = \frac{9}{2},$$

所以围成区域的面积为

$$S = S_1 + S_2 = \frac{35}{6}.$$

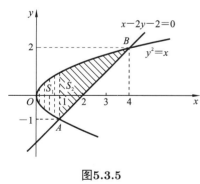

图5.3.5

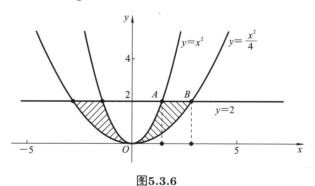

图5.3.6

例5.3.2 求由抛物线$y = x^2, y = \dfrac{x^2}{4}$与直线$y = 2$所围成区域的面积.

解 由于围成区域关于y轴对称(图5.3.6), 其面积是第一象限中面积的2倍. 而在第一象限中, 直线与两抛物线的交点为$A(\sqrt{2}, 2)$和$B(2\sqrt{2}, 2)$, 于是围成区域的面积为

$$S = 2\left(\int_0^{\sqrt{2}} x^2\mathrm{d}x + 2\int_{\sqrt{2}}^{2\sqrt{2}} \mathrm{d}x - \int_0^{2\sqrt{2}} \frac{x^2}{4}\mathrm{d}x\right) = \frac{8\sqrt{2}}{3}.$$

2. 参数方程所表示的曲线所围成的平面图形面积

若平面曲线由参数方程

$$\begin{cases} x = \varphi(t), \\ y = \psi(t), \end{cases} \quad \alpha \leqslant t \leqslant \beta$$

表示, 其中 $\varphi(t), \psi(t)$ 在 $[\alpha, \beta]$ 上连续, 且 $a = \varphi(\alpha), b = \varphi(\beta)$, 则由曲线 $x = \varphi(t), y = \psi(t), x$ 轴及直线 $x = a, x = b$ 所围成区域的面积为

$$S = \int_\alpha^\beta |\psi(t)\varphi'(t)| \mathrm{d}t.$$

例5.3.3　求椭圆 $x = a\cos\theta, y = b\sin\theta (0 \leqslant \theta \leqslant 2\pi)$ 的面积.

解　椭圆的面积为

$$S = \int_0^{2\pi} |b\sin\theta(-a\sin\theta)| \mathrm{d}\theta = \pi ab.$$

3. 极坐标系下的平面图形面积

设平面曲线 C 是由极坐标方程

$$\rho = \rho(\theta), \ \theta \in [\alpha, \beta]$$

给出, 其中 $\rho(\theta)$ 在 $[\alpha, \beta]$ 上连续. 求由曲线 C 与两条射线 $\theta = \alpha, \theta = \beta$ 所围成的区域面积 (图5.3.7)为

$$S = \frac{1}{2} \int_\alpha^\beta \rho^2(\theta) \mathrm{d}\theta.$$

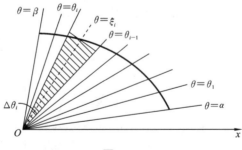

图5.3.7

事实上, 根据微元法, 在 $[\alpha, \beta]$ 上任取一小段 $[\theta, \theta + \Delta\theta]$, 则小扇形面积(图5.3.7)近似为

$$\Delta S \approx \frac{1}{2}\rho^2(\theta)\Delta\theta,$$

于是, 扇形面积微元

$$\mathrm{d}S = \frac{1}{2}\rho^2(\theta)\mathrm{d}\theta,$$

从而, 围成的区域面积为

$$S = \frac{1}{2}\int_\alpha^\beta \rho^2(\theta)\mathrm{d}\theta.$$

例5.3.4　求三叶玫瑰线$\rho = a\cos 3\theta(a > 0)$所围成区域的面积(图5.3.8).

解　由图5.3.8可知, 三叶玫瑰线围成区域的面积为第一象限中面积的6倍, 于是

$$S = 6 \times \frac{1}{2}\int_0^{\frac{\pi}{6}} (a\cos 3\theta)^2 \mathrm{d}\theta = \frac{\pi a^2}{4}.$$

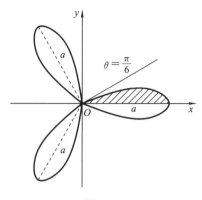

图**5.3.8**

5.3.3　利用平行截面面积求体积

设三维空间中的一立体Ω夹在垂直于x轴的两平面$x = a$和$x = b(a < b)$之间. 若在任意一点$x \in [a,b]$作垂直于x轴的平面与Ω相截(图5.3.9), 截面面积函数是$A(x)$, 且是$[a,b]$上的连续函数.

由于面积为$A(x)$, 厚度为$\mathrm{d}x$的簿片的体积为$\mathrm{d}V = A(x)\mathrm{d}x$, 因此, 立体$\Omega$的体积为

$$V = \int_a^b A(x)\mathrm{d}x.$$

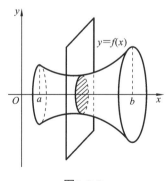

图**5.3.9**

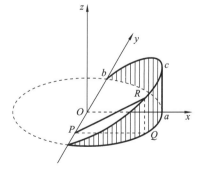

图**5.3.10**

例5.3.5　求椭圆柱面$\dfrac{x^2}{a^2} + \dfrac{y^2}{b^2} = 1$及平面$z = \dfrac{c}{a}x, z = 0$所围成立体$z \geqslant 0$的体积(图5.3.10).

解　如图5.3.10所示, 设$P(y)(-b \leqslant y \leqslant b)$为$y$轴上的任一点, 过$P$点作垂直于$y$轴的平面,

得$\triangle PQR$. 由于点Q在椭圆$\dfrac{x^2}{a^2}+\dfrac{y^2}{b^2}=1$上, 所以

$$PQ = x = a\sqrt{1-\dfrac{y^2}{b^2}}.$$

又因为点R在平面$z=\dfrac{c}{a}x$上, 于是

$$QR = \dfrac{c}{a}x = c\sqrt{1-\dfrac{y^2}{b^2}}.$$

因此, 截面直角三角形$\triangle PQR$的截面面积函数

$$A(y) = \dfrac{ac}{2}\left(1-\dfrac{y^2}{b^2}\right).$$

这样,所围成立体的体积

$$\begin{aligned} V &= \int_{-b}^{b} A(y)\mathrm{d}y \\ &= \int_{-b}^{b} \dfrac{ac}{2}\left(1-\dfrac{y^2}{b^2}\right)\mathrm{d}y = \dfrac{2}{3}abc. \end{aligned}$$

注5.3.2　旋转体的体积: 设$f(x)$是$[a,b]$上的连续函数, Ω是由平面图形

$$0 \leqslant |y| \leqslant |f(x)|,\ a \leqslant x \leqslant b$$

绕x轴旋转一周所得的旋转体(图5.3.11).

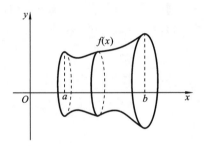

图5.3.11

由于截面面积函数为

$$A(x) = \pi f^2(x),\ x \in [a,b],$$

所以, 旋转体Ω的体积为

$$V = \pi \int_a^b f^2(x)\mathrm{d}x.$$

例5.3.6　求直线段

$$y = \dfrac{r}{h}x, x \in [0,h]$$

绕x轴旋转一周所得的锥体体积.

解　锥体体积为

$$V = \pi \int_0^h \left(\dfrac{r}{h}x\right)^2 \mathrm{d}x = \dfrac{1}{3}\pi hr^2.$$

5.3.4　平面曲线的弧长

如果有平面曲线$C = \widehat{MN}$(图5.3.12), 在C上任取$n - 1$个分点:

$$M = A_0, A_1, \cdots, A_{n-1}, A_n = N,$$

它们构成C的一个分割, 记为T. 用线段连接相邻的两个点, 得到曲线C的一条内接折线. 令

$$\|T\| = \max_{1 \leqslant k \leqslant n} |A_{k-1}A_k|, \quad L(T) = \sum_{k=1}^{n} |A_{k-1}A_k|.$$

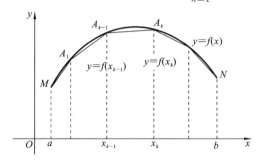

图5.3.12

定义5.3.1　如果对曲线C的任意分割T, 存在有限极限

$$\lim_{\|T\| \to 0} L(T) = l,$$

则称曲线C是可求长的, 并将极限l定义为曲线C的弧长.

定义5.3.2　设平面曲线C的参数方程为

$$\begin{cases} x = \varphi(t), \\ y = \psi(t), \end{cases} \quad t \in [\alpha, \beta],$$

若$\varphi(t), \psi(t)$在$[\alpha, \beta]$上连续可微, 且$(\varphi'(t))^2 + (\psi'(t))^2 \neq 0, t \in [\alpha, \beta]$, 则称$C$为光滑曲线.

定理5.3.1　设平面光滑曲线C的参数方程为

$$\begin{cases} x = \varphi(t), \\ y = \psi(t), \end{cases} \quad t \in [\alpha, \beta],$$

则C可求长, 且弧长为

$$l = \int_{\alpha}^{\beta} \sqrt{(\varphi'(t))^2 + (\psi'(t))^2} \mathrm{d}t.$$

证　由于曲线C为光滑曲线, 所以

$$\begin{aligned} \sum_{k=1}^{n} |A_{k-1}A_k| &= \sum_{k=1}^{n} \sqrt{[\varphi(t_k) - \varphi(t_{k-1})]^2 + [\psi(t_k) - \psi(t_{k-1})]^2} \\ &= \sum_{k=1}^{n} \sqrt{[\varphi'(\eta_k)]^2 + [\psi'(\sigma_k)]^2} \cdot \Delta t_k, \end{aligned}$$

于是

$$\left| \sum_{k=1}^{n} |A_{k-1}A_k| - \sum_{k=1}^{n} \sqrt{[\varphi'(\xi_k)]^2 + [\psi'(\xi_k)]^2} \cdot \Delta t_k \right|$$

$$= \left| \sum_{k=1}^{n} \left(\sqrt{[\varphi'(\eta_k)]^2 + [\psi'(\sigma_k)]^2} - \sqrt{[\varphi'(\xi_k)]^2 + [\psi'(\xi_k)]^2} \right) \cdot \Delta t_k \right|$$

$$\leqslant \sum_{k=1}^{n} \left| \sqrt{[\varphi'(\eta_k)]^2 + [\psi'(\sigma_k)]^2} - \sqrt{[\varphi'(\xi_k)]^2 + [\psi'(\xi_k)]^2} \right| \cdot \Delta t_k$$

$$\leqslant \sum_{k=1}^{n} \sqrt{[\varphi'(\eta_k) - \varphi'(\xi_k)]^2 + [\psi'(\sigma_k) - \psi'(\xi_k)]^2} \cdot \Delta t_k$$

$$\leqslant \sum_{k=1}^{n} \left(|\varphi'(\eta_k) - \varphi'(\xi_k)| + |\psi'(\sigma_k) - \psi'(\xi_k)| \right) \cdot \Delta t_k$$

$$\leqslant \sum_{k=1}^{n} \omega_k^{(1)} \Delta t_k + \sum_{k=1}^{n} \omega_k^{(2)} \Delta t_k,$$

其中 $\omega_k^{(1)}, \omega_k^{(2)}$ 分别是 $\varphi'(t), \psi'(t)$ 在 $[t_{k-1}, t_k]$ 中的振幅.

由于 $\varphi'(t), \psi'(t)$ 在 $[\alpha, \beta]$ 上连续, 从而可积, 于是

$$\lim_{\|T\| \to 0} \sum_{k=1}^{n} \omega_k^{(1)} \Delta t_k = 0, \qquad \lim_{\|T\| \to 0} \sum_{k=1}^{n} \omega_k^{(2)} \Delta t_k = 0,$$

因此

$$l = \lim_{\|T\| \to 0} \sum_{k=1}^{n} |A_{k-1}A_k| = \lim_{\|T\| \to 0} \sum_{k=1}^{n} \sqrt{[\varphi'(\xi_k)]^2 + [\psi'(\xi_k)]^2} \cdot \Delta t_k$$

$$= \int_{\alpha}^{\beta} \sqrt{(\varphi'(t))^2 + (\psi'(t))^2} \mathrm{d}t.$$

注5.3.3 如果平面曲线 C 的直角坐标方程为

$$y = f(x), \quad x \in [a, b],$$

则弧长公式为

$$l = \int_{a}^{b} \sqrt{1 + (f'(t))^2} \mathrm{d}t.$$

注5.3.4 称

$$\mathrm{d}l = \sqrt{(\varphi'(t))^2 + (\psi'(t))^2} \mathrm{d}t \quad 或 \quad \mathrm{d}l = \sqrt{\mathrm{d}x^2 + \mathrm{d}y^2}$$

为弧长的微分.

例5.3.7 求星形线(图5.3.13)

$$\begin{cases} x = a\cos^3\theta, \\ y = a\sin^3\theta, \end{cases} \quad \theta \in [0, 2\pi]$$

的全长, 其中 $a > 0$.

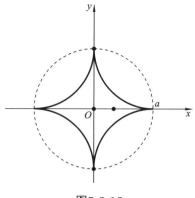

图5.3.13

解　由于星形线的全长是它在第一象限弧长的4倍, 所以

$$l = 4\int_0^{\frac{\pi}{2}} \sqrt{(\varphi'(t))^2 + (\psi'(t))^2}\mathrm{d}t = 12a\int_0^{\frac{\pi}{2}} \sqrt{\sin^2\theta\cos^2\theta}\mathrm{d}\theta = 6a.$$

5.3.5　旋转曲面的面积

设平面光滑曲线C的方程为

$$y = f(x), \quad x \in [a, b] \quad (f(x) \geqslant 0),$$

将曲线C绕x轴旋转一周得到一个旋转曲面(图5.3.14), 其面积为

$$S = 2\pi\int_a^b f(x)\sqrt{1 + (f'(x))^2}\mathrm{d}x.$$

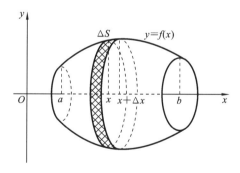

图5.3.14

事实上, 在$[a,b]$上任取一点x, 旋转半径为$f(x)$, 在曲线上点$(x, f(x))$的弧长微分为

$$\mathrm{d}l = \sqrt{1 + (f'(x))^2}\mathrm{d}x.$$

由于圆台的侧面积是底面积乘以高, 于是旋转曲面的面积微分为

$$\mathrm{d}S = 2\pi f(x)\mathrm{d}l.$$

因此, 旋转曲面的面积为

$$S = \int_a^b \mathrm{d}S = 2\pi \int_a^b f(x)\mathrm{d}l = 2\pi \int_a^b f(x)\sqrt{1+(f'(x))^2}\mathrm{d}x.$$

注5.3.5 如果平面光滑曲线C的参数方程为

$$\begin{cases} x = \varphi(t), \\ y = \psi(t), \end{cases} \quad t \in [\alpha, \beta],$$

其中$\psi(t) \geqslant 0$, 则曲线C绕x轴旋转一周得到一个旋转曲面的面积为

$$S = 2\pi \int_\alpha^\beta \psi(t)\sqrt{(\varphi'(t))^2 + (\psi'(t))^2}\mathrm{d}t.$$

例5.3.8 求圆$x^2 + (y-2)^2 = 1$绕x轴旋转一周得到一个旋转曲面的面积.

解 由于上、下半圆的方程分别为

$$y_1 = 2 + \sqrt{1-x^2} \quad 与 \quad y_2 = 2 - \sqrt{1-x^2},$$

所以, 旋转曲面的面积

$$S = 2\pi \int_{-1}^1 \left(y_1\sqrt{1+(y_1')^2} + y_2\sqrt{1+(y_2')^2} \right)\mathrm{d}x = 8\pi \int_{-1}^1 \frac{1}{\sqrt{1-x^2}}\mathrm{d}x = 8\pi^2.$$

习　题　5.7

习题5.7

1. 求下列平面曲线所围成区域的面积:

(1) $y = 2x - x^2$, $y = 2x^2 - 4x$;　　　(2) $y = \mathrm{e}^{-x}\sin x$, $y = 0$, $x = 0$, $x = 2n\pi$;

(3) $\sqrt{x} + \sqrt{y} = 1$, $x = 0$, $y = 0$;　　(4) $y = \sin x$, $y = \cos x$, $x = 1$, $x = 2$;

(5) $x = 2t - t^2$, $y = 2t^2 - t^3$;　　　　(6) $x = 2a\cos t - a\cos 2t$, $y = 2a\sin t - a\sin 2t$;

(7) $\rho = \alpha\sin\theta(\alpha > 0)$;　　　　　(8) $\rho = \dfrac{p}{1 + \varepsilon\cos\theta}(0 < \varepsilon < 1)$.

2. 求过抛物线$y^2 = 4\alpha x(\alpha > 0)$焦点的一直线, 使其与抛物线围成的区域的面积为最小.

3. 求抛物线$y^2 = 2x$将圆$x^2 + y^2 \leqslant 8$分成两部分的面积之比.

4. 求柱面$x^2 + z^2 = \alpha^2$与$y^2 + z^2 = \alpha^2$围成的体积.

5. 求下列曲线绕指定轴旋转所得旋转体的体积:

(1) $y = \sin x$绕x轴, $x \in [0, \pi]$;　　　　　(2) $\dfrac{x^2}{a^2} + \dfrac{y^2}{b^2} = 1$绕$y$轴;

(3) $y = \sin x$, $y = \cos x$, $x \in \left[0, \dfrac{\pi}{2}\right]$绕$x$轴;　　(4) $\rho = \alpha(1 + \cos\theta)(\alpha > 0)$绕极轴.

6. 求过点$(2\alpha, 0)$向椭圆$\dfrac{x^2}{\alpha^2} + \dfrac{y^2}{\beta^2} = 1$作两条切线, 求椭圆与两条切线围成的区域绕$x$轴

旋转所得旋转体的体积.

7. 求下列曲线的弧长:

(1) $y^2 = x^3,\ x \in [0,1]$; 　　　　(2) $y = \ln \dfrac{e^x - 1}{e^x - 1},\ x \in [1,2]$;

(3) $x = a(\cos t + t \sin t),\ y = a(\sin t - t \cos t)(a > 0),\ t \in [0, 2\pi]$;

(4) $x = 3t^2,\ y = 3t - t^3,\ t \in [0,3]$; 　　(5) $\rho = a \sin^3 \dfrac{\theta}{3}(a > 0),\ \theta \in [0, 3\pi]$;

(6) $\theta = \dfrac{1}{2}\left(\rho + \dfrac{1}{\rho}\right),\ \rho \in [1,3]$.

8. 求下列曲线绕指定轴旋转所得旋转曲面的面积:

(1) $y = \tan x,\ x \in \left[0, \dfrac{\pi}{4}\right]$ 绕 x 轴;

(2) $a^2 y = x^3,\ y = 0,\ x = a$ 围成的区域绕 x 轴;

(3) $x = a \cos^3 \theta,\ y = a \sin^3 \theta$ 绕 x 轴;

(4) $\rho = \alpha(1 + \cos \theta)(\alpha > 0)$ 绕极轴.

5.3.6　应用事例与探究课题

1. 应用事例

例5.3.9　求椭圆 $Ax^2 + 2Bxy + Cy^2 = 1(C > 0, AC - B^2 > 0)$ 的面积.

解　椭圆由上下两支曲线组成:
$$y_2 = f_2(x) = \frac{-Bx + \sqrt{B^2 x^2 - C(Ax^2 - 1)}}{C},$$
与
$$y_1 = f_1(x) = \frac{-Bx - \sqrt{B^2 x^2 - C(Ax^2 - 1)}}{C}.$$

根据 $C - (AC - B^2)x^2 \geqslant 0$ 可知, x 必须在 $[-\beta, \beta]$ 中取值才有解 y_2 与 y_1, 其中 $\beta = \sqrt{\dfrac{C}{AC - B^2}}$. 从而有

$$
\begin{aligned}
S &= \int_{-\beta}^{\beta} [f_2(x) - f_1(x)]\mathrm{d}x \\
&= \frac{2}{C} \int_{-\beta}^{\beta} \sqrt{C - (AC - B^2)x^2}\,\mathrm{d}x \\
&= \frac{2}{C} \cdot \frac{1}{\sqrt{AC - B^2}} \int_{-\beta}^{\beta} \sqrt{\beta^2 - x^2}\,\mathrm{d}x \\
&= \frac{\pi}{\sqrt{AC - B^2}}.
\end{aligned}
$$

例5.3.10　证明曲线 $y = e^{-x} \sin x$ 与 x 轴上的各时间段 T_n: $n\pi \leqslant x \leqslant (n+1)\pi (n = 0, 1, 2, \ldots)$ 所围成图形的面积 $S_n(n = 0, 1, 2, \ldots)$ 形成等比数列.

证　由于 $e^{-x}\sin x$ 的原函数是 $-e^{-x}\dfrac{\cos x + \sin x}{2}$, 所以
$$S_n = \left| \int_{n\pi}^{(n+1)\pi} e^{-x} \sin x\,\mathrm{d}x \right|$$

$$= \left. \left| -\frac{1}{2}e^{-x}\cos x \right|_{n\pi}^{(n+1)\pi} \right.$$

$$= \frac{e^{-\pi}+1}{2}(e^{-\pi})^n \quad (n=0,1,2,\ldots).$$

由此可知$S_n(n=0,1,2,\ldots)$是公比为$e^{-\pi}$的等比数列.

2. 探究课题

探究5.3.1　探究下列问题:

(1) 设曲线$y=\sin x$与直线$x=0, x=\dfrac{\pi}{2}$以及$y=t(0\leqslant t\leqslant 1)$所围部分面积为$S(t)$, 试求$S(t)$的最大值与最小值.

(2) 已知$f(x)$在$[0,1]$上可微, 且$xf'(x)=f(x)+3x^2$. 若已知由曲线$y=f(x)$与直线$x=0, x=1, y=0$所围成的平面图形绕x轴旋转一周所得旋转体的体积达到最小值, 求此时该平面图形的面积.

(3) 设有过点$(\alpha,0)(\alpha>0)$且位于第一象限内的光滑曲线, 取曲线上动点P, 过P点的切线与y轴相交于Q. 若直线段$\overline{PQ}$长恒为α, 试求此曲线表达式.

探究5.3.2　证明: 曲线$y=f(x)$绕直线$y=\alpha x+\beta$旋转一周在区间$[a,b]$上的旋转体体积为

$$V=\frac{\pi}{(1+\alpha^2)^{\frac{3}{2}}}\int_a^b [f(x)-\alpha x-\beta]^2[1+\alpha f'(x)]\mathrm{d}x.$$

探究5.3.3　设$f(x)$在$[0,1]$上一阶连续可微, 且$0\leqslant f(x)\leqslant 1$. 若$f(0)=f(1)=0$, $f'(x)$在$[0,1]$上递减, 则曲线$y=f(x)$在$[0,1]$上的弧长不大于3.

5.4　反常积分及其应用

在讨论定积分时, 我们总是假定:

(1) 积分区间$[a,b]$有限;

(2) 被积函数$f(x)$在$[a,b]$上有界.

这样积分区间无限或者被积函数无界的积分称为反常积分(或广义积分).

5.4.1　无穷积分

定义5.4.1　设函数$f(x)$在$[a,+\infty)$上有定义, 且在任何有限区间$[a,A]$上可积. 如果极限

$$\lim_{A\to+\infty}\int_a^A f(x)\mathrm{d}x \tag{5.4.1}$$

存在, 则称无穷积分$\displaystyle\int_a^{+\infty} f(x)\mathrm{d}x$收敛, 并记

$$\int_a^{+\infty} f(x)\mathrm{d}x=\lim_{A\to+\infty}\int_a^A f(x)\mathrm{d}x.$$

如果极限(5.4.1)不存在, 则称无穷积分 $\int_a^{+\infty} f(x)\mathrm{d}x$ 发散.

注5.4.1　类似地, 可定义

$$\int_{-\infty}^b f(x)\mathrm{d}x = \lim_{A \to -\infty} \int_A^b f(x)\mathrm{d}x$$

和

$$\int_{-\infty}^{+\infty} f(x)\mathrm{d}x = \int_{-\infty}^a f(x)\mathrm{d}x + \int_a^{+\infty} f(x)\mathrm{d}x, \qquad (5.4.2)$$

其中 a 为任一实数, 且在(5.4.2)式中当且仅当右边两个无穷积分都收敛时, 左边才收敛.

注5.4.2　无穷积分 $\int_a^{+\infty} f(x)\mathrm{d}x$ 收敛有明显的几何意义: 若 $f(x)$ 在 $[a, +\infty)$ 上为非负连续函数, 则由曲线 $y = f(x)$, 直线 $x = a$ 以及 x 轴所围成的无限区域有面积(图5.4.1)

$$S = \int_a^{+\infty} f(x)\mathrm{d}x.$$

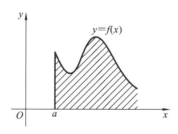

图5.4.1

例5.4.1　计算下列无穷积分:

(1) $\displaystyle\int_0^{+\infty} x\mathrm{e}^{-x^2}\mathrm{d}x;$　　　　　　　　(2) $\displaystyle\int_{-\infty}^{+\infty} \frac{1}{1+x^2}\mathrm{d}x.$

解　(1) 根据无穷积分的定义, 有

$$\int_0^{+\infty} x\mathrm{e}^{-x^2}\mathrm{d}x = \lim_{A \to +\infty} \int_0^A x\mathrm{e}^{-x^2}\mathrm{d}x = \lim_{A \to \infty}\left(-\frac{1}{2}\mathrm{e}^{-x^2}\bigg|_0^A \right) = \lim_{A \to \infty}\left(\frac{1}{2} - \frac{1}{2}\mathrm{e}^{-A^2} \right) = \frac{1}{2}.$$

(2) 由于

$$\int_0^{+\infty} \frac{1}{1+x^2}\mathrm{d}x = \lim_{A \to +\infty} \int_0^A \frac{1}{1+x^2}\mathrm{d}x = \lim_{A \to +\infty} \arctan A = \frac{\pi}{2},$$

$$\int_{-\infty}^0 \frac{1}{1+x^2}\mathrm{d}x = \lim_{A \to -\infty} \int_A^0 \frac{1}{1+x^2}\mathrm{d}x = \lim_{A \to -\infty}(-\arctan A) = \frac{\pi}{2},$$

所以

$$\int_{-\infty}^{+\infty} \frac{1}{1+x^2}\mathrm{d}x = \int_{-\infty}^0 \frac{1}{1+x^2}\mathrm{d}x + \int_0^{+\infty} \frac{1}{1+x^2}\mathrm{d}x = \frac{\pi}{2} + \frac{\pi}{2} = \pi.$$

例5.4.2　讨论无穷积分 $\int_1^{+\infty} \frac{1}{x^p}\mathrm{d}x$ 的敛散性.

解　由于

$$\int_1^A \frac{1}{x^p}\mathrm{d}x = \begin{cases} \dfrac{1}{1-p}(A^{1-p}-1), & p \neq 1, \\[2mm] \ln A, & p = 1, \end{cases}$$

所以

$$\lim_{A\to+\infty}\int_0^A \frac{1}{x^p}\mathrm{d}x = \begin{cases} \dfrac{1}{p-1}, & p > 1, \\[2mm] +\infty, & p \leqslant 1. \end{cases}$$

因此, 无穷积分 $\displaystyle\int_1^{+\infty}\frac{1}{x^p}\mathrm{d}x$ 当$p>1$时收敛, 且值为$\dfrac{1}{p-1}$; 当$p\leqslant 1$时发散.

注5.4.3　由无穷积分的定义, $\displaystyle\int_a^{+\infty}f(x)\mathrm{d}x$是否收敛, 取决于函数$F(A)$ $=\displaystyle\int_a^A f(x)\mathrm{d}x$在$A\to+\infty$时是否存在极限. 因此由函数极限的柯西准则、性质和定积分的性质可得到下述结论.

注5.4.3

(1) (柯西收敛准则)无穷积分 $\displaystyle\int_a^{+\infty}f(x)\mathrm{d}x$收敛的必要充分条件是: 任给 $\varepsilon>0$, 存在 $A>a$, 当$A_1, A_2 > A$时, 有

$$\left|\int_{A_1}^{A_2} f(x)\mathrm{d}x\right| < \varepsilon.$$

(2) 若 $\displaystyle\int_a^{+\infty}f_1(x)\mathrm{d}x$ 与 $\displaystyle\int_a^{+\infty}f_2(x)\mathrm{d}x$收敛, λ_1, λ_2为任意常数, 则 $\displaystyle\int_a^{+\infty}[\lambda_1 f_1(x)+\lambda_2 f_2(x)]\mathrm{d}x$ 收敛, 且

$$\int_a^{+\infty}[\lambda_1 f_1(x)+\lambda_2 f_2(x)]\mathrm{d}x = \lambda_1\int_a^{+\infty}f_1(x)\mathrm{d}x + \lambda_2\int_a^{+\infty}f_2(x)\mathrm{d}x.$$

(3) 若$f(x)$在任何有限区间$[a, A]$上可积, $a<b$, 则 $\displaystyle\int_a^{+\infty}f(x)\mathrm{d}x$与$\displaystyle\int_b^{+\infty}f(x)\mathrm{d}x$敛散性相同(即同时收敛或同时发散),且

$$\int_a^{+\infty}f(x)\mathrm{d}x = \int_a^b f(x)\mathrm{d}x + \int_b^{+\infty}f(x)\mathrm{d}x.$$

(4) 若$f(x)$在任何有限区间$[a, A]$上可积, 且$\displaystyle\int_a^{+\infty}|f(x)|\mathrm{d}x$收敛, 则

$$\left|\int_a^{+\infty}f(x)\mathrm{d}x\right| \leqslant \int_a^{+\infty}|f(x)|\mathrm{d}x.$$

(5) (比较判别法)若$f(x), g(x)$在任何有限区间$[a, A]$上可积, $\displaystyle\int_a^{+\infty}g(x)\mathrm{d}x$收敛, 且

$$|f(x)| \leqslant g(x), \quad x \in [a, +\infty),$$

则$\displaystyle\int_a^{+\infty}|f(x)|\mathrm{d}x$收敛.

(6) 若$f(x)$在任何有限区间$[a, A]$上可积, 且 $\displaystyle\lim_{x\to+\infty}x^p|f(x)| = \lambda$, 则有

(i) 当$p > 1$, $0 \leqslant \lambda < +\infty$时, $\displaystyle\int_a^{+\infty} |f(x)|\mathrm{d}x$收敛;

(ii) 当$p \leqslant 1$, $0 < \lambda \leqslant +\infty$时, $\displaystyle\int_a^{+\infty} |f(x)|\mathrm{d}x$发散.

(7) (狄利克雷判别法)若

(i) $F(A) = \displaystyle\int_a^A f(x)\mathrm{d}x$在$[a, +\infty)$上有界;

(ii) $g(x)$在$[a, +\infty)$上当$x \to +\infty$时单调趋于0,

则$\displaystyle\int_a^{+\infty} f(x)g(x)\mathrm{d}x$收敛.

(8) (阿贝尔(Abel)判别法)若

(i) $\displaystyle\int_a^{+\infty} f(x)\mathrm{d}x$收敛;

(ii) $g(x)$在$[a, +\infty)$上单调有界,

则$\displaystyle\int_a^{+\infty} f(x)g(x)\mathrm{d}x$收敛.

阿贝尔

注5.4.4　若$\displaystyle\int_a^{+\infty} |f(x)|\mathrm{d}x$收敛, 称$\displaystyle\int_a^{+\infty} f(x)\mathrm{d}x$ 绝对收敛; 若
$\displaystyle\int_a^{+\infty} f(x)\mathrm{d}x$收敛, 而$\displaystyle\int_a^{+\infty} |f(x)|\mathrm{d}x$发散, 称$\displaystyle\int_a^{+\infty} f(x)\mathrm{d}x$条件收敛.

例5.4.3　讨论无穷积分

$$\int_0^{+\infty} \frac{1}{1 + x^2}\mathrm{d}x$$

的敛散性.

解　由于

$$\left| \frac{\sin x}{1 + x^2} \right| \leqslant \frac{\sin x}{1 + x^2}, \quad x \in [0, +\infty),$$

且$\displaystyle\int_0^{+\infty} \frac{1}{1 + x^2}\mathrm{d}x = \frac{\pi}{2}$收敛, 于是

$$\int_0^{+\infty} \frac{\sin x}{1 + x^2}\mathrm{d}x$$

收敛.

例5.4.4　讨论无穷积分

$$\int_1^{+\infty} \frac{1}{\sqrt[3]{1 + x + x^2}}\mathrm{d}x$$

的敛散性.

解　由于

$$\lim_{x \to +\infty} x^{\frac{2}{3}} \cdot \frac{1}{\sqrt[3]{1 + x + x^2}} = 1,$$

所以

$$\int_1^{+\infty} \frac{1}{\sqrt[3]{1 + x + x^2}}\mathrm{d}x$$

发散.

例5.4.5 证明: 无穷积分

$$\int_{1}^{+\infty} \frac{\sin x}{x}\mathrm{d}x$$

是条件收敛的.

证 首先, 证明 $\int_{1}^{+\infty} \dfrac{\sin x}{x}\mathrm{d}x$ 收敛. 由于对任意 $A > 1$, 有

$$|F(A)| = \left|\int_{1}^{A} \sin x\mathrm{d}x\right| \leqslant 2,$$

且 $\dfrac{1}{x}$ 当 $x \to +\infty$ 时单调趋于0, 所以由狄利克雷判别法知, $\int_{1}^{+\infty} \dfrac{\sin x}{x}\mathrm{d}x$ 收敛.

其次, 证明 $\int_{1}^{+\infty} \left|\dfrac{\sin x}{x}\right|\mathrm{d}x$ 发散. 由于对任意 $x \in [1, +\infty)$, 有

$$\left|\frac{\sin x}{x}\right| \geqslant \frac{\sin^2 x}{x} = \frac{1}{2x} - \frac{\cos 2x}{2x},$$

所以

$$\int_{1}^{+\infty} \left|\frac{\sin x}{x}\right|\mathrm{d}x \geqslant \int_{1}^{+\infty} \frac{1}{2x}\mathrm{d}x - \int_{1}^{+\infty} \frac{\cos 2x}{2x}\mathrm{d}x.$$

而 $\int_{1}^{+\infty} \dfrac{1}{2x}\mathrm{d}x$ 发散, $\int_{1}^{+\infty} \dfrac{\cos 2x}{2x}\mathrm{d}x = \dfrac{1}{2}\int_{2}^{+\infty} \dfrac{\cos t}{t}\mathrm{d}t$ 收敛(同前面证明 $\int_{1}^{+\infty} \dfrac{\sin x}{x}\mathrm{d}x$ 收敛的方法一样), 故 $\int_{1}^{+\infty} |\dfrac{\sin x}{x}|\mathrm{d}x$ 发散.

因此, $\int_{1}^{+\infty} \dfrac{\sin x}{x}\mathrm{d}x$ 条件收敛.

习　题　5.8

习题5.8

1. 计算下列无穷积分:

(1) $\displaystyle\int_{1}^{+\infty} \frac{1}{x^2}\mathrm{d}x;$

(2) $\displaystyle\int_{0}^{+\infty} \frac{x}{1 + x^4}\mathrm{d}x;$

(3) $\displaystyle\int_{0}^{+\infty} \mathrm{e}^{-\alpha x}\sin \beta x\mathrm{d}x \ (\alpha > 0);$

(4) $\displaystyle\int_{0}^{+\infty} \mathrm{e}^{-x}x^n\mathrm{d}x \ (n$ 为非负整数$).$

2. 判别下列无穷积分的敛散性:

(1) $\displaystyle\int_{0}^{+\infty} \frac{1}{\sqrt[3]{1 + x^4}}\mathrm{d}x;$

(2) $\displaystyle\int_{1}^{+\infty} \frac{x\arctan x}{1 + x^3}\mathrm{d}x;$

(3) $\displaystyle\int_{1}^{+\infty} \sin \frac{1}{x^2}\mathrm{d}x;$

(4) $\displaystyle\int_{-\infty}^{+\infty} \frac{x}{\mathrm{e}^x + \mathrm{e}^{-x}}\mathrm{d}x.$

3. 证明: 无穷积分 $\displaystyle\int_1^{+\infty}\frac{\sin x}{x^p}\mathrm{d}x$ 与 $\displaystyle\int_1^{+\infty}\frac{\cos x}{x^p}\mathrm{d}x$ 在 $p\in(0,1)$ 时是条件收敛的.

4. 证明: 若无穷积分 $\displaystyle\int_a^{+\infty}f(x)\mathrm{d}x$ 绝对收敛, 且 $\lim\limits_{x\to+\infty}f(x)=0$, 则无穷积分 $\displaystyle\int_a^{+\infty}f^2(x)\mathrm{d}x$ 收敛.

5. 证明: 若函数 $f(x)$ 在 $[0,+\infty)$ 上一致连续, 且无穷积分 $\displaystyle\int_0^{+\infty}f(x)\mathrm{d}x$ 收敛, 则 $\lim\limits_{x\to+\infty}f(x)=0$.

6. 证明: 若函数 $f(x)$ 在 $[a,+\infty)$ 上连续可微, 且无穷积分 $\displaystyle\int_a^{+\infty}f(x)\mathrm{d}x$ 与 $\displaystyle\int_a^{+\infty}f'(x)\mathrm{d}x$ 都收敛, 则 $\lim\limits_{x\to+\infty}f(x)=0$.

7. 证明: 若无穷积分 $\displaystyle\int_a^{+\infty}f(x)\mathrm{d}x$ 收敛, 且 $xf(x)$ 在 $[a,+\infty)$ 上单调减少, 则 $\lim\limits_{x\to+\infty}x\ln xf(x)=0$.

8. 证明: 若无穷积分 $\displaystyle\int_a^{+\infty}f(x)\mathrm{d}x$ 收敛, 且 $f(x)$ 在 $[a,+\infty)$ 上单调, 则 $\lim\limits_{x\to+\infty}xf(x)=0$.

5.4.2　瑕积分

定义5.4.2　设函数 $f(x)$ 在 $(a,b]$ 上有定义, 在点 a 的任一右领域内无界(称点 a 为函数 $f(x)$ 的瑕点), 在任何内闭区间 $[a+\delta,b]\subset(a,b]$ 上有界且可积. 如果极限

$$\lim_{\delta\to0^+}\int_{a+\delta}^b f(x)\mathrm{d}x \tag{5.4.3}$$

存在, 则称瑕积分 $\displaystyle\int_a^b f(x)\mathrm{d}x$ 收敛, 并记

$$\int_a^b f(x)\mathrm{d}x=\lim_{\delta\to0^+}\int_{a+\delta}^b f(x)\mathrm{d}x.$$

如果极限(5.4.3)不存在, 则称瑕积分 $\displaystyle\int_a^b f(x)\mathrm{d}x$ 发散.

注5.4.5　类似地, 如果点 b 为函数 $f(x)$ 的瑕点, 定义瑕积分

$$\int_a^b f(x)\mathrm{d}x=\lim_{\eta\to0}\int_a^{b-\eta}f(x)\mathrm{d}x.$$

如果点 $c\in(a,b)$ 为函数 $f(x)$ 的瑕点, 定义瑕积分

$$\int_a^b f(x)\mathrm{d}x=\int_a^c f(x)\mathrm{d}x+\int_c^b f(x)\mathrm{d}x,$$

且在上式中当且仅当右边两个瑕积分都收敛时, 左边才收敛.

如果点 $x=a$ 与点 $x=b$ 都为函数 $f(x)$ 的瑕点, 定义瑕积分

$$\int_a^b f(x)\mathrm{d}x=\int_a^c f(x)\mathrm{d}x+\int_c^b f(x)\mathrm{d}x,$$

其中$\forall c \in (a,b)$, 且在上式中当且仅当右边两个瑕积分都收敛时, 左边才收敛.

注5.4.6 瑕积分与无穷积分的关系: 设点a为函数$f(x)$的瑕点, 即

$$\int_a^b f(x)\mathrm{d}x = \lim_{\delta \to 0^+} \int_{a+\delta}^b f(x)\mathrm{d}x. \tag{5.4.4}$$

作变换$x - a = \dfrac{1}{y}$, 那么$\mathrm{d}x = -\dfrac{1}{y^2}\mathrm{d}y$, 则(5.4.4)式为

$$
\begin{aligned}
\int_a^b f(x)\mathrm{d}x &= \lim_{\delta \to 0^+} \int_{a+\delta}^b f(x)\mathrm{d}x \\
&= \lim_{\delta \to 0^+} \int_{\frac{1}{\delta}}^{\frac{1}{b-a}} f\left(a + \frac{1}{y}\right) \cdot \frac{-1}{y^2}\mathrm{d}y = \int_{\frac{1}{b-a}}^{+\infty} \varphi(y)\mathrm{d}y.
\end{aligned}
$$

反之亦然.

例5.4.6 计算下列瑕积分:

(1) $\displaystyle\int_0^1 \frac{1}{\sqrt{1-x^2}}\mathrm{d}x$;　　　　(2) $\displaystyle\int_0^1 \ln x\mathrm{d}x$.

解 (1) 根据瑕积分的定义, 有

$$\int_0^1 \frac{1}{\sqrt{1-x^2}}\mathrm{d}x = \lim_{\eta \to 0} \int_0^{1-\eta} \frac{1}{\sqrt{1-x^2}}\mathrm{d}x = \lim_{\eta \to 0} \arcsin x\Big|_0^{1-\eta} = \frac{\pi}{2}.$$

(2) 根据瑕积分的定义, 有

$$
\begin{aligned}
\int_0^1 \ln x\mathrm{d}x &= \lim_{\delta \to 0^+} \int_\delta^1 \ln x\mathrm{d}x = \lim_{\delta \to 0^+} (x\ln x - x)\Big|_\delta^1 \\
&= \lim_{\delta \to 0^+} (-1 - \delta\ln\delta + \delta) = -1.
\end{aligned}
$$

例5.4.7 讨论瑕积分

$$\int_a^b \frac{1}{(x-a)^p}\mathrm{d}x \ (a < b)$$

的敛散性.

解 注意到$p > 0$时, 点$x = a$是函数$\dfrac{1}{(x-a)^p}$的瑕点. 于是当$p \neq 1$时, 有

$$
\begin{aligned}
\int_a^b \frac{1}{(x-a)^p}\mathrm{d}x &= \lim_{\delta \to 0^+} \int_{a+\delta}^b \frac{1}{(x-a)^p}\mathrm{d}x = \lim_{\delta \to 0^+} \frac{(x-a)^{1-p}}{1-p}\Big|_{a+\delta}^b \\
&= \lim_{\delta \to 0^+} \frac{(b-a)^{1-p} - \delta^{1-p}}{1-p} = \begin{cases} \dfrac{(b-a)^{1-p}}{1-p}, & p < 1, \\ +\infty, & p > 1, \end{cases}
\end{aligned}
$$

而当$p = 1$时, 有

$$\int_a^b \frac{1}{(x-a)}\mathrm{d}x = \lim_{\delta \to 0^+} \int_{a+\delta}^b \frac{1}{(x-a)}\mathrm{d}x = \lim_{\delta \to 0^+} \ln(x-a)\Big|_{a+\delta}^b = +\infty.$$

因此, 当$p < 1$时, 瑕积分$\displaystyle\int_a^b \frac{1}{(x-a)^p}\mathrm{d}x$收敛; 当$p \geqslant 1$时, 瑕积分$\displaystyle\int_a^b \frac{1}{(x-a)^p}\mathrm{d}x$发散.

例5.4.8 讨论瑕积分 $\displaystyle\int_{-1}^{27} \frac{1}{\sqrt[3]{x}}\mathrm{d}x$ 的敛散性.

解 由于点 $x = 0$ 是函数 $\dfrac{1}{\sqrt[3]{x}}$ 的瑕点. 于是

$$\int_{-1}^{0} \frac{1}{\sqrt[3]{x}}\mathrm{d}x = \lim_{\eta\to 0^+} \int_{-1}^{-\eta} \frac{1}{\sqrt[3]{x}}\mathrm{d}x = \frac{3}{2} \lim_{\eta\to 0^+} (\eta^{\frac{3}{2}} - 1) = -\frac{3}{2},$$

$$\int_{0}^{27} \frac{1}{\sqrt[3]{x}}\mathrm{d}x = \lim_{\delta\to 0^+} \int_{\delta}^{27} \frac{1}{\sqrt[3]{x}}\mathrm{d}x = \frac{3}{2} \lim_{\delta\to 0^+} (9 - \delta^{\frac{3}{2}}) = \frac{27}{2},$$

所以, 瑕积分 $\displaystyle\int_{-1}^{27} \frac{1}{\sqrt[3]{x}}\mathrm{d}x$ 收敛, 且

$$\int_{-1}^{27} \frac{1}{\sqrt[3]{x}}\mathrm{d}x = \int_{-1}^{0} \frac{1}{\sqrt[3]{x}}\mathrm{d}x + \int_{0}^{27} \frac{1}{\sqrt[3]{x}}\mathrm{d}x = 12.$$

注5.4.7 根据瑕积分与无穷积分的关系, 无穷积分的性质及其敛散性的判别法则可相应地转移到瑕积分上. 下面仅以瑕点 $x = a$ 为例列出相关结论:

注5.4.7

(1) (柯西收敛准则)瑕积分 $\displaystyle\int_{a}^{b} f(x)\mathrm{d}x$ 收敛的必要充分条件是: 任给 $\varepsilon > 0$, 存在 $\delta > 0$, 当 $x_1, x_2 \in (a, a+\delta)$ 时, 有

$$\left| \int_{x_1}^{x_2} f(x)\mathrm{d}x \right| < \varepsilon.$$

(2) 若瑕积分 $\displaystyle\int_{a}^{b} f_1(x)\mathrm{d}x$ 与瑕积分 $\displaystyle\int_{a}^{b} f_2(x)\mathrm{d}x$ 收敛, λ_1, λ_2 为任意常数, 则瑕积分 $\displaystyle\int_{a}^{b} [\lambda_1 f_1(x) + \lambda_2 f_2(x)]\mathrm{d}x$ 收敛, 且

$$\int_{a}^{b} [\lambda_1 f_1(x) + \lambda_2 f_2(x)]\mathrm{d}x = \lambda_1 \int_{a}^{b} f_1(x)\mathrm{d}x + \lambda_2 \int_{a}^{b} f_2(x)\mathrm{d}x.$$

(3) 若 $c \in (a, b)$ 为任一常数, 则瑕积分 $\displaystyle\int_{a}^{b} f(x)\mathrm{d}x$ 与瑕积分 $\displaystyle\int_{a}^{c} f(x)\mathrm{d}x$ 的敛散性相同(即同时收敛或同时发散),且

$$\int_{a}^{b} f(x)\mathrm{d}x = \int_{a}^{c} f(x)\mathrm{d}x + \int_{c}^{b} f(x)\mathrm{d}x.$$

(4) 若 $f(x)$ 在 $(a, b]$ 任一内闭区间 $[\mu, b]$ 上可积, 瑕积分 $\displaystyle\int_{a}^{b} |f(x)|\mathrm{d}x$ 收敛, 则瑕积分 $\displaystyle\int_{a}^{b} f(x)\mathrm{d}x$ 也收敛, 且

$$\left| \int_{a}^{b} f(x)\mathrm{d}x \right| \leqslant \int_{a}^{b} |f(x)|\mathrm{d}x.$$

(5) (比较判别法)若 $f(x), g(x)$ 在 $(a, b]$ 任一内闭区间 $[\mu, b]$ 上可积, 瑕积分 $\displaystyle\int_{a}^{b} g(x)\mathrm{d}x$ 收敛, 且

$$|f(x)| \leqslant g(x), \quad x \in (a, b],$$

则瑕积分 $\int_a^b |f(x)|\mathrm{d}x$ 收敛.

(6) 若 $f(x)$ 在 $(a,b]$ 任一内闭区间 $[\mu, b]$ 上可积, 且

$$\lim_{x \to a^+} (x-a)^p |f(x)| = \lambda,$$

则有

(i) 当 $0 < p < 1$, $0 \leqslant \lambda < +\infty$ 时, 瑕积分 $\int_a^b |f(x)|\mathrm{d}x$ 收敛;

(ii) 当 $p \geqslant 1$, $0 < \lambda \leqslant +\infty$ 时, 瑕积分 $\int_a^b |f(x)|\mathrm{d}x$ 发散.

(7) (狄利克雷判别法) 若

(i) $F(\delta) = \int_{a+\delta}^b f(x)\mathrm{d}x$ 是 $\delta(\delta > 0)$ 的有界函数;

(ii) $g(x)$ 单调且当 $x \to a$ 时趋于 0,

则瑕积分 $\int_a^b f(x)g(x)\mathrm{d}x$ 收敛.

(8) (阿贝尔判别法) 若

(i) 瑕积分 $\int_a^b f(x)\mathrm{d}x$ 收敛;

(ii) $g(x)$ 单调有界,

则瑕积分 $\int_a^b f(x)g(x)\mathrm{d}x$ 收敛.

注5.4.8 若瑕积分 $\int_a^b |f(x)|\mathrm{d}x$ 收敛, 称瑕积分 $\int_a^b f(x)\mathrm{d}x$ 绝对收敛; 若瑕积分 $\int_a^b f(x)\mathrm{d}x$ 收敛, 而瑕积分 $\int_a^b |f(x)|\mathrm{d}x$ 发散, 称瑕积分 $\int_a^b f(x)\mathrm{d}x$ 条件收敛.

例5.4.9 判别下列瑕积分的敛散性:

(1) $\int_0^1 \dfrac{\ln x}{\sqrt{x}}\mathrm{d}x$;   (2) $\int_0^1 \dfrac{1}{\sqrt{\sin x}}\mathrm{d}x$;

(3) $\int_1^2 \dfrac{\sqrt{x}}{\ln x}\mathrm{d}x$;   (4) $\int_0^1 \dfrac{\sqrt{x}}{\sqrt{1-x^4}}\mathrm{d}x$.

解 (1) 由于

$$\lim_{x \to 0^+} x^{\frac{3}{4}} \cdot \left| \frac{\ln x}{\sqrt{x}} \right| = 0,$$

所以 $\int_0^1 \dfrac{\ln x}{\sqrt{x}}\mathrm{d}x$ 收敛.

(2) 由于

$$\lim_{x \to 0^+} x^{\frac{1}{2}} \cdot \frac{1}{\sqrt{\sin x}} = 1,$$

所以 $\displaystyle\int_0^1 \dfrac{1}{\sqrt{\sin x}}\mathrm{d}x$ 收敛.

(3) 由于

$$\lim_{x\to 1^+}(x-1)\cdot \frac{\sqrt{x}}{\ln x}=1,$$

所以 $\displaystyle\int_1^2 \dfrac{\sqrt{x}}{\ln x}\mathrm{d}x$ 发散.

(4) 由于

$$\lim_{x\to 1^-}(1-x)^{\frac{1}{2}}\cdot\frac{\sqrt{x}}{\sqrt{1-x^4}}=\lim_{x\to 1^-}\frac{\sqrt{x}}{\sqrt{(1+x)(1+x^2)}}=\frac{1}{2},$$

所以 $\displaystyle\int_0^1 \dfrac{\sqrt{x}}{\sqrt{1-x^4}}\mathrm{d}x$ 收敛.

例5.4.10　证明瑕积分

$$A=\int_0^{\frac{\pi}{2}}\ln\sin x\mathrm{d}x$$

收敛, 并求其值.

证　由于

$$\lim_{x\to 0^+}\sqrt{x}\cdot\ln\sin x=\lim_{x\to 0^+}\frac{(\ln\sin x)'}{\left(\dfrac{1}{\sqrt{x}}\right)'}=0,$$

所以 $\displaystyle\int_0^{\frac{\pi}{2}}\ln\sin x\mathrm{d}x$ 收敛.

下面用两种方法计算 A:

方法一　令 $x=\dfrac{\pi}{2}-t$,于是

$$A=\int_0^{\frac{\pi}{2}}\ln\sin x\mathrm{d}x=\int_0^{\frac{\pi}{2}}\ln\cos t\mathrm{d}t.$$

这样

$$\begin{aligned}
2A&=\int_0^{\frac{\pi}{2}}\ln\sin x\mathrm{d}x+\int_0^{\frac{\pi}{2}}\ln\cos x\mathrm{d}x=\int_0^{\frac{\pi}{2}}\ln(\sin x\cos x)\mathrm{d}x\\
&=\int_0^{\frac{\pi}{2}}\ln(\frac{1}{2}\sin 2x)\mathrm{d}x=\int_0^{\frac{\pi}{2}}\ln(\sin 2x)\mathrm{d}x-\frac{\pi}{2}\ln 2\\
&=\frac{1}{2}\int_0^{\pi}\ln\sin t\mathrm{d}t-\frac{\pi}{2}\ln 2\\
&=\frac{1}{2}\left(\int_0^{\frac{\pi}{2}}\ln\sin t\mathrm{d}t+\int_{\frac{\pi}{2}}^{\pi}\ln\sin t\mathrm{d}t\right)-\frac{\pi}{2}\ln 2\\
&=A-\frac{\pi}{2}\ln 2,
\end{aligned}$$

故

$$A=-\frac{\pi}{2}\ln 2.$$

方法二　令$x = 2t$, 于是

$$
\begin{aligned}
A &= 2\int_0^{\frac{\pi}{4}} \ln\sin 2t\, dt = 2\int_0^{\frac{\pi}{4}} \ln(2\sin t\cot t)\,dt \\
&= \frac{\pi}{2}\ln 2 + 2\int_0^{\frac{\pi}{4}} \ln\sin t\, dt + 2\int_0^{\frac{\pi}{4}} \ln\cot t\, dt \\
&= \frac{\pi}{2}\ln 2 + 2A,
\end{aligned}
$$

故

$$A = -\frac{\pi}{2}\ln 2.$$

注5.4.9　利用例5.4.10, 可证明下列等式:

(1) $\displaystyle\int_0^\pi \theta\ln(\sin\theta)\,d\theta = -\frac{\pi^2}{2}\ln 2;$

(2) $\displaystyle\int_0^{\frac{\pi}{2}} \sin^2\theta\ln(\sin\theta)\,d\theta = \frac{\pi}{4}\left(\frac{1}{2} - \ln 2\right);$

(3) $\displaystyle\int_0^1 \frac{\ln(1+x)}{1+x^2}\,dx = \frac{\pi}{8}\ln 2.$

注5.4.9

习　题　5.9

习题5.9

1. 计算下列瑕积分:

(1) $\displaystyle\int_{-1}^1 \frac{1}{\sqrt{1-x^2}}\,dx;$　　　(2) $\displaystyle\int_0^1 \frac{x^2}{\sqrt{1-x^2}}\,dx;$　　　(3) $\displaystyle\int_\alpha^\beta \frac{1}{\sqrt{(x-\alpha)(\beta-x)}}\,dx.$

2. 判别下列瑕积分的敛散性:

(1) $\displaystyle\int_0^1 \frac{1}{\sqrt{x}\ln x}\,dx;$　　　　　　　　(2) $\displaystyle\int_0^{\frac{\pi}{2}} \frac{1}{\sqrt{1-\sin\theta}}\,d\theta;$

(3) $\displaystyle\int_0^1 \frac{1}{\sqrt[3]{x^2(1-x)}}\,dx;$　　　　　　(4) $\displaystyle\int_0^1 \frac{\ln x}{x^2-1}\,dx.$

3. 求函数

$$\Gamma(\alpha) = \int_0^{+\infty} x^{\alpha-1}\mathrm{e}^{-x}\,dx \quad 与 \quad \mathrm{B}(p,q) = \int_0^1 x^{p-1}(1-x)^{q-1}\,dx$$

的定义域.

4. 证明:

(1) 设函数$f(x)$在$[0,+\infty)$上连续, 且$\displaystyle\lim_{x\to+\infty} f(x) = k$, 则

$$\int_0^{+\infty} \frac{f(\alpha x) - f(\beta x)}{x}\,dx = [f(0) - k]\ln\frac{\beta}{\alpha}\ (\beta > \alpha);$$

(2) 若上述条件 $\lim\limits_{x\to+\infty} f(x) = k$ 改为 $\displaystyle\int_0^{+\infty} \frac{f(x)}{x}\mathrm{d}x$ 存在, 则

$$\int_0^{+\infty} \frac{f(\alpha x) - f(\beta x)}{x}\mathrm{d}x = f(0)\ln\frac{\beta}{\alpha}\ (\beta > \alpha).$$

5.4.3　应用事例与探究课题

1. 应用事例

例5.4.11　求极限

$$\lim_{x\to+\infty}\int_0^x \sin\left(\frac{\pi}{x+t}\right)\mathrm{d}t.$$

解　利用

$$x - \frac{x^3}{6} < \sin x < x,\quad x > 0,$$

有

$$\int_0^x \frac{\pi}{x+t}\mathrm{d}t - \frac{\pi^3}{6}\int_0^x \frac{1}{(x+t)^3}\mathrm{d}t < \int_0^x \sin\left(\frac{\pi}{x+t}\right)\mathrm{d}t < \int_0^x \frac{\pi}{x+t}\mathrm{d}t.$$

由于

$$\int_0^x \frac{1}{x+t}\mathrm{d}t = \ln 2,\quad \int_0^x \frac{1}{(x+t)^3}\mathrm{d}t = \frac{1}{2}\left(\frac{1}{x^2} - \frac{1}{4x^2}\right),$$

故

$$\lim_{x\to+\infty}\int_0^x \sin\left(\frac{\pi}{x+t}\right)\mathrm{d}t = \pi\ln 2.$$

例5.4.12　设 $\Phi(x)$ 在 $[1,+\infty)$ 上连续, 且 $\lim\limits_{x\to+\infty}\Phi(x) = \Lambda$, 证明:

$$\lim_{x\to+\infty}\frac{1}{\ln x}\int_1^x \frac{\Phi(t)}{t}\mathrm{d}t = \Lambda.$$

证　由于 $\lim\limits_{x\to+\infty}\dfrac{1}{\ln x}\displaystyle\int_1^x \frac{\Lambda}{t}\mathrm{d}t = \Lambda$, 所以只需证明

$$\lim_{x\to+\infty}\frac{1}{\ln x}\int_1^x \frac{\Phi(t) - \Lambda}{t}\mathrm{d}t = 0.$$

由题设知, 对任给的 $\varepsilon > 0$, 存在 $B > 1$, 使得 $|f(x) - \Lambda| < \varepsilon(x \geqslant B)$, 从而可知

$$\left|\int_B^x \frac{f(t) - \Lambda}{t}\mathrm{d}t\right| \leqslant \int_B^x \frac{|f(t) - \Lambda|}{t}\mathrm{d}t < \varepsilon\int_B^x \frac{1}{t}\mathrm{d}t = \varepsilon(\ln x - \ln B).$$

因此, 有

$$\lim_{x\to+\infty}\frac{1}{\ln x}\int_1^x \frac{\Phi(t) - \Lambda}{t}\mathrm{d}t \leqslant \lim_{x\to+\infty}\frac{1}{\ln x}\int_1^B \frac{\Phi(t) - \Lambda}{t}\mathrm{d}t + \lim_{x\to+\infty}\frac{1}{\ln x}\int_B^x \frac{\Phi(t) - \Lambda}{t}\mathrm{d}t \leqslant \varepsilon.$$

例5.4.13　讨论积分

$$\int_1^{+\infty} \frac{\sin x}{x^p - \sin x}\mathrm{d}x(p > 0)$$

的敛散性.

解　考虑到 $\dfrac{1}{x^p} \to 0(x \to +\infty)$，所以当 $x \to +\infty$ 时，有

$$\frac{\sin x}{x^p - \sin x} = \frac{\sin x}{x^p\left(1 - \dfrac{\sin x}{x^p}\right)} = \frac{\sin x}{x^p}\left(1 + \frac{\sin x}{x^p} + o\left(\frac{1}{x^p}\right)\right)$$

$$= \frac{\sin x}{x^p} + \frac{\sin^2 x}{x^{2p}} + o\left(\frac{1}{x^{2p}}\right).$$

注意到当 $2p > 1$ 时，即当 $p > \dfrac{1}{2}$ 时，$\displaystyle\int_1^{+\infty} \frac{\sin^2 x}{x^{2p}}\mathrm{d}x$ 与 $\displaystyle\int_1^{+\infty} o\left(\frac{1}{x^{2p}}\right)\mathrm{d}x$ 绝对收敛，故

$$\int_1^{+\infty} \frac{\sin x}{x^p - \sin x}\mathrm{d}x \quad 与 \quad \int_1^{+\infty} \frac{\sin x}{x^p}\mathrm{d}x$$

有相同的敛散性. 又由于 $\displaystyle\int_1^{+\infty} \frac{\sin x}{x^p}\mathrm{d}x$ 当 $p > 1$ 时绝对收敛，当 $0 < p \leqslant 1$ 时条件收敛，故有

$$\int_1^{+\infty} \frac{\sin x}{x^p - \sin x}\mathrm{d}x \begin{cases} 绝对收敛, \ p > 1; \\ 条件收敛, \ \dfrac{1}{2} < p \leqslant 1. \end{cases}$$

现考虑 $0 < p \leqslant \dfrac{1}{2}$ 的情形，此时有 $\displaystyle\int_1^{+\infty} \frac{\sin x}{x^p}\mathrm{d}x$ 条件收敛，故

$$\int_1^{+\infty} \frac{\sin x}{x^p - \sin x}\mathrm{d}x \quad 与 \quad \int_1^{+\infty} \left(\frac{\sin^2 x}{x^{2p}} + o\left(\frac{1}{x^{2p}}\right)\right)\mathrm{d}x$$

有相同的敛散性. 又考虑到

$$\int_1^{+\infty} \frac{\sin^2 x}{x^{2p}}\mathrm{d}x = \frac{1}{2}\left(\int_1^{+\infty} \frac{1}{x^{2p}}\mathrm{d}x - \int_1^{+\infty} \frac{\cos 2x}{x^{2p}}\mathrm{d}x\right),$$

上式中 $\displaystyle\int_1^{+\infty} \frac{\cos 2x}{x^{2p}}\mathrm{d}x$ 条件收敛，$\displaystyle\int_1^{+\infty} \frac{1}{x^{2p}}\mathrm{d}x$ 发散，故当 $0 < p \leqslant \dfrac{1}{2}$ 时，$\displaystyle\int_1^{+\infty} \frac{\sin x}{x^p - \sin x}\mathrm{d}x$ 发散. 因此

$$\int_1^{+\infty} \frac{\sin x}{x^p - \sin x}\mathrm{d}x \begin{cases} 绝对收敛, \ p > 1; \\ 条件收敛, \ \dfrac{1}{2} < p \leqslant 1; \\ 发散, \ 0 < p \leqslant \dfrac{1}{2}. \end{cases}$$

2. 探究课题

探究5.4.1　证明：广义积分

$$\lim_{B \to +\infty} \int_0^B \sin x \sin x^2 \mathrm{d}x$$

收敛.

探究5.4.2　设

$$\varDelta_n = \frac{\displaystyle\int_{1-\varepsilon}^{1+\varepsilon} x^n \mathrm{e}^{-nx}\mathrm{d}x}{\displaystyle\int_0^{+\infty} x^n \mathrm{e}^{-nx}\mathrm{d}x}, \quad 0 < \varepsilon < 1,$$

探究极限 $\displaystyle\lim_{n \to \infty} \varDelta_n$.

探究5.4.3　设 $f, g \in C([a, +\infty))$, 若 $\displaystyle\int_a^{+\infty} g(t)\mathrm{d}t = +\infty$, $\displaystyle\lim_{x\to+\infty} f(x) = \Lambda$, 则

$$\lim_{x\to+\infty} \frac{\displaystyle\int_0^x f(t)g(t)\mathrm{d}t}{\displaystyle\int_0^x g(t)\mathrm{d}t} = \Lambda.$$

探究5.4.4　设 $f \in C((-\infty, +\infty))$, 若对任意的 $\alpha, \beta \in (-\infty, +\infty)$, 有

$$\int_\alpha^\beta f^2(x)\mathrm{d}x \leqslant f(\alpha) + f(\beta),$$

则 $f(x) \equiv 0$.

探究5.4.5　探究下列积分的敛散性:

(1) $\displaystyle\int_0^{+\infty} x^\alpha \sin x^\beta \mathrm{d}x \ (\alpha, \beta \in (-\infty, +\infty))$;

(2) $\displaystyle\int_0^{+\infty} \frac{\sin x}{x^p + \sin x}\mathrm{d}x (p > 0)$;

(3) $\displaystyle\int_2^{+\infty} \frac{\cos\sqrt{x}}{x^p \ln x}\mathrm{d}x$;

(4) $\displaystyle\int_0^1 \frac{1}{x^\alpha |\ln x|^\beta}\mathrm{d}x$;

(5) $\displaystyle\int_0^1 x^\alpha \ln^\beta x \mathrm{d}x$;

(6) $\displaystyle\int_0^1 \left(x\sin\frac{1}{x^2} - \frac{1}{x}\cos\frac{1}{x^2} \right)\mathrm{d}x$.

第6章 常微分方程与常差分方程及其应用

微积分的产生与发展, 一直与求解一个联系着自变量、未知函数及其导函数在内的方程——微分方程有密切关系. 本章主要介绍常微分方程的一些基本概念、某些简单常微分方程的解法以及常差分方程的基本概念.

6.1 常微分方程及其应用

6.1.1 基本概念

定义6.1.1 含有自变量x,未知函数$y(x)$, 各阶导函数$y'(x), y''(x), \cdots, y^{(n)}(x)$的方程

$$F(x, y, y', \cdots, y^{(n)}) = 0 \tag{6.1.1}$$

称为常微分方程, 简称微分方程, 其中导函数出现的最高阶数n称为微分方程的阶.

注6.1.1 若在(6.1.1)式中, 关于$y, y', \cdots, y^{(n)}$都是一次的, 则称微分方程(6.1.1)为线性的, 否则称为非线性的. 比如:

(1) $\dfrac{\mathrm{d}y}{\mathrm{d}x} + xy = x^2$是一阶线性微分方程;

(2) $y'' + y' = x$是二阶线性微分方程;

(3) $y' = 1 + y^2$是一阶非线性微分方程;

(4) $y^{(n)} + y = f(x)$是n阶线性微分方程.

定义6.1.2 设函数$y = \varphi(x)$在区间J上n阶可微, 且满足微分方程(6.1.1), 即

$$F(x, \varphi(x), \varphi'(x), \cdots, \varphi^{(n)}(x)) = 0, \ \forall x \in J, \tag{6.1.2}$$

则称$y = \varphi(x)$为微分方程(6.1.1)在区间J上的一个解.

例如: $y = \tan x$是微分方程$y' = 1 + y^2$在区间$\left(-\dfrac{\pi}{2}, \dfrac{\pi}{2}\right)$上的一个解.

定义6.1.3 若n阶微分方程(6.1.1)的解

$$y = \varphi(x, C_1, C_2, \cdots, C_n) \tag{6.1.3}$$

或

$$\Phi(x, y, C_1, C_2, \cdots, C_n) = 0 \tag{6.1.3}'$$

含有n个独立的任意常数$C_1, C_2, \cdots, C_n$, 则称(6.1.3)式为微分方程(6.1.1)的通解, 或称(6.1.3)′式为微分方程(6.1.1)的隐式通解.

定义6.1.4　称

$$
\begin{cases}
y^{(n)} = f(x, y, y', \cdots, y^{(n-1)}), \\
y(x_0) = y_0^0, y'(x_0) = y_1^0, \cdots, y^{(n-1)}(x_0) = y_{n-1}^0
\end{cases}
\tag{6.1.4}
$$

为初值问题.

6.1.2　初等积分法

1. 分离变量方程

形如

$$
\frac{\mathrm{d}y}{\mathrm{d}x} = f(x)g(y) \quad \text{或} \quad M_1(x)N_1(y)\mathrm{d}x = M_2(x)N_2(y)\mathrm{d}y
$$

的微分方程称为分离变量方程.

(1) 关于方程 $\dfrac{\mathrm{d}y}{\mathrm{d}x} = f(x)g(y)$:

① 若 $g(y) = 0$, 即 $g(y) = 0$ 有实根 $y_1, y_2, \cdots, y_n$, 则 $y = y_1, y = y_2, \cdots, y = y_n$ 都是该方程的解.

② 若 $g(y) \neq 0$, 原方程化为

$$
\frac{1}{g(y)}\mathrm{d}y = f(x)\mathrm{d}x,
$$

于是该方程的通解为

$$
\int \frac{1}{g(y)}\mathrm{d}y = \int f(x)\mathrm{d}x + C.
$$

例6.1.1　求微分方程

$$
\frac{\mathrm{d}y}{\mathrm{d}x} = \frac{y^2 - 1}{2}
$$

分别满足初始条件 $y(0) = 0$, $y(0) = 1$ 的解.

解　令 $y^2 - 1 = 0$, 得 $y = \pm 1$. 因此 $y = 1$ 是满足初始条件 $y(0) = 1$ 的解.

又当 $y^2 - 1 \neq 0$ 时, 有

$$
\int \frac{1}{y^2 - 1}\mathrm{d}y = \frac{1}{2}\int \mathrm{d}x + C.
$$

这样

$$
\frac{y - 1}{y + 1} = C\mathrm{e}^x \ (C \neq 0),
$$

所以原方程的通解为

$$
y = \frac{1 + C\mathrm{e}^x}{1 - C\mathrm{e}^x} \ (C \neq 0).
$$

又将 $y(0) = 0$ 代入, 得 $C = -1$.

因此满足初始条件 $y(0) = 0$ 的解为

$$
y = \frac{1 - \mathrm{e}^x}{1 + \mathrm{e}^x},
$$

满足初始条件$y(0) = 1$的解为

$$y = 1.$$

(2) 关于方程$M_1(x)N_1(y)\mathrm{d}x = M_2(x)N_2(y)\mathrm{d}y$:

① 若$N_1(y) \cdot M_2(x) = 0$, 即由$N_1(y) = 0$有实根$y_1, y_2, \cdots, y_n$, 由$M_2(x) = 0$有实根$x_1, x_2, \cdots$, x_m, 则$y = y_1, y = y_2, \cdots, y = y_n$和$x = x_1, x = x_2, \cdots, x = x_m$都是该方程的解.

② 若$N_1(y) \cdot M_2(x) \neq 0$, 原方程化为

$$\frac{M_1(x)}{M_2(x)}\mathrm{d}x = \frac{N_2(y)}{N_1(y)}\mathrm{d}y,$$

则该方程的通解为

$$\int \frac{M_1(x)}{M_2(x)}\mathrm{d}x = \int \frac{N_2(y)}{N_1(y)}\mathrm{d}y + C.$$

例6.1.2　解微分方程

$$x(y^2 - 1)\mathrm{d}x + y(x^2 - 1)\mathrm{d}y = 0.$$

解　显然$y = \pm 1$和$x = \pm 1$都是解.

若$(y^2 - 1)(x^2 - 1) \neq 0$, 则原方程化为

$$\frac{x}{x^2 - 1}\mathrm{d}x + \frac{y}{y^2 - 1}\mathrm{d}y = 0,$$

于是

$$(x^2 - 1)(y^2 - 1) = C \ (C \neq 0).$$

因此方程的通解为

$$(x^2 - 1)(y^2 - 1) = C.$$

2.　一阶线性微分方程

形如

$$\frac{\mathrm{d}y}{\mathrm{d}x} + p(x)y = f(x) \tag{6.1.5}$$

的方程称为一阶线性方程. 若$f(x) = 0$, 则称方程(6.1.5)为线性齐次方程. 若$f(x) \neq 0$, 则称方程(6.1.5)为线性非齐次方程.

关于线性齐次方程

$$\frac{\mathrm{d}y}{\mathrm{d}x} + p(x)y = 0,$$

由分离变量得其通解为

$$y = C\mathrm{e}^{-\int p(x)\mathrm{d}x}.$$

且满足初始条件$y(x_0) = y_0$的解为

$$y = y_0\mathrm{e}^{-\int_{x_0}^{x} p(x)\mathrm{d}x}.$$

关于线性非齐次方程(6.1.5)的通解, 可用下面常数变易法进行求解, 即设

$$y = C(x)\mathrm{e}^{-\int p(x)\mathrm{d}x}$$

是方程(6.1.5)的解, 代入方程(6.1.5)得

$$C'(x) = f(x)\mathrm{e}^{\int p(t)\mathrm{d}t},$$

即

$$C(x) = C_1 + \int f(x)\mathrm{e}^{\int p(t)\mathrm{d}t}\mathrm{d}x.$$

因此, 线性非齐次方程(6.1.5)的通解为

$$y = \mathrm{e}^{-\int_{x_0}^x p(t)\mathrm{d}t}\left[C_1 + \int f(x)\mathrm{e}^{\int p(t)\mathrm{d}t}\mathrm{d}x\right],$$

且满足初始条件$y(x_0) = y_0$的解为

$$y = \mathrm{e}^{-\int_{x_0}^x p(t)\mathrm{d}t}\left[y_0 + \int_{x_0}^x f(t)\mathrm{e}^{\int_{x_0}^t p(s)\mathrm{d}s}\mathrm{d}t\right].$$

例6.1.3　解微分方程

$$\frac{\mathrm{d}y}{\mathrm{d}x} = \frac{y}{x} + x^2.$$

解　齐次方程

$$\frac{\mathrm{d}y}{\mathrm{d}x} = \frac{y}{x}$$

的通解为

$$y = Cx.$$

设$y = C(x)x$是原方程的解, 所以

$$C(x) = \frac{x^2}{2} + C_1.$$

因此原方程的通解为

$$y = x(\frac{x^2}{2} + C_1).$$

注6.1.2　Bernoulli方程

$$\frac{\mathrm{d}y}{\mathrm{d}x} + p(x)y = f(x)y^n \ (n \neq 0, 1)$$

能化为线性方程.

事实上, 由原方程得

$$\frac{1}{y^n}\frac{\mathrm{d}y}{\mathrm{d}x} + p(x)y^{1-n} = f(x).$$

作变换$u = y^{1-n}$, 有

$$\frac{1}{1-n}\frac{\mathrm{d}u}{\mathrm{d}x} + p(x)u = f(x)$$

是线性方程.

3.　方程$\dfrac{\mathrm{d}y}{\mathrm{d}x} = f\left(\dfrac{y}{x}\right)$

方程$\dfrac{\mathrm{d}y}{\mathrm{d}x} = f\left(\dfrac{y}{x}\right)$通常称为齐次方程. 作函数变换$u = \dfrac{y}{x}$, 所以

$$\frac{\mathrm{d}y}{\mathrm{d}x} = u + x\frac{\mathrm{d}u}{\mathrm{d}x},$$

于是

$$x\frac{\mathrm{d}u}{\mathrm{d}x} = f(u) - u. \tag{6.1.6}$$

(1) 若$f(u) - u = 0$, 得k个实根$u_1, u_2, \cdots, u_k$, 则$y = u_1 x, y = u_2 x, \cdots, y = u_k x$都是原方程的解.

(2) 若$f(u) - u \neq 0$, 则由(6.1.6)式得

$$\int \frac{1}{f(u) - u}\mathrm{d}u = \int \frac{1}{x}\mathrm{d}x + C.$$

例6.1.4 解微分方程

$$\frac{\mathrm{d}y}{\mathrm{d}x} = \frac{2xy}{x^2 - y^2}.$$

解 原方程可化为

$$\frac{\mathrm{d}y}{\mathrm{d}x} = 2\frac{\dfrac{y}{x}}{1 - \dfrac{y^2}{x^2}}.$$

作函数变换$u = \dfrac{y}{x}$, 所以

$$\frac{\mathrm{d}y}{\mathrm{d}x} = u + x\frac{\mathrm{d}u}{\mathrm{d}x},$$

于是

$$x\frac{\mathrm{d}u}{\mathrm{d}x} = \frac{u(1 + u^2)}{1 - u^2}.$$

显然由$u = 0$, 得$y = 0$是原方程的解.

又当$u \neq 0$时, 由上式有

$$\frac{1 - u^2}{u(1 + u^2)}\mathrm{d}u = \frac{1}{x}\mathrm{d}x,$$

于是有

$$\frac{u}{1 + u^2} = C_1 x.$$

因此原方程的通解为

$$x^2 + y^2 = Cy.$$

4. 方程$\dfrac{\mathrm{d}y}{\mathrm{d}x} = f\left(\dfrac{\alpha_1 x + \beta_1 y + \gamma_1}{\alpha_2 x + \beta_2 y + \gamma_2}\right)$

若$\gamma_1^2 + \gamma_2^2 = 0$. 由于

$$\frac{\alpha_1 x + \beta_1 y}{\alpha_2 x + \beta_2 y} = \frac{\alpha_1 + \beta_1 \dfrac{y}{x}}{\alpha_2 + \beta_2 \dfrac{y}{x}},$$

则原方程化为齐次方程后能求解.

下面不妨设$\gamma_1^2 + \gamma_2^2 \neq 0$. 考虑方程组

$$\begin{cases} \alpha_1 x + \beta_1 y + \gamma_1 = 0, \\ \alpha_2 x + \beta_2 y + \gamma_2 = 0, \end{cases} \tag{6.1.7}$$

并记

$$\Delta = \begin{vmatrix} \alpha_1 & \beta_1 \\ \alpha_2 & \beta_2 \end{vmatrix}.$$

(1) 如果 $\Delta \neq 0$, 则方程组(6.1.7)有唯一组解 $x = x_0,\ y = y_0$, 作变换

$$\begin{cases} x = \xi + x_0, \\ y = \eta + y_0, \end{cases}$$

则原方程化为

$$\frac{\mathrm{d}\eta}{\mathrm{d}\xi} = f\left(\frac{\alpha_1\xi + \beta_1\eta}{\alpha_2\xi + \beta_2\eta}\right),$$

是齐次方程.

(2) 如果 $\Delta = 0$,则记

$$\frac{\alpha_1}{\alpha_2} = \frac{\beta_1}{\beta_2} = \lambda,$$

于是

$$\alpha_1 x + \beta_1 y = \lambda(\alpha_2 x + \beta_2 y).$$

作变换

$$u = \alpha_2 x + \beta_2 y,$$

则

$$\frac{\mathrm{d}u}{\mathrm{d}x} = \alpha_2 + \beta_2\frac{\mathrm{d}y}{\mathrm{d}x} = \alpha_2 + \beta_2 f\left(\frac{\lambda u + \gamma_1}{u + \gamma_2}\right),$$

是可分离变量方程.

例6.1.5　解微分方程

$$\frac{\mathrm{d}y}{\mathrm{d}x} = \frac{x - y + 1}{x + y - 3}.$$

解　由于

$$\Delta = \begin{vmatrix} 1 & -1 \\ 1 & 1 \end{vmatrix} = 2,$$

而方程组

$$\begin{cases} x - y + 1 = 0, \\ x + y - 3 = 0 \end{cases}$$

的解为 $x = 1,\ y = 2$. 作变换

$$\begin{cases} x = \xi + 1, \\ y = \eta + 2, \end{cases}$$

得

$$\frac{\mathrm{d}\eta}{\mathrm{d}\xi} = \frac{\xi - \eta}{\xi + \eta}.$$

令

$$u = \frac{\eta}{\xi},$$

于是

$$\frac{1 + u}{u^2 + 2u - 1} \mathrm{d}u = -\frac{1}{\xi} \mathrm{d}\xi.$$

积分得

$$\frac{1}{2} \ln |u^2 + 2u - 1| = -\ln \xi + C_1.$$

所以

$$\eta^2 + 2\xi\eta - \xi^2 = C_2.$$

因此原方程的隐式通解为

$$(y - 2)^2 + 2(x - 1)(y - 2) - (x - 1)^2 = C_2$$

或

$$x^2 - 2xy - y^2 + 2x + 6y = C.$$

5. 用参数方法解方程

(1) 形如 $F(y, y') = 0$ 的方程:

令

$$\begin{cases} y = \varphi(t), \\ y' = \psi(t), \end{cases} \quad 且 \quad F(\varphi(t), \psi(t)) \equiv 0,$$

则

$$\mathrm{d}x = \frac{\mathrm{d}y}{y'} = \frac{\varphi'(t)}{\psi(t)} \mathrm{d}t.$$

于是

$$x = \int \frac{\varphi'(t)}{\psi(t)} \mathrm{d}t + C.$$

因此, 原方程的通解为

$$\begin{cases} x = \displaystyle\int \frac{\varphi'(t)}{\psi(t)} \mathrm{d}t + C, \\ y = \varphi(t) \end{cases} \quad (t \text{ 是参数}).$$

(2) 形如 $G(x, y') = 0$ 的方程:

令

$$\begin{cases} x = \varphi(t), \\ y' = \psi(t), \end{cases} \quad 且 \quad G(\varphi(t), \psi(t)) \equiv 0,$$

则

$$\mathrm{d}y = y' \mathrm{d}x = \psi(t)\varphi'(t) \mathrm{d}t,$$

于是

$$y = \int \psi(t)\varphi'(t)\mathrm{d}t + C.$$

因此, 原方程的通解为

$$\begin{cases} x = \varphi(t), \\ y = \int \psi(t)\varphi'(t)\mathrm{d}t + C \end{cases} \quad (t \text{ 是参数}).$$

例6.1.6　解微分方程

$$y - (y')^5 - (y')^3 - y' - 5 = 0.$$

解　令 $y' = t$, 那么

$$y = t^5 + t^3 + t + 5.$$

所以

$$\mathrm{d}x = \frac{1}{y'}\mathrm{d}y = \left(5t^3 + 3t + \frac{1}{t}\right)\mathrm{d}t.$$

因此, 原方程的通解为

$$\begin{cases} x = \frac{5}{4}t^4 + \frac{3}{2}t^2 + \ln|t| + C, \\ y = t^5 + t^3 + t + 5 \end{cases} \quad (t \text{ 是参数}).$$

例6.1.7　解微分方程

$$\mathrm{e}^{y'} + y' - x = 0.$$

解　令 $y' = t$, 那么

$$x = \mathrm{e}^t + t$$

所以

$$\mathrm{d}y = y'\mathrm{d}x = t(\mathrm{e}^t + 1)\mathrm{d}t.$$

因此, 原方程的通解为

$$\begin{cases} x = \mathrm{e}^t + t, \\ y = \mathrm{e}^t(t-1) + \frac{1}{2}t^2 + C \end{cases} \quad (t \text{ 是参数}).$$

注6.1.3　关于Clairaut方程

$$y = xy' + f(y'),$$

其中 $f(t)$ 是连续可微的函数.

令 $y' = p$, 那么

$$y = xp + f(p).$$

则

$$\frac{\mathrm{d}y}{\mathrm{d}x} = p + x\frac{\mathrm{d}p}{\mathrm{d}x} + f'(p)\frac{\mathrm{d}p}{\mathrm{d}x},$$

即

$$(x + f'(p))\frac{\mathrm{d}p}{\mathrm{d}x} = 0.$$

当$\frac{\mathrm{d}p}{\mathrm{d}x} = 0$时, 得$p = C$, 原方程的通解为

$$y = Cx + f(C).$$

当$x + f'(p) = 0$时, 原方程有一个特解

$$\begin{cases} x = -f'(p), \\ y = xp + f(p) \end{cases} \qquad (p \text{ 是参数}).$$

6. 几种高阶方程的降阶方法

(1) 形如$y^{(n)} = f(y^{(n-2)})$的方程:

令$z = y^{(n-2)}$, 原方程化为

$$z'' = f(z)$$

进行求解.

(2) 形如$F(x, y^{(k)}, y^{(k+1)}, \cdots, y^{(n)}) = 0 (k \geqslant 1)$的方程:

令$z = y^{(k)}$, 原方程化为

$$F(x, z, z', \cdots, z^{(n-k)}) = 0$$

进行求解.

(3) 形如$F(y, y', y'', \cdots, y^{(n)}) = 0$的方程:

令$z = y'$, 原方程化为

$$F(y, z, z', \cdots, z^{(n-1)}) = 0$$

进行求解.

例6.1.8　解微分方程

$$y''' = 2y''.$$

解　令$z = y''$, 则原方程化为

$$z' = 2z$$

得

$$z = C_1 \mathrm{e}^{2x},$$

从而

$$y'' = C_1 \mathrm{e}^{2x},$$

对上式积分得原方程的通解为

$$y = \frac{C_1}{4}\mathrm{e}^{2x} + C_2 x + C_3.$$

例6.1.9　解微分方程

$$y'' - y' = \mathrm{e}^x.$$

解　令 $z = y'$，则原方程化为

$$z' - z = \mathrm{e}^x,$$

其通解为

$$z = \mathrm{e}^x(x + C_1),$$

从而原方程的通解为

$$y = \mathrm{e}^x(x - 1 + C_1) + C_2.$$

例6.1.10　解微分方程

$$yy'' + (y')^2 = 0.$$

解　令 $z = y'$，则 $y'' = \dfrac{\mathrm{d}z}{\mathrm{d}x} = \dfrac{\mathrm{d}z}{\mathrm{d}y} \cdot \dfrac{\mathrm{d}y}{\mathrm{d}x} = z\dfrac{\mathrm{d}z}{\mathrm{d}y}$. 于是原方程化为

$$yz\frac{\mathrm{d}z}{\mathrm{d}y} + z^2 = 0,$$

即

$$z\left(y\frac{\mathrm{d}z}{\mathrm{d}y} + z\right) = 0.$$

由 $z = 0$，得 $y = C$. 由 $y\dfrac{\mathrm{d}z}{\mathrm{d}y} + z = 0$，分离变量得 $z = \dfrac{C_1}{y}$，即 $y' = \dfrac{C_1}{y}$.

从而原方程的通解为

$$y^2 = C_2 x + C_3.$$

习　题　6.1

1. 解下列微分方程:

(1) $\dfrac{\mathrm{d}y}{\mathrm{d}x} = y \ln y$;

(2) $\tan y \mathrm{d}x - \cot x \mathrm{d}y = 0$;

(3) $\dfrac{\mathrm{d}y}{\mathrm{d}x} = 10^{x+y}$;

(4) $\dfrac{\mathrm{d}y}{\mathrm{d}x} = \dfrac{1 + y^2}{xy + x^3 y}$;

(5) $(1 + x)y\mathrm{d}x + (1 - y)x\mathrm{d}y = 0$;

(6) $y\mathrm{d}x + \sqrt{1 + x^2}\mathrm{d}y = 0$.

2. 求解下列初值问题:

(1) $\sin 2x \mathrm{d}x + \cos 3y \mathrm{d}y = 0$, $y\left(\dfrac{\pi}{2}\right) = \dfrac{\pi}{3}$;　(2) $(x^2 - 1)\dfrac{\mathrm{d}y}{\mathrm{d}x} + 2xy^2 = 0$, $y(0) = 1$;

(3) $\dfrac{\mathrm{d}y}{\mathrm{d}x} = y(y - 1)$, $y(0) = 1$;　(4) $xy' + y = y^2$, $y(1) = \dfrac{1}{2}$.

3. 求过点$(1,2)$的曲线, 其上每点的切线, 从原点到切点的向径和x轴围成以x轴为底的等腰三角形.

4. 解下列微分方程:

(1) $\dfrac{\mathrm{d}y}{\mathrm{d}x} + 2xy = 4x$;

(2) $\dfrac{\mathrm{d}\rho}{\mathrm{d}\theta} = 2 - 3\rho$;

(3) $\dfrac{\mathrm{d}y}{\mathrm{d}x} + y\tan x = \sin 2x$;

(4) $\dfrac{\mathrm{d}y}{\mathrm{d}x} - \dfrac{y}{1-x^2} = 1 + x$;

(5) $\dfrac{\mathrm{d}y}{\mathrm{d}x} = \dfrac{1}{x+y}$;

(6) $\dfrac{\mathrm{d}y}{\mathrm{d}x} = \dfrac{y}{x+y^3}$.

5. 求解下列初值问题:

(1) $y' - 2y = x^2\mathrm{e}^{2x}$, $y(0) = 0$;

(2) $y' + y\cos x = \sin x\cos x$, $y(0) = 1$;

(3) $\dfrac{\mathrm{d}y}{\mathrm{d}x} - \dfrac{1}{x}y = x\mathrm{e}^x$, $y(1) = \mathrm{e}$;

(4) $y' + \dfrac{y}{x} = \dfrac{\sin x}{x}$, $y(\pi) = 1$.

6. 求曲线, 其切线在纵轴上的截距等于切点的横坐标.

7. 设函数$f(x)$在$[0,+\infty)$上连续且有界, 则方程

$$\frac{\mathrm{d}y}{\mathrm{d}x} + y = f(x)$$

的所有解在$[0,+\infty)$上有界.

8. 解下列微分方程:

(1) $(y^2 - 2xy)\mathrm{d}x + x^2\mathrm{d}y = 0$;

(2) $xy' - y = (x+y)\ln\dfrac{x+y}{x}$;

(3) $x^2y\mathrm{d}x - (x^3 + y^3)\mathrm{d}y = 0$;

(4) $(2x - 4y + 6)\mathrm{d}x + (x+y-3)\mathrm{d}y = 0$;

(5) $(x+y+1)\mathrm{d}x + (2x+2y-1)\mathrm{d}y = 0$;

(6) $(x+4y)y' = 2x + 3y + 5$.

9. 解下列微分方程:

(1) $y^2 + \left(\dfrac{\mathrm{d}y}{\mathrm{d}x}\right)^2 = 1$;

(2) $\dfrac{y}{\sqrt{1 + \left(\dfrac{\mathrm{d}y}{\mathrm{d}x}\right)^2}} = 1$;

(3) $x\sqrt{1 + \left(\dfrac{\mathrm{d}y}{\mathrm{d}x}\right)^2} = \dfrac{\mathrm{d}y}{\mathrm{d}x}$;

(4) $x^2 - 3\left(\dfrac{\mathrm{d}y}{\mathrm{d}x}\right)^2 = 1$;

(5) $y = xy' + (y')^2$;

(6) $3\left(\dfrac{\mathrm{d}y}{\mathrm{d}x}\right)^3 - y\dfrac{\mathrm{d}y}{\mathrm{d}x} + 1 = 0$.

10. 解下列微分方程:

(1) $\left(\dfrac{\mathrm{d}y}{\mathrm{d}x}\right)^3 + \dfrac{\mathrm{d}y}{\mathrm{d}x} = 0$;

(2) $\dfrac{\mathrm{d}^2y}{\mathrm{d}x^2} - \dfrac{1}{x}\dfrac{\mathrm{d}y}{\mathrm{d}x} + \left(\dfrac{\mathrm{d}y}{\mathrm{d}x}\right)^2 = 0$;

(3) $\dfrac{\mathrm{d}^5y}{\mathrm{d}x^5} = \dfrac{1}{x}\dfrac{\mathrm{d}^4y}{\mathrm{d}x^4}$;

(4) $\dfrac{\mathrm{d}^2y}{\mathrm{d}x^2} + y = 0$;

(5) $y\dfrac{\mathrm{d}^2y}{\mathrm{d}x^2} + \left(\dfrac{\mathrm{d}y}{\mathrm{d}x}\right)^2 + 1 = 0$;

(6) $3\left(\dfrac{\mathrm{d}^2y}{\mathrm{d}x^2}\right)^3 - \dfrac{\mathrm{d}y}{\mathrm{d}x}\cdot\dfrac{\mathrm{d}^3y}{\mathrm{d}x^3} = 0$.

6.1.3　线性微分方程组

称微分方程组

$$
\begin{cases}
\dfrac{\mathrm{d}y_1}{\mathrm{d}x} = a_{11}(x)y_1 + a_{12}(x)y_2 + \cdots + a_{1n}(x)y_n + f_1(x), \\[2mm]
\dfrac{\mathrm{d}y_2}{\mathrm{d}x} = a_{21}(x)y_1 + a_{22}(x)y_2 + \cdots + a_{2n}(x)y_n + f_2(x), \\[2mm]
\quad\quad\vdots \\[2mm]
\dfrac{\mathrm{d}y_n}{\mathrm{d}x} = a_{n1}(x)y_1 + a_{n2}(x)y_2 + \cdots + a_{nn}(x)y_n + f_n(x)
\end{cases}
\tag{6.1.8}
$$

为n阶线性微分方程组, 其中系数函数$a_{ij}(x)(i,j = 1,2,\cdots,n)$和$f_i(x)(i = 1,2,\cdots,n)$都是区间$[a,b]$上的连续函数.

若令

$$
\boldsymbol{A}(x) = \begin{pmatrix} a_{11}(x) & a_{12}(x) & \cdots & a_{1n}(x) \\ a_{21}(x) & a_{22}(x) & \cdots & a_{2n}(x) \\ \vdots & \vdots & & \vdots \\ a_{n1}(x) & a_{n2}(x) & \cdots & a_{nn}(x) \end{pmatrix}, \quad \boldsymbol{Y} = \begin{pmatrix} y_1 \\ y_2 \\ \vdots \\ y_n \end{pmatrix}, \quad \boldsymbol{F}(x) = \begin{pmatrix} f_1(x) \\ f_2(x) \\ \vdots \\ f_n(x) \end{pmatrix},
$$

则n阶线性微分方程组(6.1.8)写成向量形式

$$
\frac{\mathrm{d}\boldsymbol{Y}}{\mathrm{d}x} = \boldsymbol{A}(x)\boldsymbol{Y} + \boldsymbol{F}(x).
\tag{6.1.9}
$$

若$\boldsymbol{F}(x) \not\equiv \boldsymbol{0}$(零向量), 则称向量式(6.1.9)为非齐次线性微分方程组. 若$\boldsymbol{F}(x) \equiv \boldsymbol{0}$, 则称

$$
\frac{\mathrm{d}\boldsymbol{Y}}{\mathrm{d}x} = \boldsymbol{A}(x)\boldsymbol{Y}
\tag{6.1.10}
$$

为齐次线性微分方程组.

注6.1.4　假设$\boldsymbol{A}(x)$和$\boldsymbol{F}(x)$在区间$[a,b]$上连续, 则初值问题

$$
\begin{cases}
\dfrac{\mathrm{d}\boldsymbol{Y}}{\mathrm{d}x} = \boldsymbol{A}(x)\boldsymbol{Y} + \boldsymbol{F}(x), \\[2mm]
\boldsymbol{Y}(x_0) = \boldsymbol{Y}_0
\end{cases}
\tag{6.1.11}
$$

的解在区间$[a,b]$上存在且唯一.

注6.1.5　设$\boldsymbol{Y}_1(x), \boldsymbol{Y}_2(x), \cdots, \boldsymbol{Y}_m(x)$是齐次线性微分方程组(6.1.10)的$m$个解, 则

$$
\boldsymbol{Y}(x) = c_1\boldsymbol{Y}_1(x) + c_2\boldsymbol{Y}_2(x) + \cdots + c_m\boldsymbol{Y}_m(x)
$$

也是方程组(6.1.10)的解, 其中$c_1, c_2, \cdots, c_m$为任意常数.

定义6.1.5　设$\boldsymbol{Y}_1(x), \boldsymbol{Y}_2(x), \cdots, \boldsymbol{Y}_m(x)$是区间$I$上的$m$个$n$维向量函数. 若存在$m$个不全为0的常数$c_1, c_2, \cdots, c_m$, 成立

$$
c_1\boldsymbol{Y}_1(x) + c_2\boldsymbol{Y}_2(x) + \cdots + c_m\boldsymbol{Y}_m(x) \equiv 0, \quad \forall x \in I,
\tag{6.1.12}
$$

则称向量函数 $\boldsymbol{Y}_1(x), \boldsymbol{Y}_2(x), \cdots, \boldsymbol{Y}_m(x)$ 在区间 I 上线性相关. 否则, 若 (6.1.12) 式成立当且仅当 $c_1 = c_2 = \cdots = c_m = 0$, 则称向量函数 $\boldsymbol{Y}_1(x), \boldsymbol{Y}_2(x), \cdots, \boldsymbol{Y}_m(x)$ 在区间 I 上线性无关.

注6.1.6 如果向量函数组 $\boldsymbol{Y}_1(x), \boldsymbol{Y}_2(x), \cdots, \boldsymbol{Y}_n(x)$ 是齐次线性微分方程组 (6.1.10) 的 n 个解, 则该解组在区间 I 上线性相关的必要充分条件是

$$W(x) = \begin{vmatrix} y_{11}(x) & y_{12}(x) & \cdots & y_{1n}(x) \\ y_{21}(x) & y_{22}(x) & \cdots & y_{2n}(x) \\ \vdots & \vdots & & \vdots \\ y_{n1}(x) & y_{n2}(x) & \cdots & y_{nn}(x) \end{vmatrix} \equiv 0, \quad \forall x \in I,$$

其中

$$\boldsymbol{Y}_j(x) = \begin{pmatrix} y_{1j}(x) \\ y_{2j}(x) \\ \vdots \\ y_{nj}(x) \end{pmatrix}, \quad j = 1, 2, \cdots, n. \tag{6.1.13}$$

于是, 如果向量函数组 $\boldsymbol{Y}_1(x), \boldsymbol{Y}_2(x), \cdots, \boldsymbol{Y}_n(x)$ 是齐次线性微分方程组 (6.1.10) 的 n 个解, 则该解组在区间 I 上线性无关的必要充分条件是: $W(x) \neq 0, \forall x \in I$.

定义6.1.6 设 $\boldsymbol{Y}_1(x), \boldsymbol{Y}_2(x), \cdots, \boldsymbol{Y}_n(x)$ 是齐次线性微分方程组 (6.1.10) 的 n 个线性无关的解, 则称 $\boldsymbol{Y}_1(x), \boldsymbol{Y}_2(x), \cdots, \boldsymbol{Y}_n(x)$ 是方程组 (6.1.10) 的一个基本解组.

注6.1.7 齐次线性微分方程组 (6.1.10) 存在基本解组.

注6.1.8 如果 $\boldsymbol{Y}_1(x), \boldsymbol{Y}_2(x), \cdots, \boldsymbol{Y}_n(x)$ 是齐次线性微分方程组 (6.1.10) 的一个基本解组, 则

$$\boldsymbol{Y}(x) = c_1 \boldsymbol{Y}_1(x) + c_2 \boldsymbol{Y}_2(x) + \cdots + c_n \boldsymbol{Y}_n(x)$$

是方程组 (6.1.10) 的通解, 其中 $c_1, c_2, \cdots, c_n$ 为任意常数. 或者说, 齐次线性微分方程组 (6.1.10) 的通解为

$$\boldsymbol{Y}(x) = \begin{pmatrix} y_{11}(x) & y_{12}(x) & \cdots & y_{1n}(x) \\ y_{21}(x) & y_{22}(x) & \cdots & y_{2n}(x) \\ \vdots & \vdots & & \vdots \\ y_{n1}(x) & y_{n2}(x) & \cdots & y_{nn}(x) \end{pmatrix} \begin{pmatrix} c_1 \\ c_2 \\ \vdots \\ c_n \end{pmatrix} = \boldsymbol{\Phi}(x)\boldsymbol{C},$$

其中 $\boldsymbol{Y}_j(x)$ 是由 (6.1.13) 式定义的.

注6.1.9 如果 $\boldsymbol{Y}_1(x), \boldsymbol{Y}_2(x), \cdots, \boldsymbol{Y}_n(x)$ 是齐次线性微分方程组 (6.1.10) 的一个基本解组, $\boldsymbol{Y}^*(x)$ 是非齐次线性微分方程组 (6.1.9) 的任一个解, 则

$$\boldsymbol{Y}(x) = c_1 \boldsymbol{Y}_1(x) + c_2 \boldsymbol{Y}_2(x) + \cdots + c_n \boldsymbol{Y}_n(x) + \boldsymbol{Y}^*(x) = \boldsymbol{\Phi}(x)\boldsymbol{C} + \boldsymbol{Y}^*(x)$$

是非齐次线性微分方程组 (6.1.9) 的通解, 其中 $c_1, c_2, \cdots, c_n$ 为任意常数.

注6.1.10 如果$\boldsymbol{Y}_1(x), \boldsymbol{Y}_2(x), \cdots, \boldsymbol{Y}_n(x)$是齐次线性微分方程组(6.1.10)的一个基本解组, 则非齐次线性微分方程组(6.1.9)一定有特解

$$\boldsymbol{Y}^*(x) = c_1(x)\boldsymbol{Y}_1(x) + c_2(x)\boldsymbol{Y}_2(x) + \cdots + c_n(x)\boldsymbol{Y}_n(x) = \boldsymbol{\Phi}(x)\boldsymbol{C}(x),$$

其中$c_1(x), c_2(x), \cdots, c_n(x)$ 是待定的函数.

注6.1.11 由注6.1.9和注6.1.10可知, 求非齐次线性方程组(6.1.9)的通解, 关键是求出相应齐次线性方程组(6.1.10)的一个基本解组.

例6.1.11 解微分方程组

$$\begin{cases} y_1' = y_1 + y_2 + \mathrm{e}^{-x}, \\ y_2' = y_2. \end{cases}$$

解 原方程组对应的齐次方程组

$$\begin{cases} y_1' = y_1 + y_2, \\ y_2' = y_2 \end{cases}$$

的一个基本解组是

$$\boldsymbol{Y}_1(x) = \begin{pmatrix} y_{11}(x) \\ y_{21}(x) \end{pmatrix} = \begin{pmatrix} 1 \\ 0 \end{pmatrix}\mathrm{e}^x, \quad \boldsymbol{Y}_2(x) = \begin{pmatrix} y_{12}(x) \\ y_{22}(x) \end{pmatrix} = \begin{pmatrix} x \\ 1 \end{pmatrix}\mathrm{e}^x.$$

设

$$\boldsymbol{Y}^*(x) = c_1(x)\boldsymbol{Y}_1(x) + c_2(x)\boldsymbol{Y}_2(x) = c_1(x)\begin{pmatrix} 1 \\ 0 \end{pmatrix}\mathrm{e}^x + c_2(x)\begin{pmatrix} x \\ 1 \end{pmatrix}\mathrm{e}^x$$

是原方程组的一个特解, 则

$$\begin{cases} c_1'(x)\mathrm{e}^x + c_2'(x)\mathrm{e}^x = \mathrm{e}^{-x}, \\ c_2'(x)\mathrm{e}^x = 0, \end{cases}$$

解得

$$c_1'(x) = \mathrm{e}^{-2x}, \quad c_2'(x) = 0,$$

从而

$$c_1(x) = -\frac{1}{2}\mathrm{e}^{-2x}, \quad c_2(x) = 0.$$

于是原方程组有一个特解

$$\boldsymbol{Y}^*(x) = c_1(x)\boldsymbol{Y}_1(x) + c_2(x)\boldsymbol{Y}_2(x) = \begin{pmatrix} -\dfrac{1}{2}\mathrm{e}^{-x} \\ 0 \end{pmatrix}.$$

因此原方程组的通解为

$$\boldsymbol{Y}(x) = c_1\begin{pmatrix} 1 \\ 0 \end{pmatrix}\mathrm{e}^x + c_2\begin{pmatrix} x \\ 1 \end{pmatrix}\mathrm{e}^x + \begin{pmatrix} -\dfrac{1}{2}\mathrm{e}^{-x} \\ 0 \end{pmatrix}.$$

注6.1.12 如果系数矩阵函数$A(x)$是n阶常数矩阵A, 且$F(x) \not\equiv 0$, 则称非齐次线性微分方程组(6.1.9), 即

$$\frac{\mathrm{d}Y}{\mathrm{d}x} = AY + F(x) \tag{6.1.14}$$

为n阶常系数非齐次线性微分方程组. 相应地, 称齐次线性微分方程组(6.1.10), 即

$$\frac{\mathrm{d}Y}{\mathrm{d}x} = AY \tag{6.1.15}$$

为n阶常系数齐次线性微分方程组.

注6.1.13 设常数矩阵

$$A = \begin{pmatrix} a_{11} & a_{12} & \cdots & a_{1n} \\ a_{21} & a_{22} & \cdots & a_{2n} \\ \vdots & \vdots & & \vdots \\ a_{n1} & a_{n2} & \cdots & a_{nn} \end{pmatrix},$$

则称行列式

$$|A - \lambda E| = \begin{vmatrix} a_{11} - \lambda & a_{12} & \cdots & a_{1n} \\ a_{21} & a_{22} - \lambda & \cdots & a_{2n} \\ \vdots & \vdots & & \vdots \\ a_{n1} & a_{n2} & \cdots & a_{nn} - \lambda \end{vmatrix}$$

为矩阵A的特征多项式, 并称特征多项式的根为矩阵A的特征根. 设λ_0为矩阵A的特征根, 称满足特征方程

$$(A - \lambda_0 E)R = 0$$

的列向量R为特征根λ_0所对应的特征向量, 其中E表示单位矩阵.

注6.1.14 设常系数齐次线性微分方程组(6.1.15)的系数矩阵A的特征根为$\lambda_1, \lambda_2, \cdots, \lambda_m$, 其重数分别为$k_1, k_2, \cdots, k_m$, 且$\sum\limits_{j=1}^{m} k_j = n$, 则下列结论成立:

(1) 如果λ_j是实的单重特征根, 则对应的

$$Y_j(x) = R_j \mathrm{e}^{\lambda_j x}$$

是方程组(6.1.15)的一个非零实值解, 其中列向量R_j满足特征方程

$$(A - \lambda_j E)R_j = 0.$$

(2) 如果$\lambda_j = a_j \pm \mathrm{i}b_j$是复的单重特征根, 则对应的

$$Y_j(x) = R_j \mathrm{e}^{\lambda_j x} = \mathrm{e}^{(a_j \pm \mathrm{i}b_j)x} \begin{pmatrix} r_{11} + \mathrm{i}r_{12} \\ r_{21} + \mathrm{i}r_{22} \\ \vdots \\ r_{n1} + \mathrm{i}r_{n2} \end{pmatrix}$$

是方程组(6.1.15)的一个复值解, 从而得到两个线性无关的实值解为

$$\boldsymbol{Y}_{j1}(x) = \mathrm{e}^{a_j x} \begin{pmatrix} r_{11} \cos b_j x - r_{12} \sin b_j x \\ r_{21} \cos b_j x - r_{22} \sin b_j x \\ \vdots \\ r_{n1} \cos b_j x - r_{n2} \sin b_j x \end{pmatrix}$$

和

$$\boldsymbol{Y}_{j2}(x) = \mathrm{e}^{a_j x} \begin{pmatrix} r_{11} \cos b_j x + r_{12} \sin b_j x \\ r_{21} \cos b_j x + r_{22} \sin b_j x \\ \vdots \\ r_{n1} \cos b_j x + r_{n2} \sin b_j x \end{pmatrix},$$

其中列向量 $\boldsymbol{R}_j$ 满足特征方程

$$(\boldsymbol{A} - \lambda_j \boldsymbol{E}) \boldsymbol{R}_j = \boldsymbol{0}.$$

(3) 如果 λ_j 是 k 重特征根, 则对应的

$$\boldsymbol{Y}_j(x) = (\boldsymbol{R}_0 + \boldsymbol{R}_1 x + \cdots + \boldsymbol{R}_{k-1} x^{k-1}) \mathrm{e}^{\lambda_j x}$$

是方程组(6.1.15)的非零解, 其中列向量组 $\boldsymbol{R}_0, \boldsymbol{R}_1, \cdots, \boldsymbol{R}_{k-1}$ 满足方程组

$$\begin{cases} (\boldsymbol{A} - \lambda_j \boldsymbol{E})^k \boldsymbol{R}_0 = \boldsymbol{0}, \\ (\boldsymbol{A} - \lambda_j \boldsymbol{E}) \boldsymbol{R}_0 = \boldsymbol{R}_1, \\ (\boldsymbol{A} - \lambda_j \boldsymbol{E}) \boldsymbol{R}_1 = 2\boldsymbol{R}_2, \\ \qquad\qquad \vdots \\ (\boldsymbol{A} - \lambda_j \boldsymbol{E}) \boldsymbol{R}_{k-2} = (k-1)\boldsymbol{R}_{k-1}. \end{cases}$$

(4) 不同特征根所对应的解是线性无关的.

例6.1.12 解微分方程组

$$\begin{cases} \dfrac{\mathrm{d}x}{\mathrm{d}t} = 3x - y + z, \\ \dfrac{\mathrm{d}y}{\mathrm{d}t} = -x + 5y - z, \\ \dfrac{\mathrm{d}z}{\mathrm{d}t} = x - y + 3z. \end{cases}$$

解　令

$$\boldsymbol{A} = \begin{pmatrix} 3 & -1 & 1 \\ -1 & 5 & -1 \\ 1 & -1 & 3 \end{pmatrix}.$$

由特征方程 $|\boldsymbol{A} - \lambda \boldsymbol{E}| = 0$, 得特征根

$$\lambda_1 = 2, \quad \lambda_2 = 3, \quad \lambda_3 = 6.$$

(1) 对于 $\lambda_1 = 2$, 设所对应的解为

$$Y_1(t) = R_1 e^{2t} = e^{2t} \begin{pmatrix} r_1 \\ r_2 \\ r_3 \end{pmatrix}.$$

而 R_1 满足 $(A - 2E)R_1 = 0$, 即

$$\begin{pmatrix} 1 & -1 & 1 \\ -1 & 3 & -1 \\ 1 & -1 & 1 \end{pmatrix} \begin{pmatrix} r_1 \\ r_2 \\ r_3 \end{pmatrix} = 0,$$

得

$$\begin{cases} r_1 - r_2 + r_3 = 0, \\ -r_1 + 3r_2 - r_3 = 0, \end{cases}$$

取 r_3 为自由分量, 得

$$\begin{cases} r_1 = -r_3, \\ r_2 = 0, \end{cases}$$

于是取 $r_3 = 1$, 得

$$R_1 = \begin{pmatrix} -1 \\ 0 \\ 1 \end{pmatrix}.$$

从而 $\lambda_1 = 2$ 所对应的解为

$$Y_1(t) = e^{2t} \begin{pmatrix} -1 \\ 0 \\ 1 \end{pmatrix}.$$

(2) 对于 $\lambda_2 = 3$, 设所对应的解为

$$Y_2(t) = R_2 e^{3t} = e^{3t} \begin{pmatrix} r_1 \\ r_2 \\ r_3 \end{pmatrix}.$$

而 R_2 满足 $(A - 3E)R_2 = 0$, 即

$$\begin{pmatrix} 0 & -1 & 1 \\ -1 & 2 & -1 \\ 1 & -1 & 0 \end{pmatrix} \begin{pmatrix} r_1 \\ r_2 \\ r_3 \end{pmatrix} = 0,$$

得

$$\begin{cases} -r_2 + r_3 = 0, \\ r_1 - r_2 = 0, \end{cases}$$

取r_2为自由分量, 得

$$\begin{cases} r_1 = r_2, \\ r_3 = r_2, \end{cases}$$

于是取$r_2 = 1$, 得

$$\boldsymbol{R}_2 = \begin{pmatrix} 1 \\ 1 \\ 1 \end{pmatrix}.$$

从而$\lambda_2 = 3$所对应的解为

$$\boldsymbol{Y}_2(t) = \mathrm{e}^{3t} \begin{pmatrix} 1 \\ 1 \\ 1 \end{pmatrix}.$$

(3) 对于$\lambda_3 = 6$, 设所对应的解为

$$\boldsymbol{Y}_3(t) = \boldsymbol{R}_3 \mathrm{e}^{6t} = \mathrm{e}^{6t} \begin{pmatrix} r_1 \\ r_2 \\ r_3 \end{pmatrix}.$$

而$\boldsymbol{R}_3$满足$(\boldsymbol{A} - 6\boldsymbol{E})\boldsymbol{R}_3 = \boldsymbol{0}$, 即

$$\begin{pmatrix} -3 & -1 & 1 \\ -1 & -1 & -1 \\ 1 & -1 & -3 \end{pmatrix} \begin{pmatrix} r_1 \\ r_2 \\ r_3 \end{pmatrix} = \boldsymbol{0},$$

得

$$\begin{cases} -r_1 - r_2 - r_3 = 0, \\ r_1 - r_2 - 3r_3 = 0, \end{cases}$$

取r_1为自由分量, 得

$$\begin{cases} r_2 = -2r_1, \\ r_3 = r_1, \end{cases}$$

于是取$r_1 = 1$, 得

$$\boldsymbol{R}_3 = \begin{pmatrix} 1 \\ -2 \\ 1 \end{pmatrix}.$$

从而$\lambda_3 = 6$所对应的解为

$$\boldsymbol{Y}_3(t) = \mathrm{e}^{6t} \begin{pmatrix} 1 \\ -2 \\ 1 \end{pmatrix}.$$

因此, 原方程组的通解为

$$\begin{pmatrix} x \\ y \\ z \end{pmatrix} = c_1 e^{2t} \begin{pmatrix} -1 \\ 0 \\ 1 \end{pmatrix} + c_2 e^{3t} \begin{pmatrix} 1 \\ 1 \\ 1 \end{pmatrix} + c_3 e^{6t} \begin{pmatrix} 1 \\ -2 \\ 1 \end{pmatrix}.$$

例6.1.13　解微分方程组

$$\begin{cases} \dfrac{\mathrm{d}x}{\mathrm{d}t} = x - y - z, \\[2mm] \dfrac{\mathrm{d}y}{\mathrm{d}t} = x + y, \\[2mm] \dfrac{\mathrm{d}z}{\mathrm{d}t} = 3x + z. \end{cases}$$

解　令

$$\boldsymbol{A} = \begin{pmatrix} 1 & -1 & -1 \\ 1 & 1 & 0 \\ 3 & 0 & 1 \end{pmatrix}.$$

由特征方程 $|\boldsymbol{A} - \lambda \boldsymbol{E}| = 0$, 得特征根

$$\lambda_1 = 1, \quad \lambda_2 = 1 + 2\mathrm{i}, \quad \lambda_3 = 1 - 2\mathrm{i}.$$

(1) 对于 $\lambda_1 = 1$, 设所对应的解为

$$\boldsymbol{Y}_1(t) = \boldsymbol{R}_1 \mathrm{e}^t = \mathrm{e}^t \begin{pmatrix} r_1 \\ r_2 \\ r_3 \end{pmatrix}.$$

而 $\boldsymbol{R}_1$ 满足 $(\boldsymbol{A} - \boldsymbol{E})\boldsymbol{R}_1 = \boldsymbol{0}$, 即

$$\begin{pmatrix} 0 & -1 & -1 \\ 1 & 0 & 0 \\ 3 & 0 & 0 \end{pmatrix} \begin{pmatrix} r_1 \\ r_2 \\ r_3 \end{pmatrix} = 0,$$

得

$$\begin{cases} r_1 = 0, \\ r_2 = -r_3, \end{cases}$$

于是取 $r_3 = 1$, 得

$$\boldsymbol{R}_1 = \begin{pmatrix} 0 \\ -1 \\ 1 \end{pmatrix}.$$

从而 $\lambda_1 = 1$ 所对应的解为

$$\boldsymbol{Y}_1(t) = \mathrm{e}^t \begin{pmatrix} 0 \\ -1 \\ 1 \end{pmatrix}.$$

(2) 现求 $1 \pm 2\mathrm{i}$ 所对应的两个实值解. 对于 $\lambda_2 = 1 + 2\mathrm{i}$, 设所对应的复值解为

$$\boldsymbol{Y}_2(t) = \boldsymbol{R}_2 \mathrm{e}^{(1+2\mathrm{i})t} = \mathrm{e}^{(1+2\mathrm{i})t} \begin{pmatrix} r_1 \\ r_2 \\ r_3 \end{pmatrix}.$$

而 $\boldsymbol{R}_2$ 满足 $(\boldsymbol{A} - (1 + 2\mathrm{i})\boldsymbol{E})\boldsymbol{R}_2 = \boldsymbol{0}$, 即

$$\begin{pmatrix} -2\mathrm{i} & -1 & -1 \\ 1 & -2\mathrm{i} & 0 \\ 3 & 0 & -2\mathrm{i} \end{pmatrix} \begin{pmatrix} r_1 \\ r_2 \\ r_3 \end{pmatrix} = 0,$$

得

$$\begin{cases} -2\mathrm{i}r_1 - r_2 - r_3 = 0, \\ r_1 - 2\mathrm{i}r_2 = 0, \\ 3r_1 - 2\mathrm{i}r_3 = 0, \end{cases}$$

取 r_1 为自由分量, 得

$$\begin{cases} r_2 = \dfrac{1}{2\mathrm{i}} r_1, \\ r_3 = \dfrac{3}{2\mathrm{i}} r_1, \end{cases}$$

于是取 $r_1 = 2\mathrm{i}$, 得

$$\boldsymbol{R}_2 = \begin{pmatrix} 2\mathrm{i} \\ 1 \\ 3 \end{pmatrix}.$$

从而 $\lambda_2 = 1 + 2\mathrm{i}$ 所对应的解为

$$\begin{aligned} \boldsymbol{Y}_2(t) &= \mathrm{e}^{(1+2\mathrm{i})t} \begin{pmatrix} 2\mathrm{i} \\ 1 \\ 3 \end{pmatrix} = \mathrm{e}^t (\cos 2t + \mathrm{i} \sin 2t) \begin{pmatrix} 2\mathrm{i} \\ 1 \\ 3 \end{pmatrix} \\ &= \mathrm{e}^t \begin{pmatrix} -2 \sin 2t \\ \cos 2t \\ 3 \cos 2t \end{pmatrix} + \mathrm{i}\mathrm{e}^t \begin{pmatrix} 2 \cos 2t \\ \sin 2t \\ 3 \sin 2t \end{pmatrix}. \end{aligned}$$

所以 $1 \pm 2\mathrm{i}$ 所对应的两个实值解为

$$\mathrm{e}^t \begin{pmatrix} -2 \sin 2t \\ \cos 2t \\ 3 \cos 2t \end{pmatrix} \quad 与 \quad \mathrm{e}^t \begin{pmatrix} 2 \cos 2t \\ \sin 2t \\ 3 \sin 2t \end{pmatrix}.$$

因此, 原方程组的通解为

$$\begin{pmatrix} x \\ y \\ z \end{pmatrix} = c_1 \mathrm{e}^t \begin{pmatrix} 0 \\ -1 \\ 1 \end{pmatrix} + c_2 \mathrm{e}^t \begin{pmatrix} -2 \sin 2t \\ \cos 2t \\ 3 \cos 2t \end{pmatrix} + c_3 \mathrm{e}^t \begin{pmatrix} 2 \cos 2t \\ \sin 2t \\ 3 \sin 2t \end{pmatrix}.$$

例6.1.14 解微分方程组

$$\begin{cases} \dfrac{\mathrm{d}y_1}{\mathrm{d}x} = y_2 + y_3, \\[2mm] \dfrac{\mathrm{d}y_2}{\mathrm{d}x} = y_1 + y_3, \\[2mm] \dfrac{\mathrm{d}y_3}{\mathrm{d}x} = y_1 + y_2. \end{cases}$$

解 令

$$\boldsymbol{A} = \begin{pmatrix} 0 & 1 & 1 \\ 1 & 0 & 1 \\ 1 & 1 & 0 \end{pmatrix}.$$

由特征方程 $|\boldsymbol{A} - \lambda \boldsymbol{E}| = 0$, 得特征根

$$\lambda_1 = 2, \quad \lambda_2 = \lambda_3 = -1.$$

(1) 对于 $\lambda_1 = 2$, 设所对应的解为

$$\boldsymbol{Y}_1(x) = \boldsymbol{R}_1 \mathrm{e}^{2x} = \mathrm{e}^{2x} \begin{pmatrix} r_1 \\ r_2 \\ r_3 \end{pmatrix}.$$

而 $\boldsymbol{R}_1$ 满足 $(\boldsymbol{A} - 2\boldsymbol{E})\boldsymbol{R}_1 = \boldsymbol{0}$, 得

$$\boldsymbol{R}_1 = \begin{pmatrix} 1 \\ 1 \\ 1 \end{pmatrix}.$$

从而 $\lambda_1 = 2$ 所对应的解为

$$\boldsymbol{Y}_1(x) = \mathrm{e}^{2x} \begin{pmatrix} 1 \\ 1 \\ 1 \end{pmatrix}.$$

(2) 对于 $\lambda_2 = \lambda_3 = -1$, 设所对应的解为

$$\boldsymbol{Y}(x) = (\boldsymbol{R}_0 + \boldsymbol{R}_1 x)\mathrm{e}^{-x},$$

而 $\boldsymbol{R}_0, \boldsymbol{R}_1$ 满足

$$\begin{cases} (\boldsymbol{A} + \boldsymbol{E})^2 \boldsymbol{R}_0 = \boldsymbol{0}, \\[2mm] (\boldsymbol{A} + \boldsymbol{E}) \boldsymbol{R}_0 = \boldsymbol{R}_1. \end{cases}$$

设

$$\boldsymbol{R}_0 = \begin{pmatrix} r_1^0 \\ r_2^0 \\ r_3^0 \end{pmatrix}, \quad \boldsymbol{R}_1 = \begin{pmatrix} r_1^1 \\ r_2^1 \\ r_3^1 \end{pmatrix}.$$

由于

$$\boldsymbol{A} + \boldsymbol{E} = \begin{pmatrix} 1 & 1 & 1 \\ 1 & 1 & 1 \\ 1 & 1 & 1 \end{pmatrix}, \quad (\boldsymbol{A} + \boldsymbol{E})^2 = \begin{pmatrix} 3 & 3 & 3 \\ 3 & 3 & 3 \\ 3 & 3 & 3 \end{pmatrix},$$

于是, 由

$$(\boldsymbol{A} + \boldsymbol{E})^2 \boldsymbol{R}_0 = \begin{pmatrix} 3 & 3 & 3 \\ 3 & 3 & 3 \\ 3 & 3 & 3 \end{pmatrix} \begin{pmatrix} r_1^0 \\ r_2^0 \\ r_3^0 \end{pmatrix} = \boldsymbol{0},$$

得

$$r_1^0 + r_2^0 + r_3^0 = 0,$$

取 $r_1^0 = -1$, 得两个线性无关的向量

$$\boldsymbol{R}_0^1 = \begin{pmatrix} -1 \\ 1 \\ 0 \end{pmatrix}, \quad \boldsymbol{R}_0^2 = \begin{pmatrix} -1 \\ 0 \\ 1 \end{pmatrix}.$$

依次将 $\boldsymbol{R}_0^1, \boldsymbol{R}_0^2$ 代入 $(\boldsymbol{A} + \boldsymbol{E})\boldsymbol{R}_0 = \boldsymbol{R}_1$, 得

$$\boldsymbol{R}_1^1 = \boldsymbol{R}_1^2 = \begin{pmatrix} 0 \\ 0 \\ 0 \end{pmatrix}.$$

于是 $\lambda_2 = \lambda_3 = -1$ 所对应的两个线性无关解为

$$\boldsymbol{Y}_2(x) = (\boldsymbol{R}_0^1 + \boldsymbol{R}_1^1 x)\mathrm{e}^{-x} = \mathrm{e}^{-x} \begin{pmatrix} -1 \\ 1 \\ 0 \end{pmatrix}$$

和

$$\boldsymbol{Y}_3(x) = (\boldsymbol{R}_0^2 + \boldsymbol{R}_1^2 x)\mathrm{e}^{-x} = \mathrm{e}^{-x} \begin{pmatrix} -1 \\ 0 \\ 1 \end{pmatrix}.$$

因此, 原方程组的通解为

$$\begin{pmatrix} y_1 \\ y_2 \\ y_3 \end{pmatrix} = c_1 \mathrm{e}^{2x} \begin{pmatrix} 1 \\ 1 \\ 1 \end{pmatrix} + c_2 \mathrm{e}^{-x} \begin{pmatrix} -1 \\ 1 \\ 0 \end{pmatrix} + c_3 \mathrm{e}^{-x} \begin{pmatrix} -1 \\ 0 \\ 1 \end{pmatrix}.$$

习 题 6.2

1. 解微分方程组:

$$\begin{cases} \dfrac{\mathrm{d}x}{\mathrm{d}t} = x + y + \mathrm{e}^t, \\ \dfrac{\mathrm{d}y}{\mathrm{d}t} = y. \end{cases}$$

2. 解下列微分方程组:

(1) $\begin{cases} \dfrac{\mathrm{d}x}{\mathrm{d}t} = -3x + y, \\ \dfrac{\mathrm{d}y}{\mathrm{d}t} = 8x - y; \end{cases}$
(2) $\begin{cases} \dfrac{\mathrm{d}x}{\mathrm{d}t} = 2x + y, \\ \dfrac{\mathrm{d}y}{\mathrm{d}t} = 3x + 4y; \end{cases}$

(3) $\begin{cases} \dfrac{\mathrm{d}x}{\mathrm{d}t} = 2x, \\ \dfrac{\mathrm{d}y}{\mathrm{d}t} = 3x - 2y, \\ \dfrac{\mathrm{d}z}{\mathrm{d}t} = 2y + 3z; \end{cases}$
(4) $\begin{cases} \dfrac{\mathrm{d}x}{\mathrm{d}t} = 2x - y + z, \\ \dfrac{\mathrm{d}y}{\mathrm{d}t} = x + 2y - z, \\ \dfrac{\mathrm{d}z}{\mathrm{d}t} = x - y + 2z. \end{cases}$

3. 解下列微分方程组:

(1) $\begin{cases} \dfrac{\mathrm{d}x}{\mathrm{d}t} = -7x + y, \\ \dfrac{\mathrm{d}y}{\mathrm{d}t} = -2x - 5y; \end{cases}$
(2) $\begin{cases} \dfrac{\mathrm{d}x}{\mathrm{d}t} = x - y, \\ \dfrac{\mathrm{d}y}{\mathrm{d}t} = x + y; \end{cases}$

(3) $\begin{cases} \dfrac{\mathrm{d}x}{\mathrm{d}t} = 2x + y, \\ \dfrac{\mathrm{d}y}{\mathrm{d}t} = x + 3y - z, \\ \dfrac{\mathrm{d}z}{\mathrm{d}t} = -x + 2y + 3z; \end{cases}$
(4) $\begin{cases} \dfrac{\mathrm{d}x}{\mathrm{d}t} = 2x - y + 2z, \\ \dfrac{\mathrm{d}y}{\mathrm{d}t} = x + 2z, \\ \dfrac{\mathrm{d}z}{\mathrm{d}t} = -2x + y - z. \end{cases}$

4. 解下列微分方程组:

(1) $\begin{cases} \dfrac{\mathrm{d}x}{\mathrm{d}t} = x + y, \\ \dfrac{\mathrm{d}y}{\mathrm{d}t} = -x + 3y; \end{cases}$
(2) $\begin{cases} \dfrac{\mathrm{d}x}{\mathrm{d}t} = 3x - 2y, \\ \dfrac{\mathrm{d}y}{\mathrm{d}t} = 2x - y; \end{cases}$

(3) $\begin{cases} \dfrac{\mathrm{d}x}{\mathrm{d}t} = 2x - y - z, \\ \dfrac{\mathrm{d}y}{\mathrm{d}t} = 3x - 2y - 3z, \\ \dfrac{\mathrm{d}z}{\mathrm{d}t} = -x + y + 2z; \end{cases}$
(4) $\begin{cases} \dfrac{\mathrm{d}x}{\mathrm{d}t} = -x + y - 2z, \\ \dfrac{\mathrm{d}y}{\mathrm{d}t} = 4x + y, \\ \dfrac{\mathrm{d}z}{\mathrm{d}t} = 2x + y - z. \end{cases}$

6.1.4　高阶线性微分方程

称微分方程

$$y^{(n)} + a_1(x)y^{(n-1)} + \cdots + a_{n-1}(x)y' + a_n(x)y = f(x) \tag{6.1.16}$$

为n阶线性微分方程, 其中系数函数$a_i(x)(i=1,2,\cdots,n)$和$f(x)$都是区间I上的连续函数.

若$f(x) \not\equiv 0$, 则称微分方程(6.1.16)为非齐次线性微分方程. 若$f(x) \equiv 0$, 则称

$$y^{(n)} + a_1(x)y^{(n-1)} + \cdots + a_{n-1}(x)y' + a_n(x)y = 0 \tag{6.1.17}$$

为齐次线性微分方程.

注6.1.15　如果令

$$y_1 = y, \ y_2 = y', \ \cdots, \ y_n = y^{(n-1)}, \tag{6.1.18}$$

则微分方程(6.1.16)等价于下面线性微分方程组

$$\frac{\mathrm{d}\boldsymbol{Y}}{\mathrm{d}x} = \boldsymbol{A}(x)\boldsymbol{Y} + \boldsymbol{F}(x),$$

其中

$$\boldsymbol{Y} = \begin{pmatrix} y_1 \\ y_2 \\ \vdots \\ y_n \end{pmatrix}, \qquad \boldsymbol{F}(x) = \begin{pmatrix} 0 \\ 0 \\ \vdots \\ f(x) \end{pmatrix},$$

$$\boldsymbol{A}(x) = \begin{pmatrix} 0 & 1 & 0 & \cdots & 0 \\ 0 & 0 & 1 & \cdots & 0 \\ \vdots & \vdots & \vdots & & \vdots \\ 0 & 0 & 0 & \cdots & 1 \\ -a_n(x) & -a_{n-1}(x) & -a_{n-2}(x) & \cdots & -a_1(x) \end{pmatrix}.$$

注6.1.16　设$\varphi_1(x),\varphi_2(x),\cdots,\varphi_n(x)$是齐次线性微分方程(6.1.17)的$n$个解, 则由(6.1.18)式得到齐次线性微分方程组

$$\frac{\mathrm{d}\boldsymbol{Y}}{\mathrm{d}x} = \boldsymbol{A}(x)\boldsymbol{Y}$$

的n个解为

$$\begin{pmatrix} \varphi_1(x) \\ \varphi_1'(x) \\ \vdots \\ \varphi_1^{(n-1)}(x) \end{pmatrix}, \ \begin{pmatrix} \varphi_2(x) \\ \varphi_2'(x) \\ \vdots \\ \varphi_2^{(n-1)}(x) \end{pmatrix}, \ \cdots, \ \begin{pmatrix} \varphi_n(x) \\ \varphi_n'(x) \\ \vdots \\ \varphi_n^{(n-1)}(x) \end{pmatrix}. \tag{6.1.19}$$

注6.1.17　齐次线性微分方程(6.1.17)在区间I上存在n个线性无关的解. 齐次线性微分方程(6.1.17)的n个解$\varphi_1(x),\varphi_2(x),\cdots,\varphi_n(x)$在区间$I$上是线性无关的必要充分条件是: 向量

函数组(6.1.19)在区间I上是线性无关, 或在区间I上

$$\begin{vmatrix} \varphi_1(x) & \varphi_2(x) & \cdots & \varphi_n(x) \\ \varphi_1'(x) & \varphi_2'(x) & \cdots & \varphi_n'(x) \\ \vdots & \vdots & & \vdots \\ \varphi_1^{(n-1)}(x) & \varphi_2^{(n-1)}(x) & \cdots & \varphi_n^{(n-1)}(x) \end{vmatrix} \not\equiv 0.$$

注6.1.18 齐次线性微分方程(6.1.17)的n个线性无关解称为一个基本解组.

注6.1.19 设$\varphi_1(x), \varphi_2(x), \cdots, \varphi_n(x)$是齐次线性微分方程(6.1.17)的一个基本解组, 则齐次线性微分方程(6.1.17)的通解为

$$y = c_1\varphi_1(x) + c_2\varphi_2(x) + \cdots + c_n\varphi_n(x).$$

注6.1.20 设$\varphi_1(x), \varphi_2(x), \cdots, \varphi_n(x)$是方程(6.1.17)的一个基本解组, $\varphi^*(x)$是非齐次线性微分方程(6.1.16)的任一个解, 则非齐次线性微分方程(6.1.16)的通解为

$$y = c_1\varphi_1(x) + c_2\varphi_2(x) + \cdots + c_n\varphi_n(x) + \varphi^*(x),$$

其中$c_1, c_2, \cdots, c_n$为任意常数.

注6.1.21 如果$\varphi_1(x), \varphi_2(x), \cdots, \varphi_n(x)$是齐次线性微分方程(6.1.17)的一个基本解组, 则非齐次线性微分方程(6.1.16)一定有特解

$$\varphi^*(x) = c_1(x)\varphi_1(x) + c_2(x)\varphi_2(x) + \cdots + c_n(x)\varphi_n(x),$$

其中$c_1(x), c_2(x), \cdots, c_n(x)$ 是待定的函数.

注6.1.22 由注6.1.20和注6.1.21可知, 求非齐次线性微分方程(6.1.16)的通解, 关键是求出相应齐次线性微分方程(6.1.17)的一个基本解组.

注6.1.23 (刘维尔公式)设$y_1(x)$是二阶齐次线性微分方程

$$y'' + p(x)y' + q(x)y = 0 \qquad (6.1.20)$$

的一个解, 则方程(6.1.20)有一个与$y_1(x)$线性无关的解

$$y_2(x) = y_1(x) \int \frac{1}{y_1^2(x)} \mathrm{e}^{-\int p(x)\mathrm{d}x} \mathrm{d}x.$$

注6.1.23

例6.1.15 解微分方程

$$y'' + \frac{1}{x}y' - \frac{1}{x^2}y = 0.$$

解 由于$y_1(x) = x$是原方程的一个解, 所以

$$y_2(x) = x \int \frac{1}{x^2} \mathrm{e}^{-\int \frac{1}{x} \mathrm{d}x} \mathrm{d}x = \frac{1}{x}$$

是原方程的另一个解, 且与$y_1(x)$线性无关. 于是原方程的通解为

$$y = c_1 x + \frac{c_2}{x}.$$

例6.1.16 解微分方程

$$y'' + y = \frac{1}{\cos x}.$$

解　由于对应的齐次线性微分方程$y'' + y = 0$ 的通解为

$$y = c_1 \cos x + c_2 \sin x.$$

设原方程有特解

$$\bar{y} = c_1(x) \cos x + c_2(x) \sin x,$$

于是

$$\bar{y}' = -c_1(x) \sin x + c_2(x) \cos x + c_1'(x) \cos x + c_2'(x) \sin x.$$

令

$$c_1'(x) \cos x + c_2'(x) \sin x = 0,$$

这样

$$\bar{y}' = -c_1(x) \sin x + c_2(x) \cos x,$$

$$\bar{y}'' = -c_1(x) \cos x - c_2(x) \sin x - c_1'(x) \sin x + c_2'(x) \cos x.$$

代入原方程有

$$-c_1'(x) \sin x + c_2'(x) \cos x = \frac{1}{\cos x}.$$

从而, 由

$$\begin{cases} c_1'(x) \cos x + c_2'(x) \sin x = 0, \\ -c_1'(x) \sin x + c_2'(x) \cos x = \dfrac{1}{\cos x}, \end{cases}$$

得

$$\begin{cases} c_1'(x) = -\tan x, \\ c_2'(x) = 1, \end{cases}$$

即

$$\begin{cases} c_1(x) = \ln |\cos x|, \\ c_2(x) = x. \end{cases}$$

所以, 原方程有一个特解

$$\bar{y} = \cos x \ln |\cos x| + x \sin x.$$

因此, 原方程的通解为

$$y = c_1 \cos x + c_2 \sin x + \cos x \ln |\cos x| + x \sin x.$$

注6.1.24　称微分方程

$$y^{(n)} + a_1 y^{(n-1)} + \cdots + a_{n-1} y' + a_n y = f(x) \tag{6.1.21}$$

为n阶常系数线性微分方程. 其中系数$a_j (j = 1, 2, \cdots, n)$是常数, $f(x)$是区间I上的连续函数.

若$f(x) \not\equiv 0$, 则称微分方程(6.1.21)为常系数非齐次线性微分方程. 若$f(x) \equiv 0$, 则称

$$y^{(n)} + a_1 y^{(n-1)} + \cdots + a_{n-1} y' + a_n y = 0 \tag{6.1.22}$$

为常系数齐次线性微分方程.

注6.1.25　称方程

$$\lambda^n + a_1\lambda^{n-1} + \cdots + a_{n-1}\lambda + a_n = 0 \tag{6.1.23}$$

为常系数齐次线性微分方程(6.1.22)的特征方程.

注6.1.26　关于常系数齐次线性微分方程(6.1.22),下列结论成立:

(1) 如果λ_j是特征方程(6.1.23)的$k(k \geqslant 1)$重实根, 则微分方程(6.1.22)有k个线性无关的实值解:

$$\mathrm{e}^{\lambda_j x}, \ x\mathrm{e}^{\lambda_j x}, \ \cdots, \ x^{k-1}\mathrm{e}^{\lambda_j x}.$$

(2) 如果$\lambda_j = a_j \pm \mathrm{i}b_j$是特征方程(6.1.23)的$k(k \geqslant 1)$重复根, 则微分方程(6.1.22)有$2k$个线性无关的实值解:

$$\mathrm{e}^{a_j x}\cos b_j x, \ x\mathrm{e}^{a_j x}\cos b_j x, \ \cdots, \ x^{k-1}\mathrm{e}^{a_j x}\cos b_j x,$$

$$\mathrm{e}^{a_j x}\sin b_j x, \ x\mathrm{e}^{a_j x}\sin b_j x, \ \cdots, \ x^{k-1}\mathrm{e}^{a_j x}\sin b_j x.$$

(3) 不同特征根所对应的解是线性无关的.

例6.1.17　解微分方程

$$y''' - 6y'' + 11y' - 6y = 0.$$

解　由于特征方程为

$$\lambda^3 - 6\lambda^2 + 11\lambda - 6 = 0,$$

即

$$(\lambda - 1)(\lambda - 2)(\lambda - 3) = 0.$$

所以, 特征根为$\lambda_1 = 1, \lambda_2 = 2, \lambda_3 = 3$. 因此, 原方程的通解为

$$y = c_1\mathrm{e}^x + c_2\mathrm{e}^{2x} + c_3\mathrm{e}^{3x}.$$

例6.1.18　解微分方程

$$y''' - y'' - y' + y = 0.$$

解　由于特征方程为

$$\lambda^3 - \lambda^2 - \lambda + 1 = 0,$$

即

$$(\lambda + 1)(\lambda - 1)^2 = 0,$$

所以, 特征根为$\lambda_1 = -1, \lambda_2 = \lambda_3 = 1$. 因此, 原方程的通解为

$$y = c_1\mathrm{e}^{-x} + (c_2 + c_3 x)\mathrm{e}^x.$$

例6.1.19　解微分方程

$$y^{(4)} - y = 0.$$

解　由于特征方程为

$$\lambda^4 - 1 = 0,$$

即

$$(\lambda + 1)(\lambda - 1)(\lambda^2 + 1) = 0,$$

所以, 特征根为$\lambda_1 = -1, \lambda_2 = 1, \lambda_3 = \mathrm{i}, \lambda_4 = -\mathrm{i}$. 因此, 原方程的通解为

$$y = c_1 \mathrm{e}^{-x} + c_2 \mathrm{e}^x + c_3 \cos x + c_4 \sin x.$$

例6.1.20　解微分方程

$$y^{(5)} + y^{(4)} + 2y''' + 2y'' + y' + y = 0.$$

解　由于特征方程为

$$\lambda^5 + \lambda^4 + 2\lambda^3 + 2\lambda^2 + \lambda + 1 = 0,$$

即

$$(\lambda + 1)(\lambda^2 + 1)^2 = 0,$$

所以, 特征根为$\lambda_1 = -1, \lambda_2 = \lambda_3 = \mathrm{i}, \lambda_4 = \lambda_5 = -\mathrm{i}$. 因此, 原方程的通解为

$$y = c_1 \mathrm{e}^{-x} + (c_2 + c_3 x)\cos x + (c_4 + c_5 x)\sin x.$$

注6.1.27　关于常系数非齐次线性微分方程(6.1.21)的特解的另一
求法——待定系数法:

(1) 如果

$$f(x) = P_m(x)\mathrm{e}^{\alpha x},$$

注**6.1.27**

其中$P_m(x)$是关于x的m次多项式, α为实常数, 则常系数非齐次线性微
分方程(6.1.21)有一特解

$$y^* = x^k Q_m(x)\mathrm{e}^{\alpha x},$$

其中$Q_m(x)$是关于x的系数待定的m次多项式, k是特征方程(6.1.23)的特征根α的重数(当α不
是特征根时, $k = 0$).

(2) 如果

$$f(x) = \mathrm{e}^{\alpha x}[P_{m_1}(x)\cos \beta x + Q_{m_2}(x)\sin \beta x],$$

其中$P_{m_1}(x), Q_{m_2}(x)$分别是关于x的m_1, m_2次多项式, α, β为实常数. 则常系数非齐次线性微
分方程(6.1.21)有一特解

$$y^* = x^k \mathrm{e}^{\alpha x}[\bar{P}_m(x)\cos \beta x + \bar{Q}_m(x)\sin \beta x],$$

其中$\bar{P}_m(x), \bar{Q}_m(x)$是关于$x$的系数待定的$m = \max\{m_1, m_2\}$次多项式, k是特征方程(6.1.23)的
特征根$\alpha \pm \beta\mathrm{i}$的重数(当$\alpha \pm \beta\mathrm{i}$不是特征根时, $k = 0$).

例6.1.21　解微分方程

$$y'' - 2y' - 3y = 3x + 1.$$

解　由于对应的齐次方程 $y'' - 2y' - 3y = 0$ 的特征方程为

$$\lambda^2 - 2\lambda - 3 = 0,$$

即 $(\lambda + 1)(\lambda - 3) = 0$，所以特征根为 $\lambda_1 = -1, \lambda_2 = 3$. 因此, 对应的齐次方程的通解为

$$y = c_1 \mathrm{e}^{-x} + c_2 \mathrm{e}^{3x}.$$

而 $\alpha = 0$ 不是特征根, 故设原方程特解为

$$\bar{y} = Ax + B.$$

代入原方程得

$$A = -1, \quad B = \frac{1}{3}.$$

因此, 原方程的通解为

$$y = c_1 \mathrm{e}^{-x} + c_2 \mathrm{e}^{3x} - x + \frac{1}{3}.$$

例6.1.22　解微分方程

$$y'' - 5y' = -5x^2 + 2x.$$

解　由于对应的齐次方程 $y'' - 5y' = 0$ 的特征方程为

$$\lambda^2 - 5\lambda = 0,$$

即 $\lambda(\lambda - 5) = 0$，所以特征根为 $\lambda_1 = 0, \lambda_2 = 5$. 因此, 对应的齐次方程的通解为

$$y = c_1 + c_2 \mathrm{e}^{5x}.$$

而 $\alpha = 0$ 是单重特征根, 故设原方程特解为

$$\bar{y} = x(Ax^2 + Bx + C).$$

代入原方程得

$$A = \frac{1}{3}, \ B = C = 0.$$

因此, 原方程的通解为

$$y = c_1 + c_2 \mathrm{e}^{5x} + \frac{1}{3}x^3.$$

例6.1.23　解微分方程

$$y''' + 3y'' + 3y' + y = \mathrm{e}^{-x}(x + 5).$$

解　由于对应的齐次方程 $y''' + 3y'' + 3y' + y = 0$ 的特征方程为

$$\lambda^3 + 3\lambda^2 + 3\lambda + 1 = 0,$$

即 $(\lambda + 1)^3 = 0$，所以特征根为 $\lambda_1 = \lambda_2 = \lambda_3 = -1$. 因此, 对应的齐次方程的通解为

$$y = (c_1 + c_2 x + c_3 x^2)\mathrm{e}^{-x}.$$

而 $\alpha = -1$ 是3重特征根, 故设原方程特解为

$$\bar{y} = x^3(Ax + B)\mathrm{e}^{-x}.$$

代入原方程得

$$A = \frac{1}{24}, \quad B = -\frac{5}{6}.$$

因此, 原方程的通解为

$$y = (c_1 + c_2 x + c_3 x^2)\mathrm{e}^{-x} + \frac{1}{24}x^3(x - 20)\mathrm{e}^{-x}.$$

例6.1.24　解微分方程

$$y'' - 2y' + 3y = \mathrm{e}^{-x}\cos x.$$

解　由于对应的齐次方程$y'' - 2y' + 3y = 0$的特征方程为

$$\lambda^2 - 2\lambda + 3 = 0.$$

所以, 特征根为$\lambda_1 = 1 + \sqrt{2}\,\mathrm{i}, \lambda_2 = 1 - \sqrt{2}\,\mathrm{i}$. 因此, 对应的齐次方程的通解为

$$y = \mathrm{e}^x(c_1 \cos \sqrt{2}x + c_2 \sin \sqrt{2}x).$$

而$\alpha = -1 \pm \mathrm{i}$不是特征根, 故设原方程特解为

$$\bar{y} = \mathrm{e}^{-x}(A\cos x + B\sin x).$$

代入原方程得

$$A = \frac{5}{41}, \quad B = -\frac{4}{41}.$$

因此, 原方程的通解为

$$y = \mathrm{e}^x(c_1 \cos \sqrt{2}x + c_2 \sin \sqrt{2}x) + \mathrm{e}^{-x}\left(\frac{5}{41}\cos x - \frac{4}{41}\sin x\right).$$

例6.1.25　解微分方程

$$y''' - 6y'' + 9y' = x\mathrm{e}^{3x} + \mathrm{e}^{3x}\cos 2x.$$

解　由于对应的齐次方程$y''' - 6y'' + 9y' = 0$的特征方程为

$$\lambda^3 - 6\lambda^2 + 9\lambda = 0,$$

所以特征根为$\lambda_1 = 0, \lambda_2 = \lambda_3 = 3$. 因此, 对应的齐次方程的通解为

$$y = c_1 + (c_2 + c_3 x)\mathrm{e}^{3x}.$$

(1) 对于方程

$$y''' - 6y'' + 9y' = x\mathrm{e}^{3x}.$$

由于$\alpha = 3$是2重特征根, 故有特解

$$\bar{y}_1 = x^2(Ax + B)\mathrm{e}^{3x}.$$

代入得

$$A = \frac{1}{18}, \quad B = -\frac{1}{18}.$$

(2) 对于方程

$$y''' - 6y'' + 9y' = \mathrm{e}^{3x}\cos 2x.$$

由于 $\alpha = 3 \pm 2\mathrm{i}$ 不是特征根, 故有特解

$$\bar{y}_2 = \mathrm{e}^{3x}(C\cos 2x + D\sin 2x).$$

代入得

$$C = -\frac{3}{52}, \quad D = -\frac{1}{20}.$$

因此, 原方程的通解为

$$y = c_1 + (c_2 + c_3 x)\mathrm{e}^{3x} + \frac{1}{18}x^2(x-1)\mathrm{e}^{3x} - \mathrm{e}^{3x}\left(\frac{3}{52}\cos 2x + \frac{1}{20}\sin 2x\right).$$

注6.1.28　微分方程

$$x^n\frac{\mathrm{d}^n y}{\mathrm{d}x^n} + a_1 x^{n-1}\frac{\mathrm{d}^{n-1}y}{\mathrm{d}x^{n-1}} + \cdots + a_{n-1}x\frac{\mathrm{d}y}{\mathrm{d}x} + a_n y = f(x)$$

称为Euler方程, 其中 $a_i(i = 1, 2, \cdots, n)$ 是常数. Euler方程可以通过作自变量变换 $x = \mathrm{e}^t$ 化为以 t 为自变量的常系数线性微分方程进行求解.

例6.1.26　解微分方程

注6.1.28

$$x^2 y'' - xy' + y = x^2.$$

解　令 $x = \mathrm{e}^t$, 将

$$\begin{aligned}
\frac{\mathrm{d}y}{\mathrm{d}x} &= \frac{\mathrm{d}y}{\mathrm{d}t}\cdot\frac{\mathrm{d}t}{\mathrm{d}x} = \mathrm{e}^{-t}\frac{\mathrm{d}y}{\mathrm{d}t}, \\
\frac{\mathrm{d}^2 y}{\mathrm{d}x^2} &= \frac{\mathrm{d}}{\mathrm{d}x}\left(\frac{\mathrm{d}y}{\mathrm{d}x}\right) = \frac{\mathrm{d}}{\mathrm{d}x}\left(\mathrm{e}^{-t}\frac{\mathrm{d}y}{\mathrm{d}t}\right) \\
&= \frac{\mathrm{d}}{\mathrm{d}t}\left(\mathrm{e}^{-t}\frac{\mathrm{d}y}{\mathrm{d}t}\right)\cdot\frac{\mathrm{d}t}{\mathrm{d}x} = \mathrm{e}^{-2t}\left(\frac{\mathrm{d}^2 y}{\mathrm{d}t^2} - \frac{\mathrm{d}y}{\mathrm{d}t}\right)
\end{aligned}$$

代入原方程, 得

$$\frac{\mathrm{d}^2 y}{\mathrm{d}t^2} - 2\frac{\mathrm{d}y}{\mathrm{d}t} + y = \mathrm{e}^{2t}. \tag{6.1.24}$$

由于上述方程所对应的齐次方程

$$\frac{\mathrm{d}^2 y}{\mathrm{d}t^2} - 2\frac{\mathrm{d}y}{\mathrm{d}t} + y = 0$$

的特征根为 $\lambda_1 = \lambda_2 = 1$. 因此, 对应的齐次方程的通解为

$$y = (c_1 + c_2 t)\mathrm{e}^t.$$

而 $\alpha = 2$ 不是特征根, 故微分方程(6.1.24)有特解

$$\bar{y} = A\mathrm{e}^{2t}.$$

代入微分方程(6.1.24), 得 $A = 1$. 所以, 微分方程(6.1.24)的通解为

$$y = (c_1 + c_2 t)\mathrm{e}^t + \mathrm{e}^{2t}.$$

因此, 原方程的通解为

$$y = (c_1 + c_2\ln x)x + x^2.$$

习　题　6.3

1. 解微分方程 $xy'' - y' = x^2$.

2. 解下列微分方程:

(1) $y'' + 2y' - 3y = 0$;

(2) $y^{(5)} - 10y''' + 9y' = 0$;

(3) $y^{(4)} - y'' = 0$;

(4) $y''' - 3y'' + 9y' + 13y = 0$;

(5) $y^{(4)} + y = 0$;

(6) $y^{(4)} + 2y'' + y = 0$.

3. 解下列微分方程:

(1) $y'' + 3y' - 10y = 6\mathrm{e}^{4x}$;

(2) $y'' + 10y' + 25y = 14\mathrm{e}^{-5x}$;

(3) $y'' + 4y = 8$;

(4) $y'' - 2y' + 5y = 25x^2 + 12$;

(5) $y'' - y = x^2\mathrm{e}^x$;

(6) $y'' + y = 5\sin 2x$;

(7) $y'' - 9y = \mathrm{e}^{3x}\cos x$;

(8) $y'' + y = \sin x - \cos 2x$;

(9) $y'' - 4y' + 4y = \mathrm{e}^x + \mathrm{e}^{2x} + 1$;

(10) $x^2 y'' + 3xy' + y = 0$;

(11) $x^2 y'' - xy' + 4y = x\sin(\ln x)$;

(12) $(2x+1)y'' - 4(2x+1)y' + 8y = 0$.

6.1.5　应用事例与探究课题

1. 应用事例

例6.1.27　从地面垂直向上发射质量为m(kg)的火箭, 要使火箭距离地面H(m), 火箭应至少具备多大的初速度? 如果火箭脱离地球引力范围, 火箭又应具备多大的初速度?

解　设地球的质量为M, 地球的半径为R, 火箭在t时刻离地心的距离为$x(t)$, 根据万有引力定律, 火箭受到的地球引力为

$$F = G \cdot \frac{Mm}{x^2},$$

其中G为万有引力常数. 特别地, 当$H = 0$时, $F = mg$, 其中g为地球表面点的重力加速度, 即

$$mg = G \cdot \frac{Mm}{R^2},$$

于是$G = \dfrac{R^2 g}{M}$, 则有

$$F(x) = \frac{R^2}{x^2} mg.$$

这样, 由牛顿第二定律有

$$\begin{cases} m\dfrac{\mathrm{d}^2 x}{\mathrm{d}t^2} = -\dfrac{mgR^2}{x^2}, \\ x(0) = R, \ x'(R+H) = 0. \end{cases}$$

令 $\dfrac{\mathrm{d}x}{\mathrm{d}t} = v(x)$, 上式第一个方程可化为

$$v \frac{\mathrm{d}v}{\mathrm{d}x} = -\frac{gR^2}{x^2}.$$

对上式分离变量, 积分有

$$\frac{v^2}{2} = \frac{gR^2}{x} + C.$$

由条件 $x'(R+H) = 0$, 即 $v(R+H) = 0$, 解得 $C = -\dfrac{gR^2}{R+h}$, 因此求得

$$v^2 = 2gR^2\left(\frac{1}{x} - \frac{1}{R+H}\right) \quad \text{或} \quad v = \sqrt{2gR^2\left(\frac{1}{x} - \frac{1}{R+H}\right)}.$$

故求得发射到高度为 H 时火箭至少应具备的初速度为

$$v_0 = \sqrt{2gR^2\left(\frac{1}{R} - \frac{1}{R+H}\right)} \quad (\text{m/s}).$$

要使火箭脱离地球引力范围, 即 $H \to +\infty$, 应有

$$v_0 = \sqrt{2gR} = \sqrt{2 \times 6.371 \times 10^6 \times 9.81} \approx 11.2 \times 10^3 = 11.2 \quad (\text{km/s}).$$

称 $v_0 = 11.2$ km/s 为第二宇宙速度.

2. 探究课题

探究6.1.1　求解微分方程组

$$\begin{cases} \dfrac{\mathrm{d}x_1}{\mathrm{d}t} = \alpha(t)x_1 + \beta(t)x_2, \\ \dfrac{\mathrm{d}x_2}{\mathrm{d}t} = -\beta(t)x_1 + \alpha(t)x_2. \end{cases}$$

探究6.1.2　假设质量为 M 的物体自由悬挂在一端固定的弹簧上, 当重力与弹力抵消时, 物体处于平衡状态, 若用手向下拉物体使它离开平衡位置后放开, 物体在弹力和阻力下做上下往返运动. 假设阻力的大小与运动速度成正比, 试建立位移分别在自由振动情形和强迫振动情形下满足的微分方程, 并分别在无阻尼自由振动、有阻尼自由振动与无阻尼强迫振动条件下求解微分方程.

6.2　常差分方程及其应用

6.2.1　基本概念

定义6.2.1　设 $f(x)$ 是定义在 Λ 上的一个函数, $x, x+1 \in \Lambda$, 则称

$$\Delta f(x) = f(x+1) - f(x)$$

为 $f(x)$ 在 x 的差分, 称 Δ 为差分算子. 称

$$Ef(x) = f(x+1)$$

为 $f(x)$ 在 x 的位移, 称 E 为位移算子. 称

$$If(x) = f(x)$$

为 $f(x)$ 在 x 的恒等, 称 I 为恒等算子.

注6.2.1　对任何函数 $f(x), g(x)$, 下列结论成立:

(1) $\Delta f(x) = (E - I)f(x)$;

(2) $Ef(x) = (\Delta + I)f(x)$;

(3) $(E\Delta)f(x) = (\Delta E)f(x)$;

(4) $\Delta(\lambda_1 f(x) \pm \lambda_2 g(x)) = \lambda_1 \Delta f(x) \pm \lambda_2 \Delta g(x)$, λ_1, λ_2 是实数;

(5) $E(\lambda_1 f(x) \pm \lambda_2 g(x)) = \lambda_1 Ef(x) \pm \lambda_2 Eg(x)$, λ_1, λ_2 是实数;

(6) $\Delta(f \cdot g) = \Delta f \cdot Eg + f \cdot \Delta g$;

(7) $\Delta\left(\dfrac{f}{g}\right) = \dfrac{g\Delta f - f\Delta g}{g \cdot Eg}$.

定义6.2.2　对任何整数 $n > 1$, 称

$$\Delta^n f(x) = \Delta(\Delta^{n-1} f(x)), \quad E^n f(x) = E(E^{n-1} f(x))$$

为 n 阶差分算子与 n 阶位移算子, 且规定 $\Delta^0 = E^0 = I$.

注6.2.2　对任何整数 $n > 1$, 成立

$$\Delta^n = (E - I)^n = \sum_{i=0}^{n} (-1)^n C_n^i E^{n-i},$$

$$E^n = (\Delta + I)^n = \sum_{i=0}^{n} C_n^i \Delta^{n-i},$$

其中 $C_n^i = \dfrac{n(n-1)\cdots(n-i+1)}{i!}$.

注6.2.3　莱布尼茨法则: 对任何函数 $f(x), g(x)$, 有

$$\Delta^n(f \cdot g) = \sum_{i=0}^{n} C_n^i (\Delta_{n-i} f)(E^{n-i} \Delta^i g).$$

6.2.2　线性常差分方程

定义6.2.3　设 $a_1(k), a_2(k), \cdots, a_n(k), f(k)$ 是定义在 $\mathbf{N} = \{0, 1, 2, \cdots\}$ 上的函数. 如果对任意 $k \in \mathbf{N}, a_n(k) \neq 0$, 则称

$$(E^n + a_1(k)E^{n-1} + \cdots + a_{n-1}(k)E + a_n(k)I)y = f(k) \tag{6.2.1}$$

为 n 阶线性常差分方程. 若 $f(k) \not\equiv 0$, 称差分方程(6.2.1)为 n 阶线性非齐次常差分方程. 若 $f(k) \equiv 0$, 称差分方程(6.2.1)为 n 阶线性齐次常差分方程.

定义6.2.4　设 $a_1(k), a_2(k), \cdots, a_n(k), f(k)$ 是定义在 $\mathbf{N} = \{0, 1, 2, \cdots\}$ 上的函数. 如果对任意 $k \in \mathbf{N}, a_n(k) \neq 0$, 则称

$$\begin{cases} (E^n + a_1(k)E^{n-1} + \cdots + a_{n-1}(k)E + a_n(k)I)y = f(k), \\ y(0) = y_0, \ Ey(0) = y_1, \cdots, \ E^{n-1}y(0) = y_{n-1}, \end{cases}$$

或

$$\begin{cases} (E^n + a_1(k)E^{n-1} + \cdots + a_{n-1}(k)E + a_n(k)I)y = f(k), \\ y(0) = y_0, \ y(1) = y_1, \cdots, \ y(n-1) = y_{n-1} \end{cases}$$

为初值问题.

注6.2.4　n 阶线性常差分方程的初值问题的解存在且唯一.

注6.2.5　一阶线性差分方程初值问题

$$\begin{cases} Ey(k) + p(k)y(k) = 0, \\ y(0) = y_0 \end{cases}$$

有唯一解

$$y(k) = (-1)^k \prod_{i=0}^{k-1} p(i) y_0.$$

例6.2.1　解差分方程初值问题

$$\begin{cases} Ey(k) + \dfrac{2^{k+1}}{(1+k)^2} y(k) = 0, \\ y(0) = 3. \end{cases}$$

解　由于

$$p(k) = \frac{2^{k+1}}{(1+k)^2},$$

所以

$$\begin{aligned} (-1)^k \prod_{i=0}^{k-1} p(i) &= (-1)^k \prod_{i=0}^{k-1} \frac{2^{i+1}}{(1+i)^2} \\ &= (-1)^k \cdot \frac{2}{1} \cdot \frac{2^2}{2^2} \cdot \frac{2^3}{3^2} \cdots \frac{2^k}{k^2} \\ &= (-1)^k \frac{2^{\sum_{j=1}^{k} j}}{(k!)^2} = (-1)^k \frac{2^{\frac{k(k+1)}{2}}}{(k!)^2} \\ &= (-1)^k \frac{\sqrt{2^{k(k+1)}}}{(k!)^2}. \end{aligned}$$

因此, 原差分方程的解

$$y(k) = (-1)^k \frac{3}{(k!)^2} \sqrt{2^{k(k+1)}}.$$

定义6.2.5　设 $y_1(k), y_2(k), \cdots, y_n(k)$ 是定义在 $\mathbf{N}$ 上的函数. 如果

$$c_1 y_1(k) + c_2 y_2(k) + \cdots + c_n y_n(k) = 0, \ \forall k \in \mathbf{N}$$

当且仅当
$$c_1 = c_2 = \cdots = c_n = 0,$$

则称$y_1(k), y_2(k), \cdots, y_n(k)$是线性无关. 否则称线性相关.

注6.2.6　n阶线性齐次常差分方程
$$(E^n + a_1(k)E^{n-1} + \cdots + a_{k-1}E + a_kI)y = 0 \tag{6.2.2}$$

存在n个线性无关解, 同时, 如果$y_1(k), y_2(k), \cdots, y_n(k)$是差分方程(6.2.2)的$n$个线性无关解, 则差分方程(6.2.2)的通解为
$$y = c_1y_1(k) + c_2y_2(k) + \cdots + c_ny_n(k).$$

而且, 若$y^*(k)$是n阶线性非齐次常差分方程(6.2.1)的解, 则(6.2.1)的通解为
$$y = c_1y_1(k) + c_2y_2(k) + \cdots + c_ny_n(k) + y^*(k),$$

其中$c_1, c_2, \cdots, c_n$是任意常数.

定义6.2.6　设$a_1, a_2, \cdots, a_n$是实数, $f(k)$是定义在$\mathbf{N}$上的函数. 如果对任意$k \in \mathbf{N}, a_n \neq 0$, 则称
$$(E^n + a_1E^{n-1} + \cdots + a_{n-1}E + a_nI)y = f(k) \tag{6.2.3}$$

为n阶常系数线性非齐次常差分方程. 称
$$(E^n + a_1E^{n-1} + \cdots + a_{n-1}E + a_nI)y = 0 \tag{6.2.4}$$

为n阶常系数线性齐次常差分方程.

注6.2.7　一阶常系数线性齐次差分方程
$$(E + a_1I)y = 0$$

的通解为
$$y = c(-a_1)^k, \quad k \in \mathbf{N},$$

其中c是任意常数.

注6.2.8　关于二阶常系数线性齐次差分方程
$$(E^2 + a_1E + a_2I)y = 0. \tag{6.2.5}$$

设λ_1, λ_2是特征方程$\lambda^2 + a_1\lambda + a_2 = 0$两个根, 则

(1) 若λ_1, λ_2是实数, 且$\lambda_1 \neq \lambda_2$, 则差分方程(6.2.5)的通解为
$$y = c_1\lambda_1^k + c_2\lambda_2^k, \ k \in \mathbf{N};$$

(2) 若$\lambda_1 = \lambda_2 = \lambda$, 则差分方程(6.2.5)的通解为
$$y = (c_1 + c_2k)\lambda^k, \ k \in \mathbf{N};$$

(3) 若$\lambda_1 = a + bi, \lambda_2 = a - bi, b \neq 0$, 则差分方程(6.2.5)的通解为
$$y = r^k(c_1\cos k\theta + c_2\sin k\theta), \ k \in \mathbf{N},$$

其中$r = \sqrt{a^2 + b^2}$, $\tan\theta = \dfrac{b}{a}$.

例6.2.2 解差分方程

$$(E^2 - E - 2I)y = 0.$$

解 由于特征方程

$$\lambda^2 - \lambda - 2 = 0,$$

两个根$\lambda_1 = -1, \lambda_2 = 2$, 所以原方程的通解为

$$y = c_1(-1)^k + c_2 2^k.$$

例6.2.3 解差分方程

$$(E^2 + 14E + 49I)y = 0.$$

解 由于特征方程

$$\lambda^2 + 14\lambda + 49 = 0,$$

两个根$\lambda_1 = \lambda_2 = -7$, 所以原方程的通解为

$$y = (c_1 + c_2 k)(-7)^k.$$

例6.2.4 解差分方程

$$(E^2 - 2E + 2I)y = 0.$$

解 由于特征方程

$$\lambda^2 - 2\lambda + 2 = 0,$$

两个根$\lambda_1 = 1+\mathrm{i}, \lambda_2 = 1-\mathrm{i}$, 所以原方程的通解为

$$y = (\sqrt{2})^k \left(c_1 \cos\frac{\pi}{4} + c_2 \sin\frac{\pi}{4} \right).$$

例6.2.5 解差分方程

$$(E^2 - 3E + 2I)y = 3^k.$$

解 由于对应齐次方程

$$(E^2 - 3E + 2I)y = 0$$

的特征方程

$$\lambda^2 - 3\lambda + 2 = 0$$

有两个根$\lambda_1 = 1, \lambda_2 = 2$, 所以对应齐次方程的通解为

$$y = c_1 + c_2 2^k.$$

又由于

$$y^* = \frac{3^k}{2}$$

是原方程的一个解. 所以原方程的通解为

$$y = c_1 + c_2 2^k + \frac{3^k}{2}.$$

习　题　6.4

1. 解初值问题:

$$\begin{cases} Ey(k) - \dfrac{k+2}{k+1}y(k) = 0, \\ y(0) = 1. \end{cases}$$

2. 解下列差分方程:

(1) $(E^2 + 3E + I)y = 0$;

(2) $\left(E^2 + E + \dfrac{1}{4}I\right)y = 0$;

(3) $(E^2 - 6E + 12I)y = 0$;

(4) $(E^2 + I)y = 0$;

(5) $(E^2 - 3E + 2I)y = 2^k$;

(6) $\left(E^2 - \dfrac{3}{4}E + \dfrac{1}{8}I\right)y = \dfrac{5}{8}\sin\dfrac{k\pi}{2}$.

参 考 文 献

[1] 刘斌, 雷冬霞. 一元分析学[M]. 2版. 武汉: 华中科技大学出版社, 2019.

[2] 朱健民, 李建平. 高等数学(上册)[M]. 2版. 北京: 高等教育出版社, 2015.

[3] Finney Weir Giordano. 托马斯微积分[M]. 10版. 叶其孝, 王耀东, 唐兢(译). 北京: 高等教育出版社, 2012.

[4] 王绵森, 马知恩. 工科数学分析基础(上册)[M]. 3版. 北京: 高等教育出版社, 2017.

[5] 华东师范大学数学系. 数学分析(上册)[M]. 3版. 北京: 高等教育出版社, 2001.

[6] 陈纪修, 於崇华, 金路. 数学分析(上册)[M]. 2版. 北京: 高等教育出版社, 2007.

[7] 刘玉琏, 傅沛仁. 数学分析讲义(上册)[M]. 2版. 北京: 高等教育出版社, 1984.

[8] 华中科技大学数学系. 微积分学(上册)[M]. 3版. 北京: 高等教育出版社, 2008.

[9] 丁同仁, 李承治. 常微分方程教程[M]. 2版. 北京: 高等教育出版社, 2004.

[10] 王联, 王慕秋. 常差分方程教程[M]. 乌鲁木齐: 新疆大学出版社, 1991.